普通高等教育系列教材

电工技术及应用

主　编　张志雄
副主编　张静之　崔　蕾　章　伟
参　编　赵春锋　汪敬华　范小兰　王艳新　张　婷

机 械 工 业 出 版 社

本书根据编者多年的教学经验，并结合当前时代工业制造的发展特点，对电工学课程中与电工技术相关的内容在详略程度上进行了调整，增加了复数运算的基础知识，并加大了可编程序逻辑控制器及其程序设计的篇幅，突出了电工技术与实际应用的结合点。本书共8章，依次为电路基本概念、基本定律和直流电路的分析，正弦交流电路，三相正弦交流电路，一阶线性电路的暂态分析，磁路和变压器，交流电动机，继电接触器控制系统，可编程序逻辑控制器及其应用。

本书配有习题及参考答案，可以在每章习题中扫描二维码获取。

本书适合具有高等数学基础的学生或读者，适合作为非电类本科专业电工技术类课程的教材，以及相关专业工程师的自学参考书。

图书在版编目(CIP)数据

电工技术及应用／张志雄主编．—北京：机械工业出版社，2020.7(2024.7重印)

普通高等教育系列教材

ISBN 978-7-111-65453-7

Ⅰ.①电…　Ⅱ.①张…　Ⅲ.①电工技术-高等学校-教材　Ⅳ.①TM

中国版本图书馆CIP数据核字(2020)第069724号

机械工业出版社(北京市百万庄大街22号　邮政编码　100037)

策划编辑：汤　枫　　责任编辑：汤　枫

责任校对：张艳霞　　责任印制：郜　敏

北京中科印刷有限公司印刷

2024年7月第1版·第3次印刷

184mm×260mm·13印张·321千字

标准书号：ISBN 978-7-111-65453-7

定价：49.00元

电话服务

客服电话：010-88361066

010-88379833

010-68326294

网络服务

机　工　官　网：www.cmpbook.com

机　工　官　博：weibo.com/cmp1952

金　　书　　网：www.golden-book.com

机工教育服务网：www.cmpedu.com

前　言

本书根据编者多年的电工技术类课程本科教学经验及学生的反馈编写而成，涵盖了高等学校理工科非电类专业本科生电工技术教育的基本教学内容。本书内容可以分为两个部分：电路分析部分、电气设备和电气控制部分。电路分析部分包括电路基本概念、基本定律和直流电路的分析，正弦交流电路，三相正弦交流电路，一阶线性电路的暂态分析。电气设备和电气控制部分包括磁路和变压器，交流电动机，继电接触器控制系统，可编程序逻辑控制器及其应用。

在直流电路分析中，更加强调和详述了电压电流参考方向选取的意义和选取问题，这正是运用基尔霍夫定律的前提；在内容编排上，先是参考方向，然后是基尔霍夫定律，最后是将各种电路分析的方法归结为基尔霍夫定律配合欧姆定律分析电路的具体实现。在正弦交流电路分析中，在将电压和电流表达为相量形式，将电阻或阻抗表达为复阻抗后，正弦交流电路的分析与直流电路相似，在编写时有意加强和直流电路分析的对照；由于正弦交流电路的分析涉及了较多的复数运算，特意补充了复数的基础知识。本书还特意增加了可编程序逻辑控制器（PLC）的内容，重点放在如何用 PLC 来实现具体的电气控制方案，为了具体地展示 PLC 程序设计，介绍了三菱 FX 系列 PLC 的软元件和控制指令，用其进行了控制程序的设计；考虑到当前智能机器人大量进入生产领域，智能化、柔性化和无人化的生产都需要电气控制在背后作为支撑，所以加强了 PLC 部分的内容。本书未讲述有关供电与用电安全方面的内容，因为有关的安全规范非常多，随着时代的发展也会有所变化，而且在电气工程师资格考试中会要求掌握各种安全规范，所以本书不再赘述。

随着 MOOC 课程和各种在线视频课程的推出，随时学、随手学的概念也深入人心，根据这种碎片化学习的要求，一个知识点的学习时间应该控制在 10 分钟左右。因此本书在写作过程中，尽量对知识点进行了细化，方便读者一次学完一个知识点。

本书在每章后面配置了习题，并给出了参考答案，均以二维码形式给出，方便读者自我检测学习效果。

感谢上海工程技术大学在本书的编写中给予的支持。感谢上海工程技术大学电工教研室各位老师的支持和帮助。

因编者水平有限，书中难免有错误或疏漏之处，恳请读者批评指正，编者 E-mail：geeson_zhang@163.com。

编　者

目　录

第1章　电路基本概念、基本定律和直流电路的分析

本章知识点

1. 掌握电路的概念及组成电路的理想元器件；
2. 深刻理解电流、电压的概念，熟练掌握电流、电压参考方向的应用；
3. 熟练掌握欧姆定律；
4. 了解电位的计算方法；
5. 掌握电路的分析方法；
6. 熟练掌握电阻元件的串联和并联，深刻理解电压源与电流源的等效变换；
7. 熟练使用基尔霍夫定律；
8. 熟练掌握支路电流法；
9. 理解节点电位法的应用；
10. 熟练掌握叠加定理、戴维南定理。

学习经验

1. 要特别注意电流和电压的参考方向与实际方向的关系；
2. 注意理想元器件与实际元器件的区别；
3. 在电路分析时，先从直流电路出发，得出一般规律，然后将这些规律和结论扩展到交流电路中。

1.1　电路和电路模型

1.1.1　电路的作用和基本组成

1. 电路的作用

由电源、导线和电气电子元器件组成的，实现特定功能，使电流流过的回路称为电路，也称为导电回路。电路的作用一般分为两类。

（1）实现电能的传输和转换

比如生活中的高压输电系统，就是一个典型的电能传输系统，通过导线将电能从方便产生的地方，传输到人口集中需要大规模用电的地方。在用电的地方，电能通过灯泡转化为光能，提供照明的功能，电能通过电动机转化为动能，提供动力，诸如此类。

（2）实现信号的传递和处理

比如手机通信系统，电能通过合适的电路，可以产生电磁波，将信号调制到电磁波中发

射出去，充分利用了电磁波光速传播的特性，实现信号的快速传递。信号接收端电路通过解调和放大等对信号进行处理，还原信息。

2. 电路的基本组成

电路的组成大致可以分为三个部分：电源、负载和中间环节。

1）电源：为电路提供电能的器件，如电池、发电机。信号源也可以作为电源，比如天线。

2）负载：电路中使用电能的器件，如灯泡、电动机等。

3）中间环节：连接电源和负载并控制电路工作状态的器件，如导线、开关等。

1.1.2 电路模型

组成实际电路的元器件常常具有多种电磁属性，不能用简单的数学公式来表达。比如电阻，虽然电阻两端的电压和流过电阻的电流满足欧姆定律，但实际上这个关系不是严格成立的，因为电阻本身会发热，电能转化为热能，使得电压和电流不严格满足欧姆定律。再比如一个线圈，其自身能够储存磁场能量，即表现出电感特性，同时，线圈自身存在电阻，而且线圈的匝间还存在电容效应，这使得一个线圈的电磁特性非常复杂。

显然，具有复杂电磁特性的元器件分析起来非常不方便。为了便于对实际电路进行分析，需要对实际的元器件用理想化的元器件来代替或表达，以便于分析计算或设计。比如，理想化的电阻就是，其两端的电压和流过它的电流之比为一个常数，即电阻值，理想化的导线没有电阻。将实际电路的元器件用理想化的元器件代替而构成的电路，称为实际电路的电路模型。

实际电路元器件可以用理想的元器件或其组合来近似地表达，模拟其物理性质，而且误差不会太大。比如实际电压源，可以用理想电压源串联一个电阻来表达。实际应用表明，用理想元器件来近似实际元器件，在工程中是可行的；同时也表明，理论上设计好的电路，与实际元器件搭建的电路表现不会完全一致，需要调试。

不做特别说明，本书中出现的电气元件全部为理想元器件。为了直观，一般元器件都由对应的符号来表示，根据不同的标准，比如 ANSI 或 DIN，图形符号也不一样。根据 DIN 标准，一些常见元器件的符号见表 1.1。

表 1.1 常见元器件的名称和符号

名　称	符　号	名　称	符　号
电压源		电流源	
电阻		开关	
电感		电容	

在本章中，电压源、电流源和电阻的符号将会经常用来画电路模型图，简称电路图。后面的章节中，电路图中将会出现电感和电容的符号。

1.2　电路基本物理量及其表示

1.2.1　电流和电流的参考方向

1. 电流

正电荷或负电荷的定向流动形成了电流，并规定正电荷的移动方向为电流的物理方向或实际方向，电流的大小用单位时间内通过导体横截面的电荷量来衡量。

如果电流的大小和方向都不随时间而变化，则称该电流为稳恒电流，俗称直流电流，用大写字母 I 来表示。直流电流之外的其他电流，统称为交流电流，用小写字母 i 来表示。非常常见的交流电流是正弦交流电流。

电流的国际单位是安培（A）。常用的电流单位还有千安（kA）、毫安（mA）和微安（μA），它们和 A 的换算关系为 $1\,\text{kA}=1\times10^3\,\text{A}$，$1\,\text{A}=1\times10^3\,\text{mA}$，$1\,\text{mA}=1\times10^3\,\mu\text{A}$。

2. 电流的参考方向

物理上，电流是具有明确方向的矢量。实际的电路常常比较复杂，流过元器件的实际电流，其方向难以直观确定。而在分析和计算电路的电流、电压或功率等物理量时，电流的方向需要提前确定，为此先要假定电流的方向，这个方向称为电流的参考方向。

电流的参考方向是一个假定的方向，不是电流的实际方向，由电路分析者随意或随机地选取。电路分析理论表明，电流的大小和实际方向不受参考方向选取的影响，也即不管电流的参考方向如何选取，都不会影响到实际电流的大小和方向。

电流的参考方用箭头来表示，如图 1.1 所示。电流的参考方向，可以选择图 1.1a 的表示方法，流过元器件的电流标在其上方，用箭头表示其流向，用字母 I 表示其电流；也可以采用图 1.1b 的表示方法，将电流直接标在元器件所在的导线上，用箭头表示其方向，用字母 I 表示其电流。如果电路中有多个电流需要表示，则不仅要标明电流的参考方向，还要用 I 加下标以示区别，分别表示不同的电流，如 I_1、I_2等。

也可采用符号法来书写电流，图 1.1 的电流可以写作 I_{AB}，下标表示电流从 A 点流向 B 点。如果写成 I_{BA}，则表示电流从 B 点流向 A 点。I_{AB} 与 I_{BA} 大小相等，方向相反，有 $I_{AB}=-I_{BA}$。

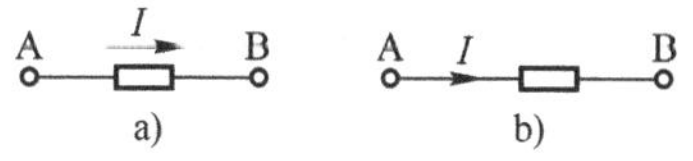

图 1.1　电流参考方向的表示

电流的参考方向与实际方向的关系由电流的值来确定。当所求电流 I 的值为正时，电流实际方向与参考方向一致；当电流 I 的值为负时，电流实际方向与参考方向相反。或者换个说法，当电流参考方向与电流实际方向一致时，$I>0$；当电流参考方向与电流实际方向相反时，$I<0$。

1.2.2　电压和电压的参考方向

1. 电压

电压是电路中驱使自由电荷定向移动形成电流的原因，是两点之间的电位差。电压的大小用单位正电荷从高电位移动到低电位处，电场力所做的功来度量，其物理方向或实际方向规定为从高电位指向低电位。在电场中，将单位正电荷从低电位移动到高电位处，外力所做的功称为电动势，其物理方向或实际方向是从低电位指向高电位。

电压和电动势是同种性质的物理量，具有相同的物理单位，其国际单位为伏特（V）。常用的电压单位还有千伏（kV）、毫伏（mV）和微伏（μV），它们和 V 的换算关系为 $1\ \text{kV}=1\times10^3\ \text{V}$，$1\ \text{V}=1\times10^3\ \text{mV}$，$1\ \text{mV}=1\times10^3\ \mu\text{V}$。

电压和电动势的区别在于，电压反映的是电场力做功的概念，其方向为电位降低的方向，而电动势反映的是外力克服电场力做功的概念，其方向为电位升高的方向。电压一般用来描述电路中负载两端的电位差，而电动势一般用来描述电源两端的电位差。在电路分析中，由于电压和电动势只是物理方向不一致，表现在数值上就是正负的区别，所以常常不加区别地统一用电压来表达电路中负载和电源两端的电位差。

同样地，如果电压的大小和方向都不随时间而变化，则称该电压为稳恒电压，俗称直流电压，用大小字母 U 来表示。非直流电压都称为交流电压，用小写字母 u 来表示。非常常见的交流电压是正弦交流电压。

2. 电压的参考方向

物理上，电压同样具有明确的方向。对一个实际的电路，电压的物理方向或实际方向，常常难以确定。而在分析和计算电路中的电压时，需要先确定电压的方向，为此要选择或假定电压的方向，这个方向称为电压的参考方向。

同样地，电压的参考方向是一个假定的方向，不是电压的实际方向，参考方向由电路分析者随意或随机地选取。电压的大小和实际方向不受参考方向选取的影响，也即不管电压的参考方向如何选取，都不会影响到实际电压的大小和方向。

电压参考方向的表示方法与电流参考方向的不同，其参考方向用符号“+”和“-”来表示，“+”表示电位高的那一端，代表的是“+”附近导线上某一点，“-”表示电位低的那一端，代表的是“-”附近导线上某一点，如图 1.2 所示。如果电路中有多个电压需要表示，则不仅要标明电压的参考方向，还要给电压 U 加下标以示区别，分别表示不同的电压，如 U_1、U_2等。

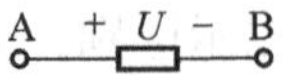

A　+ U -　B

图 1.2　电压参考方向的表示

电压也可以采用符号法来书写，图 1.2 中的电压可以写成 U_{AB}，下标中的 A 点表示“+”端，B 点表示“-”端。如果写成 U_{BA}，则相反，B 点表示“+”端，A 点表示“-”端。由此可见，U_{AB}和 U_{BA}大小相等，方向相反，有 $U_{AB}=-U_{BA}$。

电压的参考方向与电压实际方向的关系由电压的值来确定。当所求电压 U 的值为正时，表明电压实际方向与参考方向一致；当电压 U 的值为负时，表明电压实际方向与参考方向相反。或者换个说法，当电压参考方向与电压实际方向一致时，$U>0$；当电压参考方向与电压实际方向相反时，$U<0$。

1.2.3　参考方向的关联与非关联

在分析或求解电路时，需要且仅需要对电流和电压标参考方向，这是运用基尔霍夫定律求解电路的前提。对电路中的一个元器件，既存在流过它的电流 I，其两端也有电压 U，如果对同一个元器件给电流和电压标参考方向，就有电流和电压两套参考方向。两套参考方向之间是有关系的，定义：

1）当电流 I 按照其参考方向，从电压参考方向的“+”端流向“-”端，则称电流参考方向与电压参考方向是关联的；或者，电压 U 的参考方向是沿着电流参考方向降低的，则称电压参考方向与电流参考方向是关联的。如图 1.3 所示。

2）电流参考方向与电压参考方向不符合关联定义的，则称两者参考方向是非关联的。如图 1.4 所示。

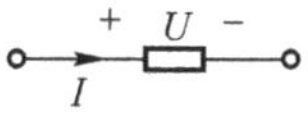

图 1.3　电流参考方向与电压参考方向关联示意图

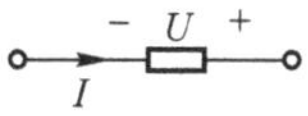

图 1.4　电流参考方向与电压参考方向非关联示意图

虽然电流参考方向和电压参考方向可以随便选取，但为了后面电路分析的方便，选取时，一般使电流参考方向和电压参考方向关联。

1.2.4　电阻、电导和欧姆定律

1. 电阻

自然界中的物质，按照导电性来分类，大致可以分为 3 种：导体、半导体和绝缘体。导体对流过它的电流表现出一定的阻碍作用，反映导体对电流阻碍作用大小的物理量称为电阻，用符号 R 表示。电阻 R 只有大小，没有方向，也没有参考方向，而且电阻 R 总是大于 0。

导体的电阻是客观存在的，与是否有电流流过或者两端是否有电压无关。导体的电阻受温度的影响。如果温度升高，导体电阻变大，则称其为正温度系数电阻；如果温度升高，导体电阻变小，则称其为负温度系数电阻。在温度一定的情况下，电阻与导体的长度成正比，与导体的横截面积成反比，即

$$R=\rho\frac{L}{S} \tag{1.1}$$

式中，ρ 为电阻材料的电阻率；L 为电阻材料的长度；S 为电阻材料的横截面积。一般来说，电阻率 ρ 越大，电阻的导电性越差。导体的电阻率一般小于 $1\times10^{-6}\ \Omega\cdot m$，绝缘体的电阻率一般大于 $1\times10^{6}\ \Omega\cdot m$，半导体的电阻率则介于两者之间。常见材料的电阻率见表 1.2。

电阻的国际单位为欧姆（Ω）。常用的电阻单位还有兆欧（MΩ）、千欧（kΩ），它们与 Ω 的关系为 $1\ M\Omega=1\times10^{3}\ k\Omega$，$1\ k\Omega=1\times10^{3}\ \Omega$。

表 1.2　常见材料的电阻率

类　别	材　料	电阻率/Ω·m	类　别	材　料	电阻率/Ω·m
导体	银	1.6×10^{-8}	半导体	纯锗	0.6
	铜	1.7×10^{-8}		纯硅	2.3×10^{3}
	铝	2.9×10^{-8}	绝缘体	橡胶	$10^{13}\sim10^{16}$
	钨	5.3×10^{-8}		塑料	$10^{15}\sim10^{16}$
	铁	9.8×10^{-8}		玻璃	$10^{10}\sim10^{14}$

2. 电导

电阻的倒数称为电导，用符号 G 表达，即有

$$G=\frac{1}{R} \tag{1.2}$$

电导 G 的国际单位是西门子（S），简称西。

电导和电阻是导体同一属性的不同表示方法。电导越大，或电阻越小，则导体的导电性能越好。

3. 欧姆定律

导体的电阻虽然是客观存在的，与其是否有电流通过或是否加载电压无关，但电路中导体的电阻可以通过其两端的电压和流过它的电流来度量。

德国科学家欧姆通过大量的实验发现，电路中的电阻 R，与流过电阻的电流 I 以及电阻两端的电压 U 存在如下关系，这就是欧姆定律：

$$\begin{cases} U=IR & I\text{ 与 }U\text{ 的参考方向关联} \\ U=-IR & I\text{ 与 }U\text{ 的参考方向非关联} \end{cases} \tag{1.3}$$

式中，电阻 R、电压 U 和电流 I 均取国际单位。式（1.3）是欧姆定律的具体表达形式，与电流和电压的参考方向的选取相关，如图 1.5 所示。

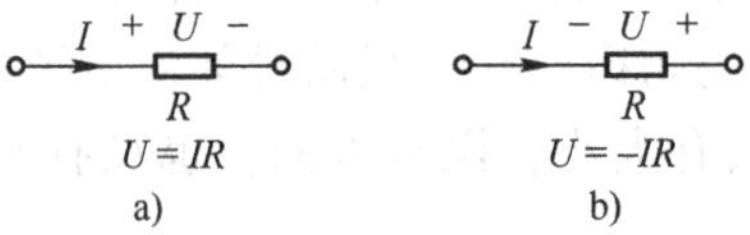

I + U − R $U=IR$ a)　　I − U + R $U=-IR$ b)

图 1.5　电阻的欧姆定律

a）U 和 I 参考方向关联　b）U 和 I 参考方向非关联

电阻 R 为一常数的电阻元件，称作线性电阻，即电压和电流之比为一比例常数。如果电阻 R 不是常数，而是随着电流或电压的不同而变化，则称该电阻元件为非线性电阻。通常所说的电阻，如不特别说明，都是指线性电阻。

1.2.5　电功率及其计算公式

电路中的元器件都会消耗或提供电能，表征电能消耗或供给快慢的物理量就是电功率，简称功率，记作 P。在电路中，功率实际上代表的是能量的概念。对一个电路元件，不管是电阻，还是电源，如果流过该元件的电流为 I，其两端的电压为 U，则该元件的功率 P 的计算公式为

$$\begin{cases} P=UI & U\text{ 和 }I\text{ 的参考方向关联} \\ P=-UI & U\text{ 和 }I\text{ 的参考方向非关联} \end{cases} \tag{1.4}$$

这即表明，功率 P 的计算公式与电流和电压的参考方向的选取密切相关。

功率 P 的国际单位为瓦特（W）简称瓦。常用的功率单位还有千瓦（kW）和兆瓦（MW），它们和 W 的关系为 $1\ \text{MW}=1\times10^3\ \text{kW}$，$1\ \text{kW}=1\times10^3\ \text{W}$。

电路中所有元件都可以计算功率，包括电阻、电压源和电流源，功率的计算根据式（1.4）。如果功率 $P>0$，则表明该元件消耗功率，起负载的作用；如果功率 $P<0$，则表明该元件提供功率，起电源的作用。在任意电路中，对电阻、电感或电容等负载，其肯定是消耗功率的，即功率 $P>0$，对电压源、电流源等电源，其功率则可能大于 0，也可能小于 0，即有可能起电源作用，也有可能起负载作用。

在一个电路中，功率 P 是守恒的，即电路中所有电路元件功率之和为 0。这表明该电路提供的功率和消耗的功率相等，即能量守恒原理。

可以通过计算电路元件的功率，来判断该元件是电源（起电源作用）还是负载（起负载作用）。相关的例题会在介绍基尔霍夫定律后出现。

1.3 基本电路元件

电路模型中的电路元件有两类：一类是电源，包括独立电源和受控电源；另一类是负载，最基本的负载有电阻、电感和电容，由它们通过导线连接组成的复合元件，也是负载，比如电动机。

电源按其提供电能的形式，可分为电压源和电流源。在电路模型中，电源都是理想电源，那就有理想电压源和理想电流源两类。同样地，电路模型中的负载，也都是理想负载。将电源和负载用导线连接就组成了电路，来实现特定的功能或目的。在电路中，电源的电压或电流，统称为激励；由于电源的激励作用，电路中的负载上会产生电压和电流，这个负载上的电压和电流统称为响应。

下面分别介绍这些基本电路元件。

1.3.1 电阻元件

具有电阻的导体称为电阻元件。常常将电阻元件简称为电阻，与电阻元件所具有的物理属性——电阻不加区别，因为在指代时很容易判断指的是电阻元件，还是电阻元件的电阻。

电阻元件可分为线性电阻和非线性电阻。电阻元件的电阻 r 是表征导电能力的一个基本物理量，可以用它两端的电压 u 与流过它的电流 i 来度量，u 和 i 参考方向关联时有 $r=\frac{u}{i}$。如果 r 是一个常数，则称该电阻元件为线性电阻，记作 R；如果 r 不是一个常数，是电流 i 或者电压 u 的函数，即随着电流或电压的变化而变化，则称该电阻元件为非线性电阻。

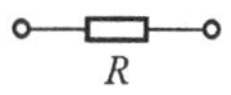

R

图 1.6　线性电阻在电路图中的表示

在电路中，线性电阻记为 R，在电路图中，其表示形式如图 1.6 所示。如果电路图中有多个电阻元件，一般采用给 R 加数字下标的方式予以区别。

电路中，元件上电压和电流的关系或函数表达式，称为伏安特性。如果以电压为直角坐标系的纵轴，以电流为直角坐标系的横轴，将电路中电阻上成对的电压值和电流值构成的坐标点标在坐标系中，就会构成曲线，这条曲线称为伏安特性曲线。因为电阻的电压和电流是在电源激励作用下的响应，是电阻外部可以测量的属性，所以也称伏安特性曲线为外特性曲线，称伏安特性为外特性。

对于线性电阻，其伏安特性曲线显然为一条通过坐标原点的直线。

1.3.2 电感元件

电感元件是一个能将电能储存为磁场能并释放为电能的电路元件。在电路模型中，电感元件是理想的电感元件，即它既没有内阻，也不消耗电能，只是将电能转为磁场能，将磁场能转化为电能，中间没有能量损耗。

在电路中，电感元件记为 L，其在电路图中的表示形式如图 1.7 所示。电路中有多个电感元件时，用 L 带下标来区分。

图 1.7 电感元件在电路图中的表示

如果电感两端的电压为 u，流过它的电流为 i，两者参考方向关联时，则其伏安特性为

$$u=L\frac{di}{dt} \tag{1.5}$$

式中，L 称为电感系数，或称为感性系数，其国际单位是亨利（H）。电感系数的常用单位还有毫亨（mH）和微亨（μH），它们与 H 的关系为 $1\ \mathrm{H}=1\times10^3\ \mathrm{mH}$，$1\ \mathrm{mH}=1\times10^3\ \mu\mathrm{H}$。

从式（1.5）可见，电感上电压 u 与电流 i 的变化率成正比。如果流过电感的电流为直流电流，则电感两端的电压为 0，电感元件相当于短路，即在直流电路中，电感元件跟导线一样；如果流过电感的电流为交流电流，那么电感两端的电压不为 0。

1.3.3 电容元件

电容元件是一个能将电能储存为电场能并释放为电能的电路元件。在电路模型中，电容元件是理想的电容元件，即它既没有内阻，也不消耗电能，只是将电能转为电场能，将电场能转化为电能，中间没有能量损耗。

在电路中，电容元件记为 C，其在电路图中的表示形式如图 1.8 所示。电路中有多个电容元件时，用 C 带下标来区分。

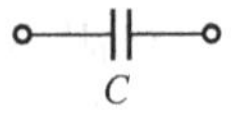

如果电容两端的电压为 u，流过它的电流为 i，两者参考方向关联时，则其伏安特性为

$$i=C\frac{du}{dt} \tag{1.6}$$

图 1.8 电容元件在电路图中的表示

式中，C 称为电容系数，其国际单位是法拉，记为 F。电容系数的常用单位还有毫法（mF）、微法（μF）和皮法（pF），它们与 F 的关系为 $1\ \mathrm{F}=1\times10^3\ \mathrm{mF}$，$1\ \mathrm{mF}=1\times10^3\ \mu\mathrm{F}$，$1\ \mu\mathrm{F}=1\times10^6\ \mathrm{pF}$。

从式（1.6）可见，电容上电流 i 与电压 u 的变化率成正比。如果电容两端的电压为直流电压，则电容上流过的电流为 0，电容元件相当于开路，即在直流电路中，电容元件相当于开路（即断路）；如果电容两端的电压为交流电压，那么流过电容的电流不为 0。

1.3.4 理想电压源

理想电压源没有内阻，其两端的电压只是时间的函数，即便将其接在电路中，其两端的电压也不受外部电路的影响。但是电路中理想电压源上的电流不仅存在，而且受外部电路的影响，由外部电路决定该电流的大小和方向。

如果理想电压源的电压是一个不随时间变化的恒定值，则称其为恒压源，或称为直流电压源。在电路中，理想电压源不仅要标电压符号，还要标上电压的参考方向。

理想电压源电压记为 u_S，恒压源电压记为 U_S 或 E，在电路图中，其表示形式如图 1.9 所示。

需要注意的是，理想电压源上不仅有电压，而且有电流，电压不受外部电路的影响，是自身属性，即 u_S 或 U_S 或 E；而电流受外部电路影响，由外部电路决定。

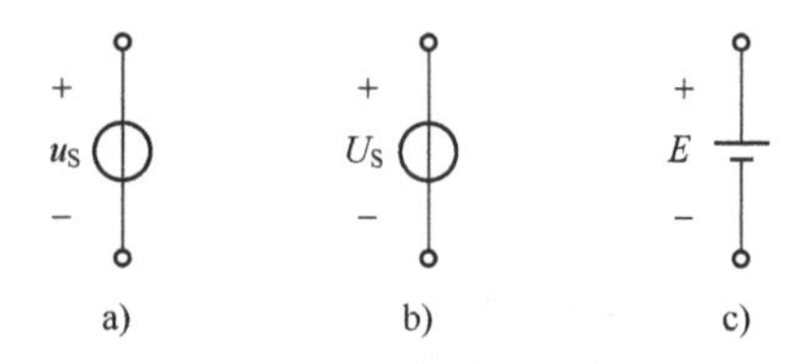

图 1.9　电路中理想电压源符号

a）一般理想电压源符号　b）恒压源符号之一　c）恒压源符号之二

1.3.5　理想电流源

理想电流源没有内阻，流过它的电流只是时间的函数，即便将其接在电路中，其上的电流也不受外部电路的影响。但是电路中理想电流源上的电压不仅存在，而且受外部电路的影响，由外部电路决定该电压的大小和方向。

如果理想电流源的电流是一个不随时间变化的恒定值，则称其为恒流源，或称为直流电流源。在电路中，理想电流源不仅要标上电流符号，还要标上电流的参考方向。理想电流源电流记为 i_S，恒流源电流记为 I_S，在电路图中，其表示形式如图 1.10 所示。

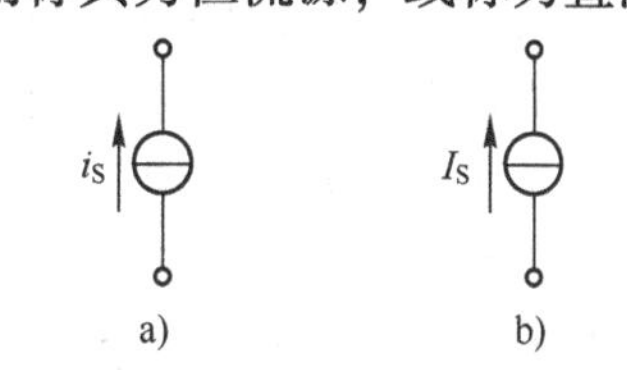

图 1.10　电路中理想电流源的符号

a）一般理想电流源符号　b）恒流源符号

需要注意的是，理想电流源上不仅有电流，而且有电压，电流不受外部电路的影响，是自身属性，即 i_S 或 I_S；而电压受外部电路影响，由外部电路决定。

1.3.6　受控电压源

受控电压源是受控电源的一种，属于非独立电源。受控电压源的输出量为电压，表现出理想电压源的特性，但是受控电压源的电压由其他支路的电流或电压控制。如果受控电压源的电压与控制电流或控制电压呈线性关系，则称其为线性受控电压源，否则称为非线性受控电压源。

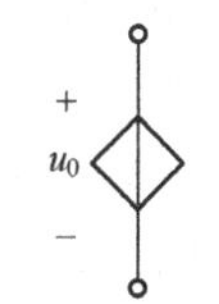

图 1.11　电路中受控电压源符号

在电路图中，受控电压源具体形式如图 1.11 所示。受控电压源需要标出受控电压的参考方向。

1.3.7　受控电流源

受控电流源是受控电源的一种，属于非独立电源。受控电流源的输出量为电流，表现出理想电流源的特性，但是受控电流源的电流由其他支路的电流或电压控制。如果受控电流源的电流与控制电流或控制电压呈线性关系，则称其为线性受控电流源，否则称为非线性受控电流源。

在电路图中，受控电流源具体形式如图 1.12 所示。注意受控电流源符号与受控电压源符号的区别，也需要注意受控电源与独立电源符号的区别。受控电流源需要标出受控电流的参考方向。

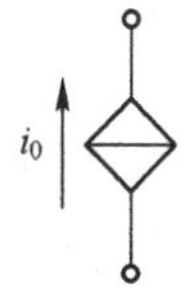

图 1.12　电路中受控电流源符号

一般地，在电源的符号表示中，用圆形符号表示独立电源，用菱形符号表示受控电源。

1.4 基尔霍夫定律

在分析电路时，常常需要计算电路中每一个元件上流过的电流和其两端的电压，并根据电压和电流计算其功率。所以分析电路，最根本的是求解电流和电压。

根据欧姆定律，只能建立单个电阻上电流和电压的关系。对于简单的直流电路（电路中的电源均为直流电压源或直流电流源），通过欧姆定律就可以求解电压或电流了，但对于有多个电源以及很多负载的复杂电路，则需要运用基尔霍夫定律来求解。

基尔霍夫定律描述的是电路中各个电流之间满足什么约束关系，和电路中各个电压之间满足什么约束关系。描述电流约束关系的是基尔霍夫电流定律，描述电压约束关系的是基尔霍夫电压定律，两者合起来统称为基尔霍夫定律。

基尔霍夫定律既适用于直流电路，也适用于交流电路，既适用于线性电路，也适用于非线性电路，具有广泛的适用性，是分析电路的基本工具。

在描述基尔霍夫定律之前，先要搞清楚下面几个电路名词，把握其概念和内涵，下面以图 1.13 为例来介绍。

1）**支路**：指电路中具有两个端点，且通过同一电流的无分支线路。如在图 1.13 中，就有 3 条支路，分别是 BAFE、BE 及 BCDE。

2）**节点**：指电路中 3 条或 3 条以上支路的连接点。如在图 1.13 中，节点有两个，分别是 B 和 E。

3）**回路**：指电路中由支路构成的闭合路径。如图 1.13 所示，回路共有 3 个，分别是 ABEFA、BCDEB 及 ABCDEFA。

4）**网孔**：指电路中不含有支路或支路某一部分的回路。可以说，网孔是最小的回路。在图 1.13 中，网孔只有两个，分别是 ABEFA 和 BCDEB。

5）**网络**：指电路中包含 1 条支路或多条支路或全部支路的电路。网络没有一个准确的概念，通常指的是电路中的部分电路。常见的网络有无源网络、有源网络及二端网络等。

【例题 1.1】 试判断图 1.14 所示电路，有几条支路，几个节点，几个网孔。

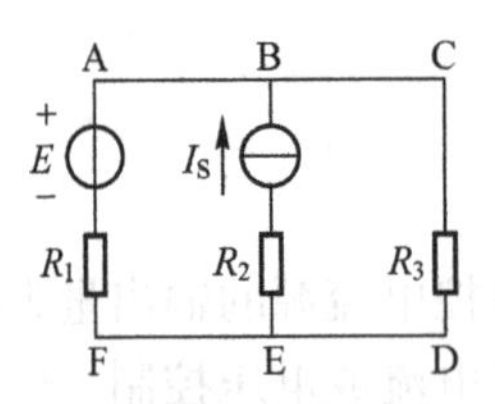

图 1.13 支路、节点、回路和网孔示意图

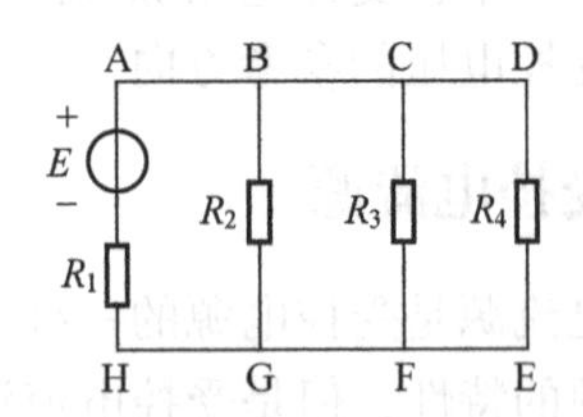

图 1.14 判断支路、节点和网孔数量

解答：图 1.14 所示电路中，支路有 4 条，节点有 2 个，网孔有 3 个。这里，很容易将支路误判为 6 条，节点误判为 4 个。从电路图来看，点 B 和点 C 都是 3 条支路的连接点，但是 B 和 C 之间有一条导线直接连接，中间没有任何元器件，考虑到导线具有压缩或延展性，B 和 C 其实是一个节点；同样地，G 点和 F 点也是同一个节点。也即，**导线直接连接的所有节点都是一个节点**。从简洁性的角度，可以判断该电路的节点数为 2 个，而不是 4 个。然后，节点和节点之间的连接电路皆为支路，B 与 C 之间的连接和 F 与 G 之间的连接，可以

视为节点内部的连接。

1.4.1 基尔霍夫电流定律

基尔霍夫电流定律，简称为 KCL，又称为节点电流定律，表述为：在某一时刻，对电路中一个节点，流入该节点的电流总和恒等于流出该节点的电流总和，即

$$\sum I_{流入} = \sum I_{流出} \tag{1.7}$$

需要注意的是，基尔霍夫电流定律针对的是电路中的一个节点，描述了这一个节点各电流应满足的约束关系。而且，这里电流是流入或流出节点，是依据电流的参考方向来确定的，而不是依据电流的实际方向。

特别地，电路中标好电流参考方向后，常常会发现，一个节点没有流入电流或没有流出电流。对一个节点，如果没有流入电流，则表明流入电流之和为 0，如果没有流出电流，则表明流出电流之和为 0。

如果约定，在流入节点的电流前取“+”号，在流出节点的电流前取“-”号（反之亦可），则基尔霍夫电流定律可以表述为：**对电路中一个节点，所有电流的代数和为 0，**即

$$\sum_i I_i = 0 \tag{1.8}$$

式中，I_i 为流入或流出这个节点的电流。

如图 1.15 所示部分电路，流入或流出节点 A 的电流有 4 个，其中 I_1、I_2和 I_3为流入电流，I_4为流出电流，可以运用基尔霍夫电流定律列方程。如果根据式（1.7），有 $I_1+I_2+I_3=I_4$；如果根据式（1.8），有 $I_1+I_2+I_3+(-I_4)=0$，即 $I_1+I_2+I_3-I_4=0$。

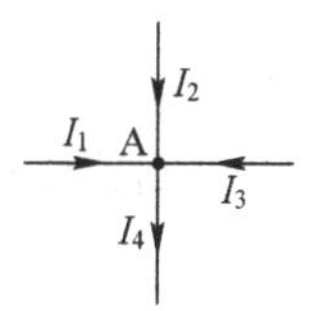

图 1.15 基尔霍夫电流定律示例

一个电路，可能没有节点，也可能有一个或多个节点。如果这个电路没有节点，表明这是一个简单电路，则不需要列电流方程。如果这个电路有多个节点，对每个节点运用基尔霍夫电流定律列电流方程，就可以建立起这个电路中每条支路上电流的相互约束关系。需要注意的是，对于含有 n 个节点的电路，只能列出 $n-1$ 个独立的电流方程。

由此可见，对节点运用基尔霍夫电流定律列电流方程时，需要首先标出每条支路上的电流及其参考方向，然后才能判断电流是流入还是流出节点，才可以列电流方程。

一般来说，电路图上标的电流方向，都可以看作是参考方向。虽然可以根据电流的参考方向以及其数值，确定电流的实际方向，但实际上在分析电路时，并不关心电流的实际方向，有参考方向就足够求解电路了。

基尔霍夫电流定律还能推广到对广义节点列电流方程。在电路中任意假设一个封闭曲面，此封闭曲面所包含的区域可以当成一个节点，这个节点称为广义节点。

如图 1.16 所示电路，可以将点画线包围的网络当成一个节点 N，N 即是一个广义节点。对广义节点 N 也可以运用基尔霍夫电流定律，于是有 $I_1+I_2+I_3=0$。

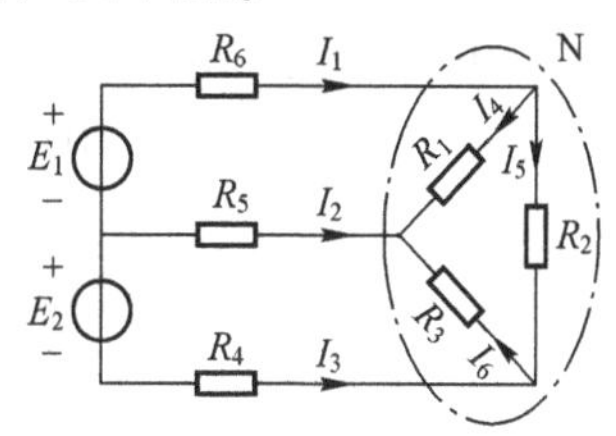

图 1.16 广义节点示例

按照基尔霍夫电流定律适用于广义节点的概念，可以很容易得出如下推论：**如果两个回路之间只有一根导线相连，则该导线上的电流为 0。**

【例题 1.2】 如图 1.17 所示电路，求图中所示电流 I。

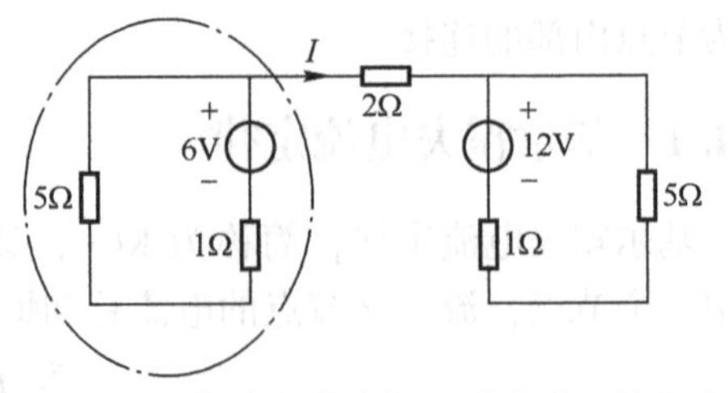

图 1.17 根据广义节点概念求电路上的电流

解答： 左右两边各是一个回路，通过一个电阻用导线相互连接，因为 2 Ω 电阻两端的电压不知道，所以无法运用欧姆定律求电流 I。根据广义节点的概念，直接把左边整个回路圈起来，当成一个广义节点，如图点画线椭圆所示。对这个广义节点，运用基尔霍夫电流定律，很容易推导出流过 2 Ω 电阻的电流 $I=0$。

基尔霍夫电流定律描述的是节点上各电流之间的关系，既适用于直流电路，也适用于交流电路，既适用于线性电路，也适用于非线性电路，即在任一时刻，对某个节点，各电流的代数和为零。

1.4.2 基尔霍夫电压定律

基尔霍夫电压定律，简称为 KVL，又称为回路电压定律，表述为：在某一时刻，对电路中的一个回路，沿该回路绕一圈，所有元件上电压升之和恒等于电压降之和，即

$$\sum U_{升} = \sum U_{降} \tag{1.9}$$

如果约定，沿回路绕行一圈时，元件上电压升高，在电压前取“+”号，元件上电压降低，在电压前取“-”号（反之亦可），则可将 KVL 表述为：**在某一时刻，对电路中的一个回路，沿该回路绕一圈，所有元件上电压的代数和为 0**，即

$$\sum_i U_i = 0 \tag{1.10}$$

式中，U_i为回路上升高或降低的电压。

下面以图 1.18 所示电路为例，介绍如何运用基尔霍夫电压定律对回路列电压方程。此电路有 A、B、C、D 共 4 个节点，3 个网孔，6 条支路。

首先，对每条支路标上电流及其参考方向，然后对每个元件标上电压及其参考方向，并尽量使同一个元件上的电压参考方向与电流参考方向关联。

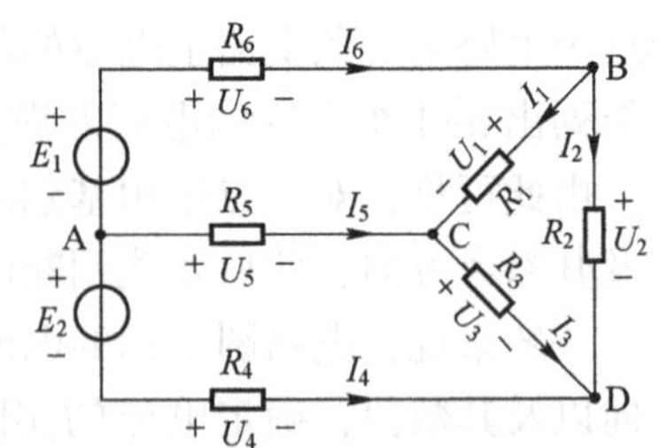

图 1.18 基尔霍夫电压定律示例

然后，选择包含电压源 E_1的网孔，取各元件两端的电压。因为它是一个回路，可以运用基尔霍夫电压定律列电压方程，假设从 A 点出发，顺时针转一圈回到 A 点：在向上经过电压源 E_1时，按照 E_1参考方向可知，电压是从“-”端到“+”端，电压升高，所以电压取 E_1；水平向右经过电阻 R_6时，电压是从“+”端到“-”端，电压降低，所以电压取$-U_6$；经过电阻 R_1时，电压降低，取$-U_1$；经过电阻 R_5时，电压升高，取 U_5。

最后，根据式（1.10）列回路电压方程，即沿回路一圈所有电压的代数和为 0，有

$$E_1+(-U_6)+(-U_1)+U_5=0 \tag{1.11}$$

即

$$E_1-U_6-U_1+U_5=0 \tag{1.12}$$

同理可得，对包含电压源 E_2的网孔，顺时针转一圈，其回路电压方程为

$$E_2-U_5-U_3+U_4=0 \tag{1.13}$$

对包含电阻 R_1、R_2和 R_3的网孔，从 C 点出发顺时针绕一圈，其回路电压方程为

$$U_1-U_2+U_3=0 \tag{1.14}$$

更进一步，如果对每个电阻运用欧姆定律，就可以用电流来表达电压。对电阻 R_6，因为流过它的电流 I_6与它两端的电压 U_6的参考方向关联，根据欧姆定律可得

$$U_6=I_6R_6 \tag{1.15}$$

需要注意的是，如果电阻上电流参考方向和电压参考方向非关联时，欧姆定律的表达形式，与两者参考方向关联时的表达形式相比，刚好多了一个负号，见式（1.3）。虽然电流参考方向和电压参考方向可以随便选取，但为了运用欧姆定律或运用功率公式时表达式简单一点，最好将电流参考方向和电压参考方向标成关联的。

同理可得，电阻 R_1和 R_5上电压和电流的关系为

$$\begin{cases}U_1=I_1R_1\\U_5=I_5R_5\end{cases} \tag{1.16}$$

将式（1.15）和式（1.16）代入式（1.12）可得

$$E_1-I_6R_6-I_1R_1+I_5R_5=0 \tag{1.17}$$

这样，就用电流表达了回路电压方程。我们知道，对电路中的节点，节点电流方程是用电流来表达的。联合回路电压方程和节点电流方程，就可知道电路中各支路电流该满足的所有约束关系。求解这些方程，就可以计算出各支路的电流。这就是将回路电压方程也用电流来表达的原因。

在电路中，既标电流参考方向，又标电压参考方向，会使得电路中的符号特别拥挤，电路图看起来不够简洁。如果默认电压参考方向与电流参考方向关联，则可以只标电流参考方向，而不标电压参考方向，对电阻直接运用欧姆定律 $U=IR$，用电流来表达电压，从而一步到位，写出回路电压方程。此时，尤其要注意沿回路一圈时，电压的升降与取正负的关系是由电压参考方向和沿回路的绕行方向决定，而与元件上电压电流的参考方向是否关联无关。

在对基尔霍夫电压定律不太熟练时，电压和电流的参考方向都需要标出，先对电压列回路电压方程，然后根据欧姆定律把电压用电流表达出来，然后代入回路电压方程，得到用电流表达的回路电压方程。熟练掌握基尔霍夫电压定律后，可以只标电流参考方向，直接一步到位列出用电流表达的回路电压方程。

基尔霍夫电压定律描述的是一个回路上各电压之间的关系，既适用于直流电路，也适用于交流电路，既适用于线性电路，也适用于非线性电路，即在任一时刻，对一个回路，顺时针或者逆时针绕回路一圈，电压的代数和为零。如果要进一步用电流来表达电压，需要在电路元件上运用欧姆定律或者其他物理定律，建立电压和电流的关系。对于线性电路，电路元件上电压和电流之间呈线性关系，而对非线性电路，元件上电压和电流之间呈非线性关系。线性或者非线性只是影响电压和电流之间的关系，不影响回路中各电压之间的约束关系。

推广一下，对开口回路，或称开口电路，基尔霍夫电压定律也是成立的。所谓开口回路，是指某一部分电路，它没有构成闭合回路，有两个断开的端口，如果在这两个端口之间标上电压及其参考方向，从电压连续的角度，就可以构成一个虚拟回路。

对开口回路运用基尔霍夫电压定律，是求电路中任意两点之间电压的一种方法。

在图 1.19 所示电路中，点 a 和点 b 分别是导线的两个端口，也就是 a、b 之间是断开

的。图中，用虚线椭圆表示不同的回路。其中，回路 1 是一个闭合回路；而回路 2 则是一个开口回路，实际上它并不闭合。

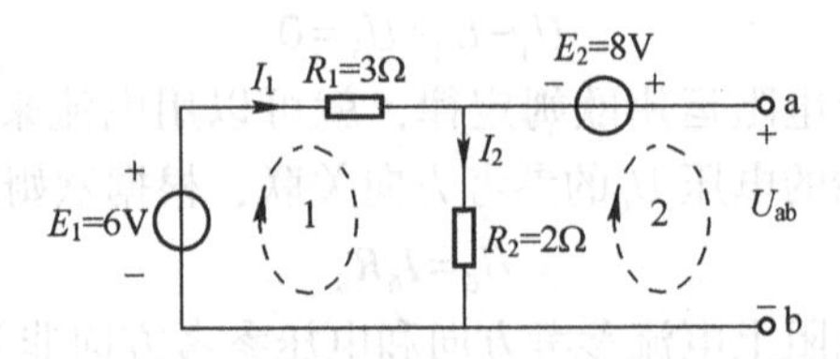

图 1.19 开口回路的基尔霍夫电压定律应用示例

对闭合回路 1，可以运用基尔霍夫电压定律列回路电压方程。由于电路只有一个闭合回路，所以 $I_1=I_2$。则回路电压方程为 $6-I_2R_1-I_2R_2=0$[⊖]，求得 $I_2=1.2\,\text{A}$。

对开口回路 2，由于基尔霍夫电压定律也是成立的，也可以对其列回路电压方程。在断开的 a、b 两端标上电压及其参考方向，于是有

$$I_2R_2+E_2-U_{ab}=0 \quad \text{（从 b 点出发顺时针旋转一圈）} \tag{1.18}$$

从而求得 $U_{ab}=10.4\,\text{V}$。

当然，在图 1.19 所示电路中，除了开口回路 2，还有其他的开口回路，比如从 b 点出发，绕电路最外一圈到 a，然后回到 b。也可以选择这个大的回路来运用基尔霍夫电压定律，求开口电压 U_{ab}。

采用开口回路，可以求电路中任意两点之间的电压。选择开口回路时，一般选择电路元件最少的回路，因为这样列方程和求解会简单些。

下面一个例题综合地表明了运用基尔霍夫电流定律和电压定律分析电路的基本思路，并用计算功率的方法判断电路元件是电源还是负载。

【例题 1.3】已知直流电路中有 5 个元件：1、2、3、4 和 5，各电压和电流参考方向如图 1.20 所示。已知 $U_1=12\,\text{V}$，$U_2=-18\,\text{V}$，$U_4=20\,\text{V}$，$I_1=4\,\text{A}$，$I_2=6\,\text{A}$。求 U_3 和 U_5，并判断这 5 个元件，谁是负载，谁是电源。

解答：在图 1.20 所示电路中，共有两个网孔。运用基尔霍夫电压定律，对这两个网孔列回路方程有

$$\begin{cases} U_1-U_2-U_3=0 \\ U_3-U_4+U_5=0 \end{cases} \tag{1.19}$$

求得 $U_3=30\,\text{V}$，$U_5=-10\,\text{V}$。

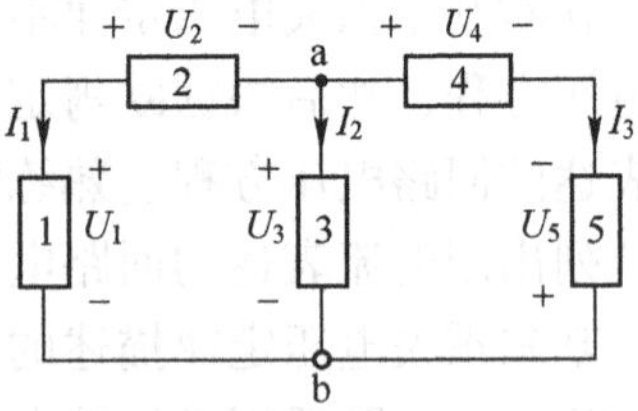

图 1.20 基尔霍夫定律和负载电源判断示例

对节点 a，运用基尔霍夫电流定律，列节点电流方程有

$$-I_1-I_2-I_3=0 \tag{1.20}$$

求得 $I_3=-10\,\text{A}$。

运用功率公式（1.4）可得，电路中 5 个元件的功率分别为

⊖ 本书述及的方程在运算过程中，为使运算简洁便于阅读，如对量的单位无标注或无特殊说明，则此方程为数值方程，而方程中的物理量均采用SI单位，如电压 $U(u)$ 的单位为 V；电流 $I(i)$ 的单位为 A；功率 P 的单位为 W；无功功率 Q 的单位为 var；视在功率 S 的单位为 V · A；电阻 R 的单位为 Ω；电导 G 的单位为 S；电感 L 的单位为 H；电容 C 的单位为 F；时间 t 的单位为 s 等。

$$
\begin{cases}
P_1 = U_1 I_1 = 12\times4\ \mathrm{W} = 48\ \mathrm{W} \\
P_2 = -U_2 I_1 = 18\times4\ \mathrm{W} = 72\ \mathrm{W} \\
P_3 = U_3 I_2 = 30\times6\ \mathrm{W} = 180\ \mathrm{W} \\
P_4 = U_4 I_3 = 20\times(-10)\ \mathrm{W} = -200\ \mathrm{W} \\
P_5 = -U_5 I_3 = 10\times(-10)\ \mathrm{W} = -100\ \mathrm{W}
\end{cases}
\tag{1.21}
$$

由于 $P_1>0$、$P_2>0$ 和 $P_3>0$，所以元件 1、元件 2 和元件 3 为负载；由于 $P_4<0$ 和 $P_5<0$，所以元件 4 和元件 5 为电源。而且还可发现，该电路所有功率之和为 0，满足能量守恒原理。

1.5 直流电路的分析方法

直流电路就是电源为直流电流源或直流电压源的电路，负载可以是电阻，也可以是电感和电容。根据电感和电容的物理性质，在直流电路中处于稳恒状态时：①电感相当于一根导线，即相当于电感两端被短路了，其两端电压为 0；②电容相当于断路，即相当于电容两端是断开的，流过电容或电容所在支路的电流为 0。也即，在直流电路中，电感和电容可分别处理为短路和断路的形式，可不以电感和电容的形态出现在电路中，所以在分析直流电路时，只考虑由直流电源和电阻构成的电路。

直流电源包括直流电流源和直流电压源。直流电源都是理想电源，在本章，又称直流电流源为理想电流源，或简称为电流源，又称直流电压源为理想电压源，简称为电压源。对电路中的电流源，电流源提供一个稳恒电流，即电流大小和方向都不变，使得电流源所在支路的电流总是等于电流源的电流。理想电流源有电流，没有内阻，但理想电流源两端有电压，该电压不能由电流源自身确定，只能由电流源之外的电路网络确定。具体地，可以给电流源两端标上电压及其参考方向，找一个包含电流源的回路，运用基尔霍夫电压定律来求电流源两端的电压。对电路中的电压源，电压源提供一个稳定的电压，总是保持电压源两端的电压为一恒定值，即电压的大小和方向不变。理想电压源有电压，没有内阻，但理想电压源上有电流流过，该电流同样不能由电压源自身确定，只能由电压源之外的电路网络确定。具体地，给电压源所在支路标上电流及其参考方向，找一个连接了电压源所在支路的节点，运用基尔霍夫电流定律来求流过电压源的电流。

对电路中的电阻，电阻上有电流，也有电压，两者关系符合欧姆定律的约束，也即知道电流后就可以通过自身电阻求电压，或者知道电压后通过自身电阻求电流，不需要借助外部的电路网络。

分析一个电路，就是要求出这个电路中任意支路上的电流，和电路中任意元件两端的电压，或在此基础上进一步计算任意电路元件的功率。所以，分析一个电路，求电流和电压是最根本的任务。

对一个直流电路，可能同时包含很多电源和很多电阻，具有很多节点和回路。欧姆定律只是建立电路中单个电阻上电流和电压的关系，基尔霍夫定律只是描述了每个节点上电流的相互关系和每个回路上电压的相互关系，要运用欧姆定律和基尔霍夫定律这两个基本原理，去分析具有很多电阻、很多节点或很多回路的电路，还需要遵循一定的方法，才能求解出电路中每条支路上的电流和每个元件两端的电压。

分析电路最基本的方法有支路电流法和节点电位法（或称节点电压法）。如果以电路中每条支路的电流作为未知量，综合运用欧姆定律和基尔霍夫定律来列方程，求出这些未知电流，就是支路电流法；如果以电路中节点的电压或电位为未知量，综合运用欧姆定律和基尔霍夫定律求出这些未知电压或电位，就是节点电位法。任意直流电路，不管多么复杂，都可以采用这两种方法中的一种进行求解，可以说，支路电流法和节点电位法是分析电路的两种通用方法，适用于任意直流电路。

除了这两种通用方法，还可基于欧姆定律和基尔霍夫定律，对具体问题推导出特定的电路分析方法，简洁快速地完成电路分析任务。比如，针对电阻采用串并联连接的电路，可以采用电阻等效变换法；针对电源串并联连接的电路，可以采用电源等效变换法；针对多个电源共同作用的线性电路，可以采用叠加定理；针对局部电路求电压或电流的情况，可以采用戴维南定理或诺顿定理。

在介绍这些通用或特定的电路分析方法之前，需要先了解一下电位的概念，以及如何计算电路中任意一点的电位。

1.5.1 电位及电位的计算

1. 电位的概念

在电路分析中，电位是一个与电压密切相关的概念。电压涉及电路中的两个点，两个点之间才存在电压，一个点是没有电压的。为了描述的方便，对电路中的一个点引入电位的概念，而电压就是两个点电位差。电路中，某一点的电位是指该点到参考点的电压，该电压参考方向的“+”端在该点，而“-”端在参考点，也即电位等于该点到参考点的电压。如果该电压为正，说明该点的电位比参考点的电位高，如果该电压为负，说明该点电位比参考点电位低。电位用大写字母 V 来表示，为了表示不同点的电位，可以给 V 加不同的下标以示区别。电位的国际单位是 V，与电压的国际单位相同。

通常，设参考点的电位为 0，用接地符号“⊥”来表示，也即与接地符号直接用导线连接的所有点的电位都为 0。零电位参考点又称为接地点。

参考点的选择会改变电路中各点的电位值，但不会改变各电路元件两端的电位差，即不会改变电路元件两端的电压。

2. 电位的计算

通过电位的描述性定义可知，电位与电压有如下关系：

$$U_{ab}=V_a-V_b \tag{1.22}$$

其中，V_a、V_b 和 U_{ab} 的位置如图 1.21 所示。图 1.21 所示为从电路中截取的一部分电路，a 和 b 为部分电路的端点，U_{ab} 为 a、b 两点间的电压（按照电压的符号表示法，电压 U_{ab} 参考方向的“+”在 a 点，“-”在 b 点），V_a 表示 a 点的电位，V_b 表示 b 点的电位。

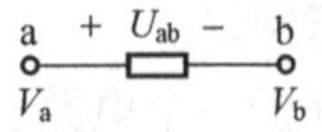

a + U_{ab} − b
V_a V_b

图 1.21 电压与电位关系示意图

由于 $U_{ab}=-U_{ba}$，所以下式也是成立的：

$$U_{ba}=V_b-V_a \tag{1.23}$$

不管是式（1.22），还是式（1.23），电压都等于参考方向“+”端的电位减去“-”端的电位。

由电压与电位的关系可知，要计算电路中某一点的电位，首先要选择一个已知电位点。

这个已知电位点可以是电位为零的点，也可是电位不为零的点。如果没有已知电位点，可以自行在电路上选择一个零电位参考点，并在电路图中标上接地符号以示该点电位为零。然后，选择一条连接该点和已知电位点的通路，并求出通路上每个电路元件两端的电压。对于电路元件两端的电压，可以采用前面介绍的欧姆定律和基尔霍夫定律来求。最后，通过式（1.22）或式（1.23），逐步传递求电位，直到求出待求点的电位。

求电路中某点电位的难点在于，从已知电位点到待求点的通路上，求各电路元件两端的电压。

【例题 1.4】 在图 1.22 所示电路中，求 a 点的电位 V_a。

解答：

1）选择一个已知电位点；在这个电路中，只有一个已知电位点，那就是接地点，其电位为 0。

2）选择一条连接已知电位点到待求点 a 的电路通路；这里选择从接地点到 b 点，然后向上向右通过 2 Ω 电阻，到 a 点的通路。选择通路的一般原则是，通路上电路元件尽量少，或者通路上要求电压的元件比较少。

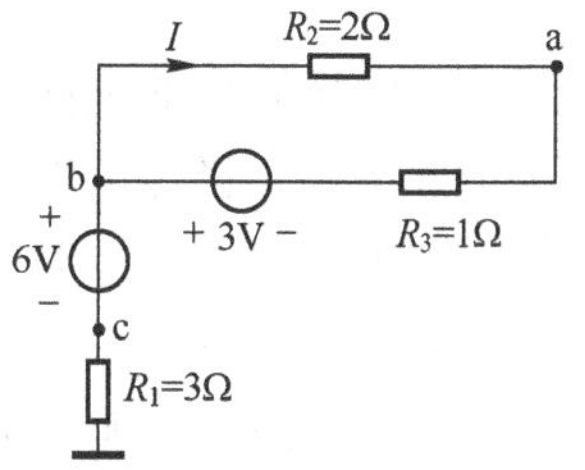

图 1.22　求电路中某点的电位示例

3）计算通路上各电路元件两端的电压；根据所选的通路，需要计算电阻 R_1 两端的电压及电阻 R_2 两端的电压。6V 电压源也是通路上的元件，但其两端电压已知，不用额外计算。电阻 R_1 所在支路上的电流为 0，因为接地符号只是表示电路上该点的电位为 0，不表示该点接到地上或其他任何物体上，那么从 b 点到接地点只是一条不闭合的支路而已，不构成回路，当然不可能有电流流过。于是可知，电阻 R_1 两端的电压为 0。对于电阻 R_2，为了求其两端的电压，先标出流过它的电流 I，然后对电阻 R_2 所在的回路列回路电压方程，可得 $-IR_2-IR_3+3=0$，求得 $I=1\,A$。默认 R_2 两端电压参考方向与电流 I 参考方向关联，可知其电压为 $IR_2=2\,V$。

4）通过电压与电位的关系，由式（1.22）逐步求出各点电位，直到计算出待求点 a 的电位。电阻 R_1 两端电压为 0，所以 c 点的电位 $V_c=0$；电压源两端电压为 6 V，所以 $6=V_b-V_c$，求出 $V_b=6\,V$；通过电阻 R_2 时，有 $IR_2=V_b-V_a$，求出 $V_a=4\,V$。

3. 电位的作用

(1) 电位可用于求电路中任意两点间的电压

前面提到，如图 1.19 所示，可以用开口回路来求电路中任意两点之间的电压。有了电位的概念之后，采用电位法求电路中任意两点间的电压，显得更为直观。电位法的基本思想是，先在电路中选取一个零电位参考点，然后分别求出电路中待求两点的电位，最后将这两点的电位相减，得到这两点间的电压。

还是以图 1.19 所示电路为例，求 a、b 间的电压 U_{ab}。

首先，在电路中选取一个零电位参考点，用接地符号表示，如图 1.23 所示。

然后，分别求 a 点和 b 点的电位。显然，$V_b=0$。采用电路中求电位的方法，可以求得 $V_c=2.4\,V$，$V_a=10.4\,V$。

最后，运用电压与电位的关系求 U_{ab}。$U_{ab}=V_a-V_b=10.4\,V$。

(2) 电位可用于简化电路图

运用电位还可以简化电路图，采用标电位的方法，简化掉电路中位于闭合回路上的电压源。例如，对图 1.23 所示电路，可以简化为图 1.24 所示电路。

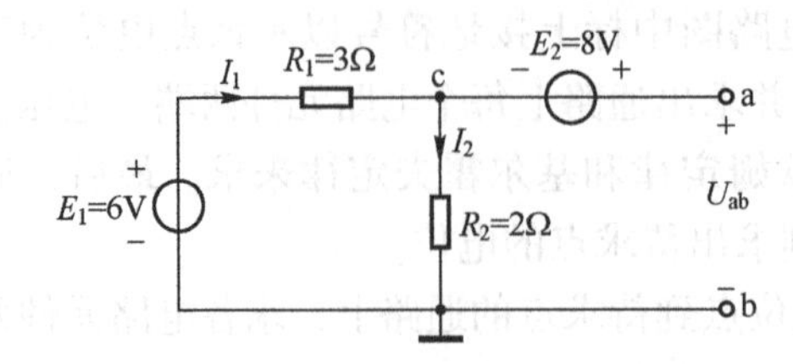

图 1.23　用电位法求电路中两点间的电压

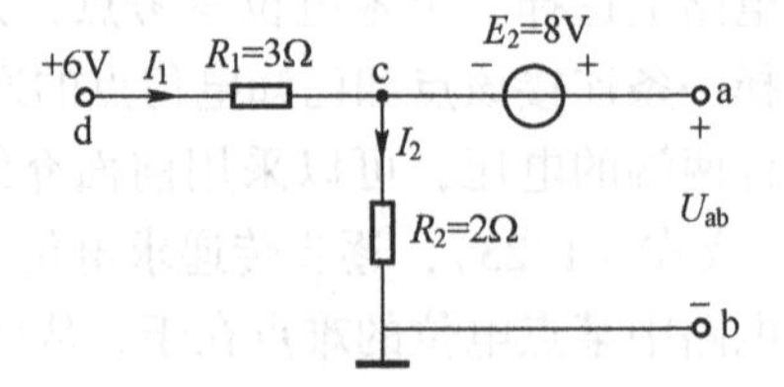

图 1.24　采用电位法简化电路图

对采用电位简化的电路，可以恢复成正常的有电源的闭合回路，它是简化过程的逆过程。基本方法是，将标了电位的点（简称电位点）与接地点用导线连接起来，并在这条导线上加一个电压源，电压源的电压由这两点的电位计算得到［根据电压与电位的关系，见式（1.22）］。特殊情况下，简化的电路中可能没有零电位点，此时可以在电路外随便取一点作为接地点，然后按基本方法处理。

对采用电位简化的电路图，只有标了电位的点，才可能有电流流过，因为在电路图中它是与接地点连接的，可能构成了回路，如图 1.24 中的 d 点；而对没有标电位的点，它就是导线上的一个点而已，即便恢复到原电路图中，它也不会有新的连接产生，比如图 1.24 中的 a、b、c 三点，尤其是 a 点和 b 点，它们是导线的端点，不在回路上，流过它们的电流为 0。

下面举一个例子，说明在用电位表示的简化电路图中，如何求电位。

【例题 1.5】 在图 1.25 所示电路图中，求 B 点电位 V_B。

解答： 在图 1.25 所示电路图中，电位点是 A 点和 C 点。B 点没有标电位，就是导线上一个端点，所以 B 点所在支路上的电流为 0。那么，从 A 点到 C 点，就只有一条支路，在这条支路上标上电流 I。运用欧姆定律有

$$\begin{cases} V_A - V_B = IR_1 \\ V_B - V_C = IR_2 \end{cases} \tag{1.24}$$

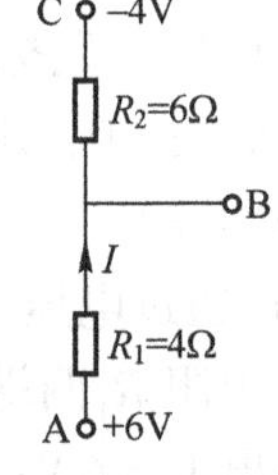

图 1.25　在电位表示的电路图中求电位

将已知量代入方程（1.24），求得 $I = 1\,\text{A}$，$V_B = 2\,\text{V}$。即求得 B 点的电位 $V_B = 2\,\text{V}$。

1.5.2　支路电流法

支路电流法是分析电路的基本方法之一，它以各支路上的电流为未知量，依据基尔霍夫定律和欧姆定律，用这些电流列节点电流方程和回路电压方程，然后解方程，求出各支路的电流。这种从电流入手分析电路的方法，称为支路电流法。

求出电流后，可以根据欧姆定律或基尔霍夫电压定律确定各元件两端的电压。知道电流和电压后，就可以根据需要算出各元件的功率了。

采用支路电流法分析电路的步骤如下：

1）准确判断电路中支路的条数，如果支路上电流未知，就给该支路标一个电流，并标好电流的参考方向。这些电流就是待求解的未知量，有多少个未知电流，就需要列多少个独立的方程。

2）准确判断电路中节点的个数，假设节点个数为 n，则可以选其中的 $n-1$ 个节点，根据基尔霍夫电流定律，列 $n-1$ 个节点电流方程。需要注意的是，n 个节点，只能列 $n-1$ 个独立的方程。

3）通过选取合适的回路，根据基尔霍夫电压定律列回路电压方程，方程中的电压全部用电流来表达。还需要几个方程，就选取几个回路。选取回路时，一般是优先选电路中的网孔，除非网孔中含有电流源，才选非网孔类的回路。总之，用来列电压方程的所选回路不能含有电流源。

4）联合节点电流方程和回路电压方程求解，得到未知电流的值。

支路电流法的关键在于，要保证所列节点电流方程和回路电压方程的总数，与待求电流的个数相等，并且保证所有的方程是相互独立的。关于方程相互独立的判断，可以参考线性代数中线性方程的求解。这就要求，对节点电流方程，其数量总是比节点总数少一个，对回路电压方程，其数量一般不大于电路网孔的总个数，具体的数量由待求电流的个数与节点电流方程的个数决定。

下面举例说明支路电流法分析电路的全过程。

【例题 1.6】 在图 1.26 所示电路中，已知 $U_{S1}=56\text{ V}$，$U_{S2}=32\text{ V}$，$R_1=12\ \Omega$，$R_2=6\ \Omega$，$R_3=4\ \Omega$。试用支路电流法求电路中各支路的电流。

解答：

1）判断该电路有 3 条支路，且支路上的电流都未知，于是在电路图中分别标上电流 I_1、I_2 和 I_3。可知，一共要列 3 个关于电流的方程。

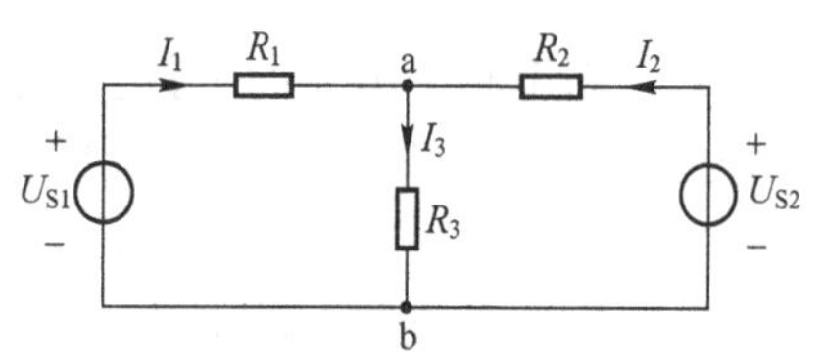

图 1.26　支路电流法电路分析示例之一

2）判断该电路有两个节点，分别记为点 a 和点 b。可以列一个独立的节点电流方程，选节点 a，有

$$I_1+I_2-I_3=0 \tag{1.25}$$

3）还差两个方程，所以要选两个回路列回路电压方程。该电路有两个网孔，且网孔上都不含电流源，可以选这两个网孔作为回路列方程，有

$$\begin{cases}U_{S1}-I_1R_1-I_3R_3=0\\ I_3R_3+I_2R_2-U_{S2}=0\end{cases} \tag{1.26}$$

4）联立方程（1.25）和方程（1.26），将已知条件代入，求得 $I_1=3\text{ A}$，$I_2=2\text{ A}$，$I_3=5\text{ A}$。

下面一个例子，网孔中含有电流源，还运用支路电流法分析，看如何选择回路。

【例题 1.7】 在图 1.27 所示电路中，各支路电流已经标在支路上，试用支路电流法求解各支路电流 I_1、I_2 和 I_3。

解答：

1）判断该电路有 2 个节点，4 条支路，3 个待求电流。各支路上电流已经标好。

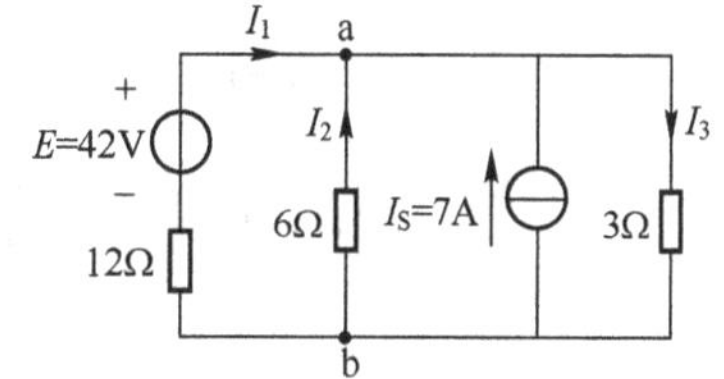

图 1.27　支路电流法电路分析示例之二

2）共两个节点，可以列一个独立的节点电流方程，选节点 a 有

$$I_1+I_2+7-I_3=0 \tag{1.27}$$

3）有 3 个待求电流，即要列 3 个独立的方程，已经有了一个节点电流方程，还需要选两个回路，列两个回路电压方程。该电路共有 3 个网孔，最左边的网孔不含电流源，

可以选为列电压方程的回路。剩下两个网孔都含有电流源 I_S，所以都不能选为列电压方程的回路，但可以将这两个网孔合起来形成的大回路，作为列电压方程的回路。于是有

$$\begin{cases}-12I_1+42+6I_2=0\\-6I_2-3I_3=0\end{cases}\tag{1.28}$$

4）联合方程（1.27）和方程（1.28），刚好是 3 个未知数 3 个方程，求解得 $I_1=2\,\text{A}$，$I_2=-3\,\text{A}$，$I_3=6\,\text{A}$。

1.5.3 节点电位法

节点电位法，又称节点电压法，是电路分析的另一个基本方法。节点电位法求解电路的基本特征是，以电路节点电位为未知量，根据欧姆定律，将各支路上的电流用节点电位表达出来，然后对节点列电流方程，就可以计算出各节点的电位了。

求出各节点的电位后，就可以算出各支路的电流了，进而可以求出电压和电流的衍生量功率了。

为了确定各节点的电位，需要在电路中选一个节点为零电位参考点，在图中用接地符号表示，作为电位计算的基准。

采用节点电位法分析电路的基本步骤如下：

1）判断电路中节点的个数，假设为 N 个，并给每个节点一个字母名称。选定其中一个节点为接地点，即其电位为 0。以剩下的 $N-1$ 个节点的电位作为未知量，这些未知量以电位符号 V 和节点字母作为下标表示。

2）标出每条支路上的电流，运用欧姆定律，将每条支路上的电流用节点电位未知量来表达。

3）选定 $N-1$ 个节点，运用基尔霍夫电流定律，列出 $N-1$ 个节点电流方程。

4）求解这 $N-1$ 个方程，求出各节点电位。

下面以例题具体说明节点电位法分析电路的全过程。

【例题 1.8】 在图 1.28 所示电路中，电源和电阻的值均已知，试采用节点电位法求各支路上的电流。

解答：

1）判断此电路共有 3 个节点，给其标号，并选一个节点为接地点，如图 1.29 所示。设节点 a 和节点 b 的电位分别为 V_a 和 V_b。由于节点 c 被选为接地点，可知 $V_c=0\,\text{V}$。为了求各支路的电流，在电路图中标出各支路的电流及其参考方向。

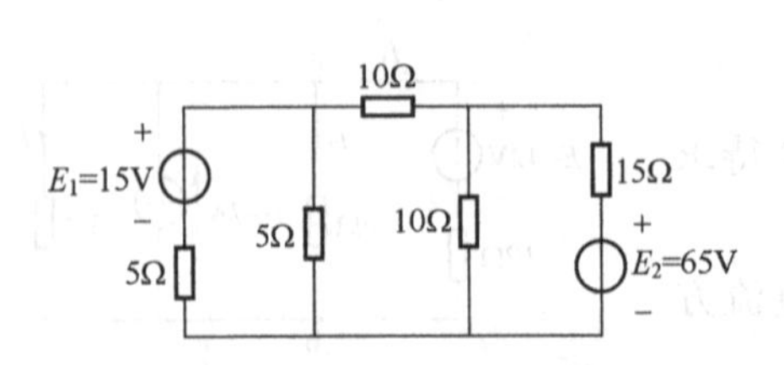

图 1.28　节点电位法电路分析示例之一

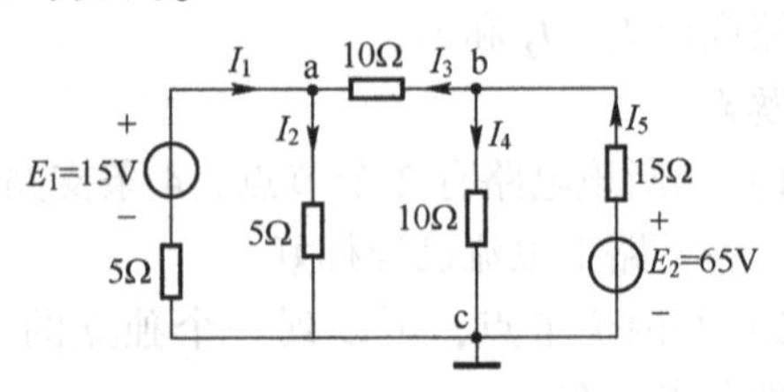

图 1.29　节点电位法示例一的标示图

2）将各支路的电流用未知量 V_a 和 V_b 表达。利用每条支路上的电阻，通过欧姆定律，建立电流和电压的关系。于是有

$$\begin{cases} I_1 = \dfrac{V_c - (V_a - 15)}{5} \\ I_2 = \dfrac{V_a - V_c}{5} \\ I_3 = \dfrac{V_b - V_a}{10} \\ I_4 = \dfrac{V_b - V_c}{10} \\ I_5 = \dfrac{65 - V_b}{15} \end{cases} \tag{1.29}$$

3）对节点 a 和 b 列节点电流方程：

$$\begin{cases} I_1 - I_2 + I_3 = 0 \\ -I_3 - I_4 + I_5 = 0 \end{cases} \tag{1.30}$$

4）将方程（1.29）代入方程（1.30）求解可得 $V_a = 10\text{V}$，$V_b = 20\text{V}$。将 V_a 和 V_b 的值代入方程（1.29），可求得各支路上的电流。

支路较多而节点较少的电路，尤其适合用节点电位法求解。而且，只有两个节点的电路也非常常见，下面的例题给出两个节点的电路，采用节点电位法求解的一般结果。

【例题 1.9】在图 1.30 所示电路中，已知电源和电阻的值，并且设节点 b 为接地点。求该电路中节点 a 的电位 V_a。

解答：

1）该电路有 2 个节点，4 条支路，适合采用节点电位法求解。已知 b 为接地点，所以 $V_b = 0$，并设 a 点的电位为 V_a。

2）运用欧姆定律，可得各支路电流用 V_a 表达的表达式：

$$\begin{cases} I_1 = \dfrac{E_1 - V_a}{R_1} \\ I_2 = \dfrac{E_2 - V_a}{R_2} \\ I_3 = \dfrac{E_3 - V_a}{R_3} \\ I_4 = \dfrac{V_a}{R_4} \end{cases} \tag{1.31}$$

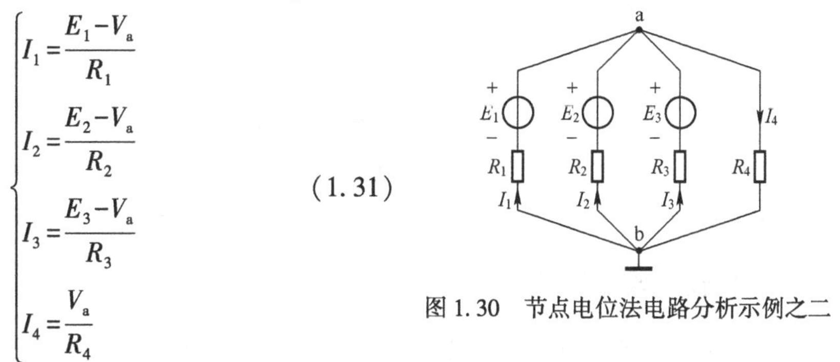

图 1.30　节点电位法电路分析示例之二

3）对节点 a 列节点电流方程有

$$I_1 + I_2 + I_3 - I_4 = 0 \tag{1.32}$$

4）将方程（1.31）代入方程（1.32）求解可得

$$V_a = \frac{\dfrac{E_1}{R_1} + \dfrac{E_2}{R_2} + \dfrac{E_3}{R_3}}{\dfrac{1}{R_1} + \dfrac{1}{R_2} + \dfrac{1}{R_3} + \dfrac{1}{R_4}} = \frac{\sum\limits_i \dfrac{E_i}{R_i}}{\sum\limits_i \dfrac{1}{R_i}} \tag{1.33}$$

观察 V_a 的表达式可知，分母为各条支路的电导之和，分子为各条支路上电压源电压与电阻之比的和，如果该支路上没有电源，则认为该支路的电压为 0。碰到两节点的电路，可以直接运用这个公式求电位。需要注意的是，电压源“+”端在所求电位点那一边，如本题各电压源的“+”端与 a 点的关系，如果不是，则需要在电压源电压前加负号。特别地，如果某条支路上的电源不是电压源，而是电流源，则直接用电流源电流代替该支路上电压与电阻之比，而且要求电流源电流方向是指向待求电位点的，如果相反，则需要在电流前加一个负号。即，如果电路如图 1.31 所示，则 a 点的电位为

$$V_a=\frac{\dfrac{E_1}{R_1}+\dfrac{-E_2}{R_2}+I_S}{\dfrac{1}{R_1}+\dfrac{1}{R_2}+\dfrac{1}{R_3}+\dfrac{1}{R_4}} \tag{1.34}$$

【例题 1.10】 在图 1.32 所示电路中，求电压 U_{ab}。

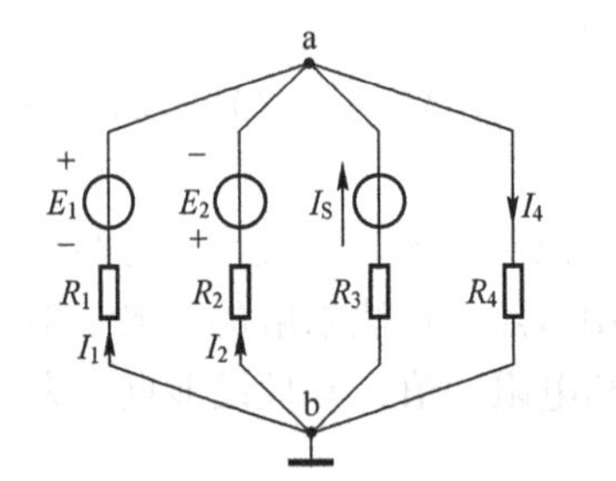

图 1.31　两节点电路图的变化形式

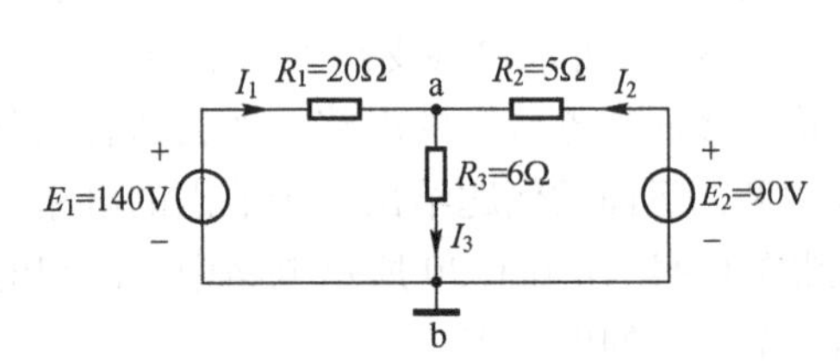

图 1.32　节点电位法电路分析示例之三

解答： 该电路有两个节点，选取 b 点为接地点，即 $V_b=0$。直接根据两节点电路的电位公式，见式 (1.33)，可得

$$V_a=\frac{\dfrac{E_1}{R_1}+\dfrac{E_2}{R_2}}{\dfrac{1}{R_1}+\dfrac{1}{R_2}+\dfrac{1}{R_3}}=\frac{7+18}{\dfrac{1}{20}+\dfrac{1}{5}+\dfrac{1}{6}}\text{ V}=60\text{ V} \tag{1.35}$$

如果要进一步求电流 I_1、I_2 和 I_3，则只需根据 V_a 和 V_b 求出各支路上电阻两端的电压，然后运用欧姆定律即可求得。

1.5.4　电阻等效变换法

支路电流法和节点电位法是电路分析的一般方法，适用于所有的电路分析，但是其计算过程有点复杂。针对特定的电路，还可以采用特定的分析方法，使电路分析过程变得更为简洁。比如，针对电路中电阻以串联或并联方式连接的电路或局部电路，可以采用电阻等效变换法。

电路中的电阻如果是以特定的方式连接，则可以将多个电阻等效变换为一个电阻，从而简化电路，方便计算。这里，特定的连接方式是指多个电阻以串联或并联的方式连接。下面分别介绍什么是电阻的串联，什么是电阻的并联，以及如何进行电阻的等效变换和等效变换所具有的性质。

1. 电阻的串联及串联等效变换

如果电路中的多个电阻处于一个支路中，则称这多个电阻的连接方式为串联。由于一个支路中的电流处处相等，可见，处于串联连接的电阻，其上流过的电流是相等的。

以两个电阻的串联为例，电阻的串联及其等效变换如图 1.33 所示。其中图 1.33a 是电路中的一部分电路，其两端的电压为 U，流过这条支路的电流为 I，在这条支路上有两个电阻 R_1 和 R_2。

图 1.33 所示电路中的两个电阻 R_1 和 R_2，其连接方式是串联。可以采用等效变换的方法，将这两个电阻合并为一个等效电阻 R，如图 1.33b 所示。这里的等效是指，变换前点 a 和点 b 间的电压和流过这条支路的电流，分别等于变换后等效电阻两端的电压和流过这条支路的电流，也即变换前后，a、b 两端的电压不变，流过这条支路的电流也不变。对图 1.33a 电路的开口回路运用基尔霍夫电压定律可得

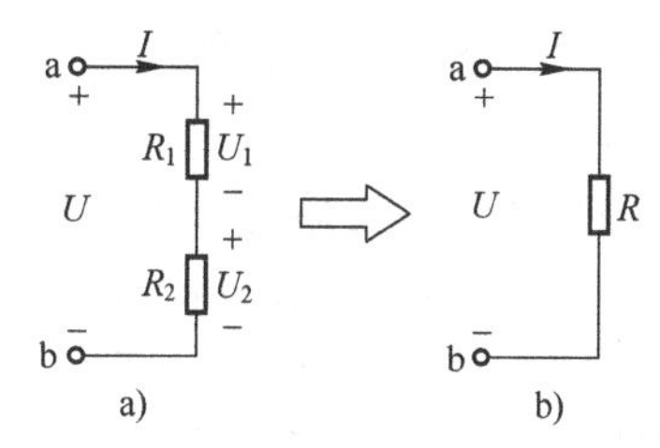

图 1.33　电阻的串联及其等效变换

$$U=IR_1+IR_2 \tag{1.36}$$

对图 1.33b 电路，运用欧姆定律可得

$$U=IR \tag{1.37}$$

由于等效变换前后 U 和 I 不变，比较式（1.36）和式（1.37）可得

$$R=R_1+R_2 \tag{1.38}$$

这就是两个电阻串联的等效变换法则，即合并后的等效电阻等于合并前各个电阻之和。

对图 1.33a 所示电路，由欧姆定律可得 $U_1=IR_1$，$U_2=IR_2$，考虑到式（1.36），可知串联的各个电阻，其两端的电压与总电压的关系为

$$\begin{cases} U_1=\dfrac{R_1}{R_1+R_2}U \\ U_2=\dfrac{R_2}{R_1+R_2}U \end{cases} \tag{1.39}$$

这即是串联电阻的分压公式。需要注意的是，U_1、U_2 的参考方向与总电压 U 的参考方向要一致，如图 1.33a 所示，它们的“+”端都在上端。

对 N（$N>2$）个电阻的串联，同理可得其等效电阻 R 和分压公式分别为

$$\begin{cases} R=\sum\limits_{i=1}^{N}R_i \\ U_i=\dfrac{R_i}{\sum\limits_{j=1}^{N}R_j}U \end{cases} \tag{1.40}$$

注意，这里的 U_i 为对应电阻 R_i 两端的电压，而且 U_i 的参考方向与 U 的参考方向一致。

2. 电阻的并联及并联等效变换

如果电路中的多个电阻都直接连接在电路中的两个节点之间，则称这多个电阻的连接方式为并联。由于两个节点间的电压不变，可见，处于并联连接的电阻，其两端的电压都是相

等的。

以两个电阻的并联为例，电阻的并联及其等效变换如图 1.34 所示。其中图 1.34a 是电路中的一部分电路，其两端的电压为 U，总电流为 I，两条并联支路上的电流分别为 I_1 和 I_2，这两条支路上的电阻分别为 R_1 和 R_2。

图 1.34 所示电路中的两个电阻 R_1 和 R_2，其连接方式是并联。可以采用等效变换的方法，将这两个电阻合并为一个等效电阻 R，如图 1.34b 所示。这里的等效是指，变换前节点 a、b 间的电压和流过节点 a 或 b 的电流，分别等于变换后等效电阻两端的电压和流过等效电阻的电流，也即变换前后，a、b 两端的电压不变，流过节点 a 或 b 的电流也不变。对图 1.34a 所示电路的节点 c 运用基尔霍夫电流定律可得

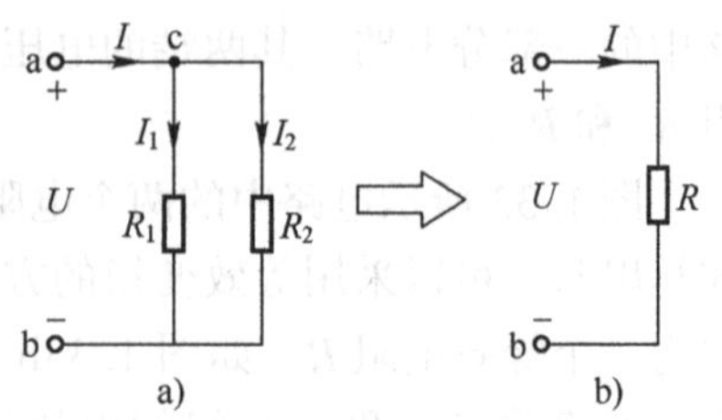

图 1.34　电阻的并联及其等效变换

$$\begin{cases} I=I_1+I_2 \\ I_1=\dfrac{U}{R_1} \\ I_2=\dfrac{U}{R_2} \end{cases} \tag{1.41}$$

对图 1.34b 电路，运用欧姆定律可得

$$I=\frac{U}{R} \tag{1.42}$$

由于等效变换前后 U 和 I 不变，比较式（1.41）和式（1.42）可得

$$\frac{1}{R}=\frac{1}{R_1}+\frac{1}{R_2} \tag{1.43}$$

这就是两个电阻并联的等效变换法则，即合并后等效电阻的电导，等于合并前各电阻的电导之和。如果采用电导来表示，则式（1.43）可以表达成

$$G=G_1+G_2 \tag{1.44}$$

对图 1.34a 所示电路，根据式（1.41），可知对并联的各个电阻，流过它们的电流与总电流的关系为

$$\begin{cases} I_1=\dfrac{\dfrac{1}{R_1}}{\dfrac{1}{R_1}+\dfrac{1}{R_2}}I=\dfrac{G_1}{G_1+G_2}I \\ I_2=\dfrac{\dfrac{1}{R_2}}{\dfrac{1}{R_1}+\dfrac{1}{R_2}}I=\dfrac{G_2}{G_1+G_2}I \end{cases} \tag{1.45}$$

这即是并联电阻的分流公式。需要注意的是，并联支路电流 I_1、I_2 的参考方向与总电流 I 的参考方向要一致，如图 1.34a 所示，它们流向要一致。

对 $N(N>2)$ 个电阻的并联，同理可得其等效电阻 R 和分流公式分别为

$$\begin{cases} G = \sum_{i=1}^{N} G_i \\ I_i = \dfrac{G_i}{\sum_{j=1}^{N} G_j} I \end{cases} \tag{1.46}$$

注意，这里的电流 I_i 为对应电阻 R_i 所在支路的电流，而且 I_i 的参考方向与 I 的参考方向一致，即电流的流向一致。

3. 电阻等效变换法在电路分析中的应用

串联和并联是电阻最基本的两种连接方式，串联和并联混合在一起，就称为混联电路。对于电阻的混联电路，可以用电阻等效变换法来求解。当然，除了串联和并联，电阻还有其他的连接方式，比如三角形联结，这时就不能采用电阻的等效变换法来求解，只能依据欧姆定律和基尔霍夫定律，采用基本的支路电流法或节点电位法来求解。

下面用一个例题来展示电阻等效变换法在电路分析中的具体应用。

【例题 1.11】 在图 1.35 所示电路中，求电阻 R_6 两端的电压 U。

解答： 分析该电路可知，电阻全部以串联或并联的方式连接，是电阻的混联电路，采用电阻等效变换法进行电路分析。

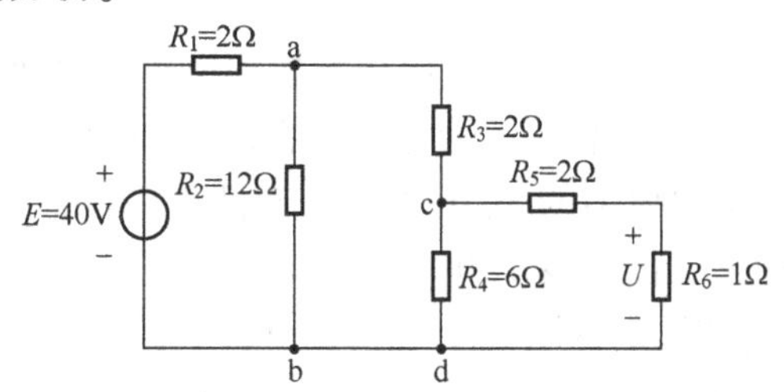

图 1.35　电阻等效变换法电路分析示例

电路中，点 c 和点 d 之间的等效电阻 $R_{cd}=R_4\|(R_5+R_6)=2\,\Omega$；点 a 和点 b 之间的等效电阻 $R_{ab}=R_2\|(R_3+R_{cd})=3\,\Omega$。

于是，根据分压公式可知，点 a 和点 b 之间的电压 $U_{ab}=\dfrac{R_{ab}}{R_1+R_{ab}}E=24\,\text{V}$；点 c 和点 d 之间的电压 $U_{cd}=\dfrac{R_{cd}}{R_3+R_{cd}}U_{ab}=12\,\text{V}$；再次运用分压公式可得电阻 R_6 两端的电压 $U=\dfrac{R_6}{R_5+R_6}U_{cd}=4\,\text{V}$。

1.5.5　电源等效变换法

在直流电路中，如果有多个电源，且电源以串联或并联的方式连接，则可以采用电源等效变换法来分析电路。电源等效变换法的基本思路是，先对电路中不同电源的电源类型进行等效变换，即将电压源变为电流源，或者将电流源变为电压源，然后合并电源，使多电源电路变为单电源电路，从而使接下来的电路分析变得简单。

电源有电流源和电压源两种，连接方式有串联和并联两种，两者两两组合就有 6 种可能：电流源和电流源串联、电流源和电压源串联、电压源和电压源串联、电流源和电流源并联、电流源和电压源并联以及电压源和电压源并联。并联的电流源才能合并，等效为一个电流源；串联的电压源才能合并，等效为一个电压源。所以，为了可以合并，串联的电源都要变换为电压源；并联的电源都要变换为电流源。这即是电路中电源合并的基本指导思想。

1. 实际电源的电路模型

电源可以分为电压源和电流源。一个理想的电源是没有内阻的，但是实际电源有内阻。对一个实际电压源，可采用一个理想电压源串联一个电阻来表达，其电路模型如图 1.36 所示。

对一个实际电流源，可采用一个理想电流源并联一个电阻来表达，其电路模型如图 1.37 所示。

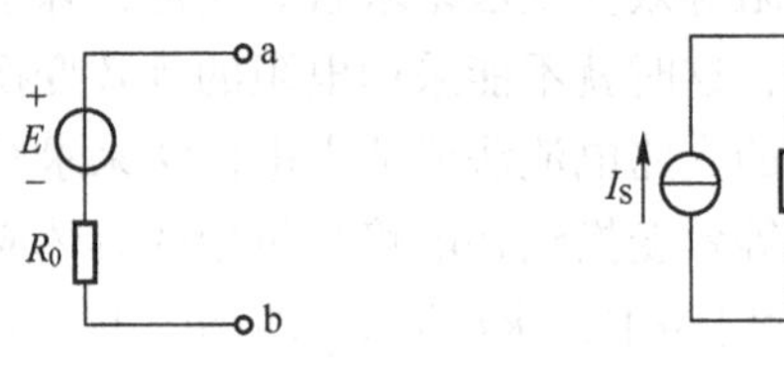

图 1.36 电压源模型　　图 1.37 电流源模型

2. 电压源与电流源的等效变换

电压源与电流源的等效变换是指，一个电压源模型可以等效地变为一个电流源模型，反之亦然。这里的等效是指，一个负载，不管是连接在图 1.36 所示电压源模型的 a、b 两端，还是连接在图 1.37 所示电流源模型的 a、b 两端，其两端的电压和流过它的电流都是相等的。这即表明，对外部的负载而言，采用电压源供电和采用电流源供电，其效果是等价的。

设电压源与电流源具有相同的内阻 R_0，它们给外部负载 R_L 的供电效果是等效的，即 R_L 两端的电压 U 和流过 R_L 的电流 I 是相等的，如图 1.38 所示。

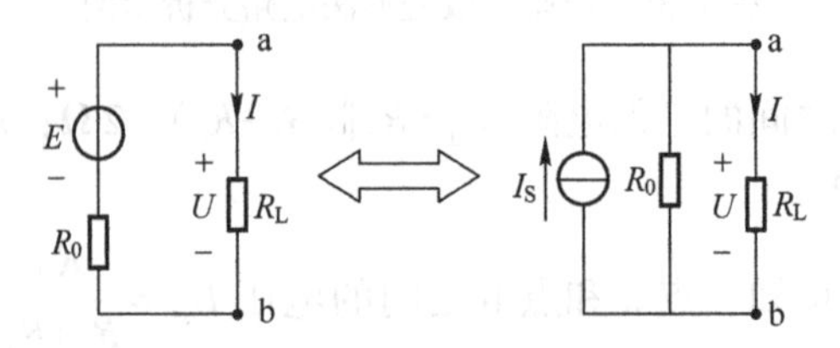

图 1.38 电压源与电流源的等效变换

对图 1.38 中的电压源电路，根据基尔霍夫电压定律，对回路列电压方程得

$$E=IR_L+IR_0 \tag{1.47}$$

对图 1.38 中的电流源电路，根据基尔霍夫电压定律，对右边的网孔列电压方程可得

$$(I_S-I)R_0=IR_L \tag{1.48}$$

比较式（1.47）和式（1.48）可得

$$E=I_SR_0 \tag{1.49}$$

这即是电压源模型与电流源模型的电源等效变换公式。

在将电压源与电流源等效变换时，电源的内阻没有变化，只是从与理想电压源的串联，变为与理想电流源的并联；另外，需要注意电压源电压参考方向与电流源电流参考方向的对应关系，在电源内部，电流是从“-”端流向“+”端，或电压沿着电流的方向升高。

3. 电源的合并

电源合并有一个前提条件，就是对外部的供电效果不变，即对外部的负载来说，负载两端的电压和流过负载的电流不变。这里所讲的电源合并，全都是基于这个默认的前提。

（1）电压源与电压源串联的合并

电压源与电压源串联合并为一个电压源，如图 1.39 所示。根据电源合并的默认前提，合并前后 a、b 端对外输出电压 U_{ab} 不变，a、b 端流过的总电流 I 不变。

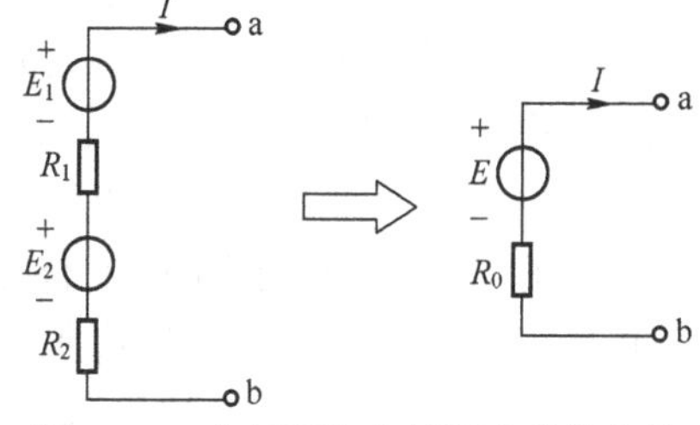

图 1.39 电压源与电压源串联的合并

对图 1.39 所示电路的开口回路，运用基尔霍夫电压定律可得

$$\begin{cases}-IR_2+E_2-IR_1+E_1-U_{ab}=0\\-IR_0+E-U_{ab}=0\end{cases}\tag{1.50}$$

整理可得

$$\begin{cases}U_{ab}=(E_1+E_2)-I(R_1+R_2)\\U_{ab}=E-IR_0\end{cases}\tag{1.51}$$

这即表明，两个电压源串联合并为一个电压源，有这样的关系：

$$\begin{cases}E=E_1+E_2\\R_0=R_1+R_2\end{cases}\tag{1.52}$$

这即是电压源串联合并公式。这里，同样需要注意合并前电压源参考方向与合并后电压源参考方向的关系。合并前各电压源的电压，如果其参考方向与合并后电压源电压的参考方向一致，就在其符号前取“+”，如果不一致，就在其符号前取“-”号，然后求和，就得到合并后电压源的电压。如图 1.39 所示，电压源电压 E_1 和 E_2 参考方向与 E 的参考标得一致，都是上正下负，所以都在其符号前取“+”求和。如果电源 E_2 的参考方向跟图中相反，是上负下正，则取 $-E_2$ 代入求和，得到合并后电压源的电压为 $E=E_1-E_2$。

更进一步，根据基尔霍夫定律很容易验证得到：电源和电阻交换位置，不影响电源合并结果，如在图 1.39 中交换电源 E_2 和电阻 R_2 的位置，电源合并结果并不改变；电阻 R_1 或电阻 R_2 为 0，或者电阻 R_1 和 R_2 都为 0，也不影响电源合并结果。

（2）电流源与电流源并联的合并

电流源与电流源合并为一个电流源，如图 1.40 所示。根据基尔霍夫电流定律有

$$\begin{cases}I=I_{S1}+I_{S2}+\dfrac{U_{ba}}{R_1}+\dfrac{U_{ba}}{R_2}\\I=I_S+\dfrac{U_{ba}}{R_0}\end{cases}\tag{1.53}$$

根据电源合并的默认前提，由式（1.53）可知

$$\begin{cases}I_S=I_{S1}+I_{S2}\\\dfrac{1}{R_0}=\dfrac{1}{R_1}+\dfrac{1}{R_2}\end{cases}\tag{1.54}$$

这即是电流源并联合并公式。这里，同样需要注意合并前后电源电流参考方向要一致，即流

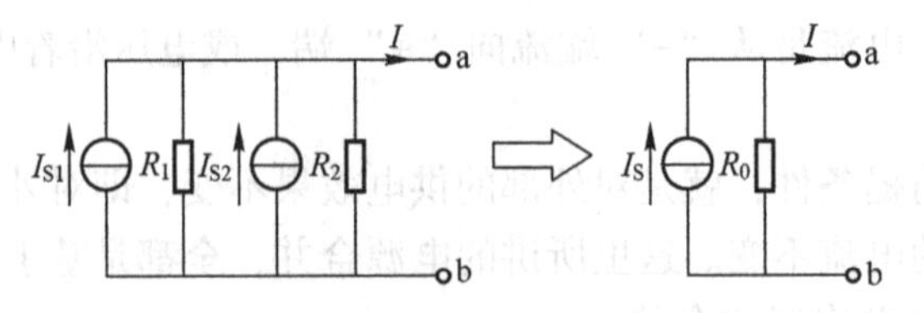

图 1.40　电流源与电流源并联的合并

向一致。

同样地，对合并前的电路，电流源与电阻的位置可以交换，不影响合并结果；对合并前的电路，电阻 R_1 或 R_2 可以为 0，也可以都为 0，这表明电流源没有内阻，只需把电阻为 0 的那条支路去掉即可，此时电流源的合并不受影响，还是通过式（1.54）计算。

（3）电压源与电流源串联的合并

电源的串联合并，需要先将所有电源等效变换为电压源，然后根据电压源的串联合并公式计算，见式（1.52）。这里，需要将电流源变换为电压源，然后与电压源合并，得到一个电压源。

整个合并过程如图 1.41 所示，结果已经直接表达在图中了。

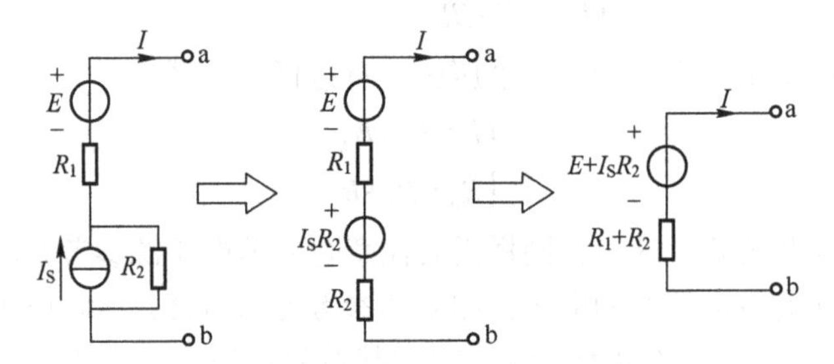

图 1.41　电压源与电流源串联的合并

（4）电压源与电流源并联的合并

电源的并联合并，需要先将所有电源等效变换为电流源，然后根据电流源的并联合并公式计算，见式（1.54）。这里，需要将电压源变换为电流源，然后与电流源合并，得到一个电流源。

整个合并过程如图 1.42 所示，合并结果已经直接表达在图中了。

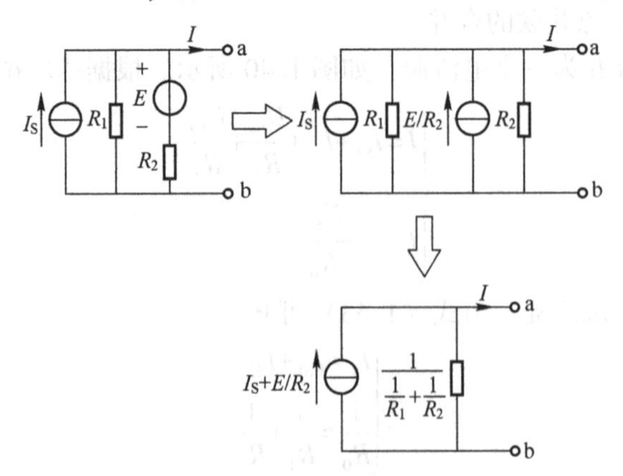

图 1.42　电压源与电流源并联的合并

(5) 电压源与电压源并联的合并

这里，需要将电压源等效变换为电流源，然后根据电流源的并联合并公式计算，见式(1.54)，合并得到一个电流源。

整个合并过程如图 1.43 所示，合并结果已经直接表达在图中了。

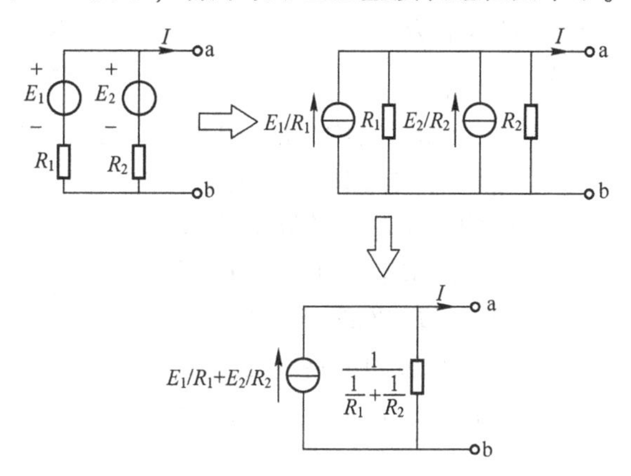

图 1.43 电压源与电压源并联的合并

(6) 电流源与电流源串联的合并

这里，需要将电流源等效变换为电压源，然后根据电压源的串联合并公式计算，见式(1.52)，合并得到一个电压源。

整个合并过程如图 1.44 所示，合并结果已经直接表达在图中了。

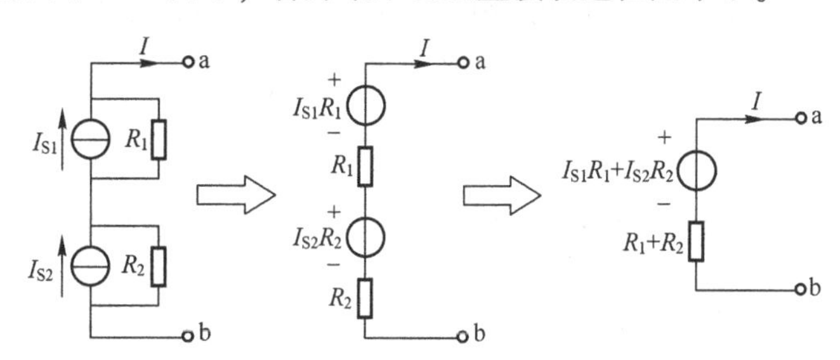

图 1.44 电流源与电流源串联的合并

4. 特殊电源模型的处理

在电路中，除了电压源模型和电流源模型的形式，有时还可见到电压源与电阻并联，以及电流源与电阻串联这两种特殊形式的电源模型。对这两种特殊的电源模型，从电源等效变换的角度，前者可以等价为理想电压源，如图 1.45 所示，后者可以等价为理想电流源，如图 1.46 所示。因为与电压源并联的电阻，不会影响电压源对外输出的电压，与电流源串联的电阻，不会影响到电流源对外输出的电流。

由图 1.45 可见，电压源 E 与电阻 R 并联。电路中，电阻 R 的存在与否，不会影响到 a、b 两端的电压，所以电压源与电阻的并联，可以直接去掉电阻，等价为理想电压源。

由图 1.46 可见，电流源 I_S与电阻 R 串联。电阻 R 的存在与否，不会影响到电流源流入或流出 a、b 端的电流，所以电流源与电阻的串联，可以直接短路掉电阻，等价为理想电流源。

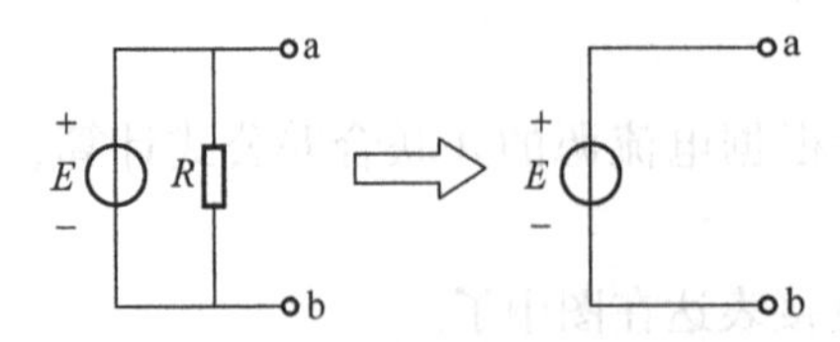

图 1.45　电压源与电阻的并联等价为理想电压源

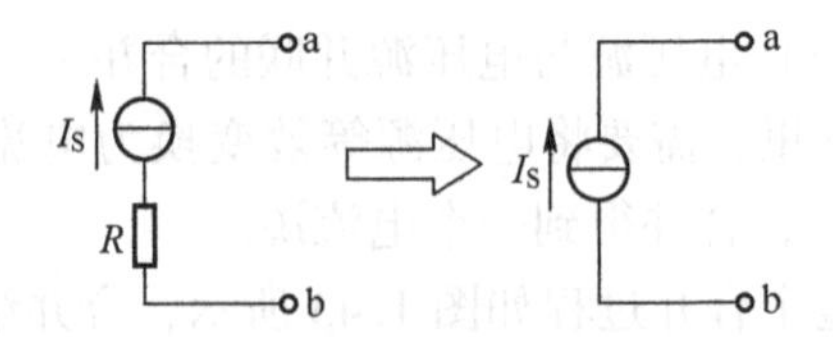

图 1.46　电流源与电阻的串联等价为理想电流源

【例题 1.12】 电路如图 1.47 所示。其中，$E=10\,\mathrm{V}$，$I_S=2\,\mathrm{A}$，$R_1=5\,\Omega$，$R_2=1\,\Omega$，$R_3=2\,\Omega$，$R_4=1\,\Omega$。请用电源等效变换法，求电阻 R_4中的电流 I。

解答： 该电路中的电源采用的是串联或并联的连接方式，所以可以采用电源等效变换法求解。在电阻 R_4两端取两个端点 a 和 b。点 a 和点 b 右边的网络，就相当于电源外部的负载电路。点 a 和点 b 左边的电路就是含多个电源的网络，可以采用等效变换法，将多个电流源合并为一个电源。

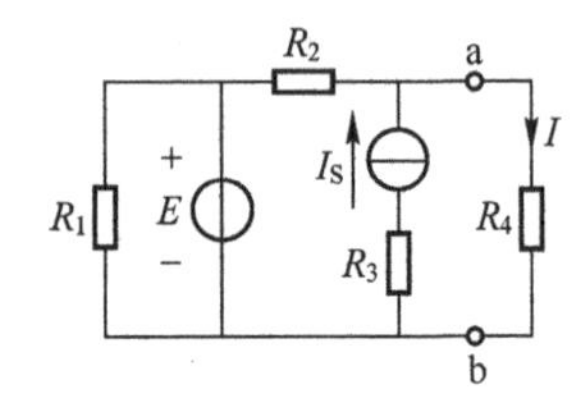

图 1.47　用电源等效变换法分析电路

电源等效变换法电路分析过程如图 1.48 所示，图中用点画线椭圆圈住的部分，表示将要进行等效变换的电源模型。图 1.48a 中，点画线圈住的部分是电压源和电阻并联构成的电压源模型，它可以直接变为理想电压源，如图 1.48b 所示。图 1.48b 中有一个电压源、电阻串联模型，和一个电流源、电阻串联模型，两者是并联关系，所以可以将前者变为电流源模型，后者变为理想电流源，如图 1.48c 所示。图 1.48c 中是两个电流源模型，可以直接将理想电流源合并，如图 1.48d。在图 1.48d 中，运用电阻并联的分流公式可得

$$I=\frac{R_2}{R_2+R_4}\left(I_S+\frac{E}{R_2}\right)=6\,\mathrm{A} \tag{1.55}$$

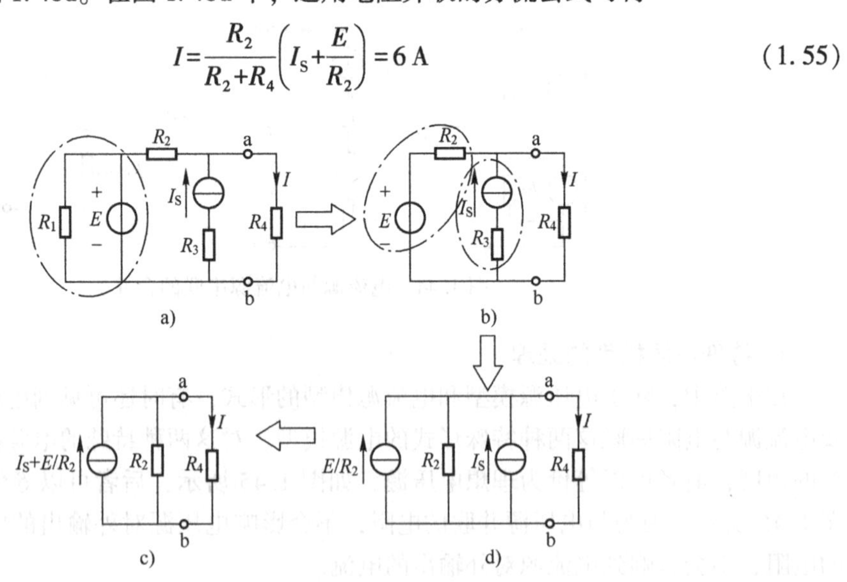

图 1.48　电源等效变换法分析电路过程图

1.5.6　叠加定理

对线性电路，可以采用叠加定理来进行电路分析。运用叠加定理，将会使多电源共同作用的复杂电路，变为单电源作用的简单电路。所谓线性电路，是指由独立电源或受控线性电

源与线性元件构成的电路。所谓线性受控电源是指受控电源的电压或电流，与控制源的电压或电流呈线性关系。所谓线性元件是指元件两端的电压 U 与电流 I 呈线性关系（即 $U=aI+b$，这里 a、b 为常数，且 $a\neq0$）的电路元件。特别地，如果某个电路元件，在实数空间，其上的电压和电流不成线性关系，是非线性元件，不能运用叠加定理进行电路分析，但在相量空间（参见本书第 2 章），其上的电压与电流呈线性关系，则在相量空间，该元件是线性元件，可以运用叠加定理进行电路分析。

在电路分析中，称电源的电流或电压为激励，因为它们是使电路工作的原因，称电路负载上的电压或电流为响应，因为它们是电源供电产生的结果。按照激励和响应的概念，线性电路的显著特点是，响应是激励的线性组合，也即是负载上的电压或电流，可以表达成电路中所有电源的电压或电流的线性组合。

电阻就是线性元件。由直流电源和电阻构成的电路是线性电路，可以运用叠加定理进行电路分析。

叠加定理：在有多个电源激励的线性电路中，电路中任一支路的电流，等于电路中各个电源单独作用时，在该支路中产生的电流的代数和；电路中任意两点间的电压，等于电路中各个电源单独作用时，在这两点间产生的电压的代数和。所谓某个电源单独作用，是指该电源起作用，而其他电源不起作用。在电路中，对电源不起作用是这样处理的：电压源不起作用，就是其输出电压为 0，即将其两端短路，或称对电压源进行短路处理；电流源不起作用，就是电流源的输出电流为零，即将电流源两端断开，或称对电流源进行开路处理。注意，电源不起作用，在电路中是只对电源进行处理，不涉及电阻的处理，这里没有内阻的概念，所提到的电源均指理想电源。

单电源作用的电阻电路，一般可以用电阻的串并联等效变换来求解。所以，运用叠加定理分析电路时，多配合电阻等效变换法使用。在这样的单电源电阻电路中，如果电阻不是串并联连接，那就只能采用支路电流法或节点电位法这种通用方法来求解了。如果是这样，用叠加定理来分析电路就显得不够简单了，不如放弃使用叠加定理，一开始就直接采用通用方法分析电路。所以叠加定理更适用于元件串并联连接的线性电路。

运用叠加定理进行电路分析的一般步骤如下：

1）给电路中待求的电流或电压标上名称，并标上参考方向，有关系的电压或电流，其参考方向最好关联。

2）将各个电源单独作用的电路图画出来。要求标上待求电流名称或待求电压名称，该名称与原电路对应电流或电压的名称最好一样，通过加上标的方式区别；还要给待求电流或待求电压标上参考方向，该参考方向最好与原电路中对应电流或电压的参考方向一致。

3）逐个分析单电源作用的电路，求出待求电流或待求电压。

4）运用叠加定理，将各个电源单独作用的结果加起来，就是原电路中对应电流或电压的结果。

【例题 1.13】 如图 1.49a 所示电路，已知 $E=10\,\text{V}$，$I_S=4\,\text{A}$，$R_1=10\,\Omega$，$R_2=R_3=5\,\Omega$。试用叠加定理求流过 R_2 的电流 I_2 和理想电流源 I_S 两端的电压 U_S。

解答：

1）在图 1.49a 中，在原电路中标上了待求电流 I_2 和待求电压 U_S 及其参考方向。

2）画出了各个电源单独作用的电路图。图 1.49b 中标出了待求电流 I_2 和待求电压 U_S，

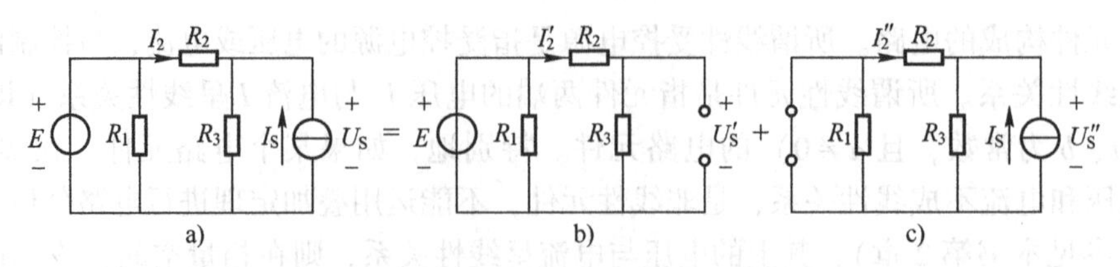

图 1.49　叠加定理用于电路分析例题 1

并在其上标处加一撇，表示是第一个电源单独作用的结果，并且它们的参考方向与原电路中对应电流和电压的参考方向相同；图 1.49c 中标出了待求电流 I_2 和待求电压 U_S，并在其上标处加两撇，表示是第二个电源单独作用的结果，并且它们的参考方向与原电路中对应电流和电压的参考方向相同。

3）逐个求解单电源电路。在图 1.49b 中，求得

$$\begin{cases} I_2' = \dfrac{E}{R_2+R_3} = 1\text{ A} \\ U_S' = I_2' R_3 = 5\text{ V} \end{cases} \tag{1.56}$$

在图 1.49c 中，求得

$$\begin{cases} I_2'' = -\dfrac{R_3}{R_2+R_3} I_S = -2\text{ A} \\ U_S'' = -I_2'' R_2 = 10\text{ V} \end{cases} \tag{1.57}$$

4）运用叠加定理，求原电路中的待求量，有

$$\begin{cases} I_2 = I_2' + I_2'' = -1\text{ A} \\ U_S = U_S' + U_S'' = 15\text{ V} \end{cases} \tag{1.58}$$

【例题 1.14】在图 1.50 所示线性电路中，只有两个电源：一个电压源和一个电流源，电路中的线性负载以各种方式连接，构成了不含电源的电路网络，这个网络称为线性无源网络。已知：当 $E=1\text{ V}$，$I_S=1\text{ A}$ 时，开口端的电压 $U_0=5\text{ V}$；当 $E=2\text{ V}$，$I_S=3\text{ A}$ 时，$U_0=12\text{ V}$。那么，当 $E=3\text{ V}$，$I_S=10\text{ A}$ 时，U_0 为多少？

解答：根据线性电路的特点可知，电路中的响应是激励的线性组合。所以有

$$U_0 = aE + bI_S \tag{1.59}$$

其中，a 和 b 为常数。

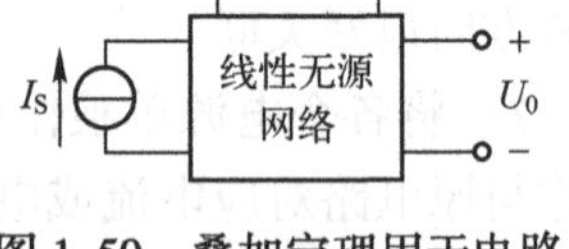

图 1.50　叠加定理用于电路分析例题 2

根据题意，将已知量代入式（1.59）可得

$$\begin{cases} a\cdot 1 + b\cdot 1 = 5 \\ a\cdot 2 + b\cdot 3 = 12 \end{cases} \tag{1.60}$$

解得 $a=3$，$b=2$。

所以 U_0 与电源的线性关系为

$$U_0 = 3E + 2I_S \tag{1.61}$$

当 $E=3\text{ V}$，$I_S=10\text{ A}$ 时，代入式（1.61）求得

$$U_0 = (3\times 3 + 2\times 10)\text{ V} = 29\text{ V} \tag{1.62}$$

1.5.7 戴维南定理

电路分析的基本方法——支路电流法和节点电位法，都必须把电路中所有的支路电流或节点电位都求出来，才能得到某条支路的电压或电流，不能单独求解某条支路。但很多时候，对电路进行分析，只需要对一条支路进行分析，求得该支路上的电流或电压，并不要求分析整个电路。为了避免求解复杂的方程组，提出了以待求支路为外部电路，将电路除去该支路后剩下的电路网络等效为电源模型的分析方法，以提高局部电路分析的效率，这种方法统称为电源等效原理。这里的等效是指对外部电路等效，即剩下的网络用电源模型来代替，不改变外部电路两端的电压，或不改变外部电路的电流。将剩下的电路网络等效为电压源模型的分析方法，称为戴维南定理；将剩下的电路网络等效为电流源模型的分析方法，称为诺顿定理。

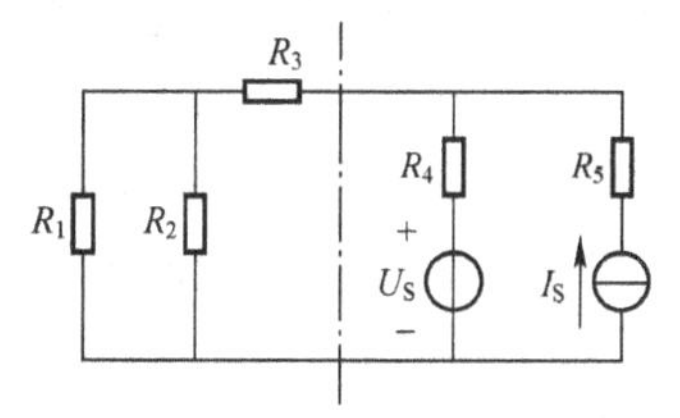

图 1.51　演示二端网络的原电路

为了方便描述，需要引入三个概念：二端网络、无源二端网络及有源二端网络。以图 1.51 所示电路为例，说明这三个概念。

1）二端网络：有且仅有两个接线端的电路网络。二端网络是电路中的一部分电路，与外界只有两个接线端点。电路图中，一般用小圆圈来表示接线端点。在图 1.51 所示电路中，如果沿着点画线将电路看成两个部分，则两个部分的电路网络都只有两个接线端，如图 1.52 所示，那么就得到两个二端网络（见图 1.52a 和 b），它们的接线端点是 a 和 b。

二端网络可以是电路中的一部分网络，表示具有两个端口的一部分电路，是一种特定的电路网络，并不是要把这部分网络从电路中分离开才是二端网络。二端网络也可以是具有两个接线端点的独立电路。

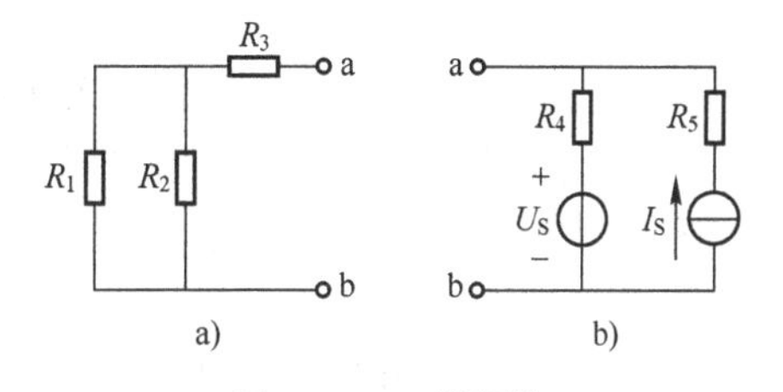

图 1.52　二端网络

a）无源二端网络　b）有源二端网络

2）无源二端网络：不含有电源的二端网络。如图 1.52a 所示，该二端网络不含任何电源，只有电阻，所以是无源二端网络。

3）有源二端网络：含有电源的二端网络。如图 1.52b 所示，该二端网络含有电压源和电流源，所以是有源二端网络。

对任意无源二端网络，可以表示成图 1.53a 所示形式；对任意有源二端网络，可以表示成图 1.53b 所示形式。

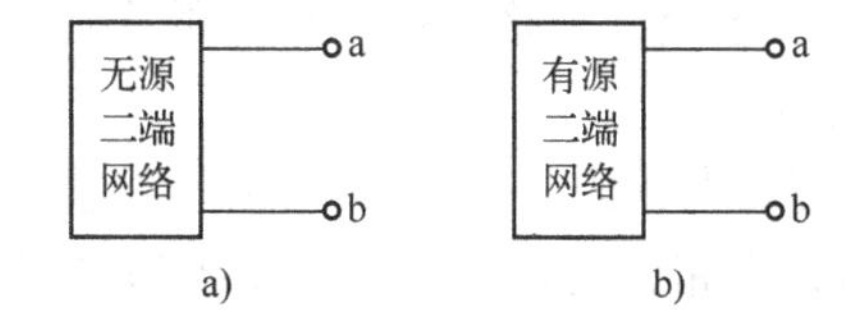

图 1.53　任意无源二端网络和任意有源二端网络的表示

有源二端网络还可以分为线性有源二端网络和非线性有源二端网络。线性有源二端网络是指完全由线性元件、独立电源或线性受控电源构成的有源二端网络；否则，该有源二端网络就为非线性有源二端网络。

由电阻和直流电源构成的电路是线性电路。由电阻和直流电源构成的有源二端网络就是线性有源二端网络。

戴维南定理：任意一个线性有源二端网络，对外部电路来说，可以等价成一个理想电压源串联一个电阻的电压源模型。该电压源模型中理想电压源的电压等于有源二端网络两个接线端的开路电压；串联的电阻等于将有源二端网络变为无源二端网络后，从两个接线端点看过去，该无源二端网络的等效电阻。

戴维南定理的等效示意图如图 1.54 所示。图中，将一个有源二端网络等效成了一个电压源模型，即一个理想电压源与一个电阻的串联电路。有源二端网络就是内部电路，接在 a、b 两个接线端之间的电路称为外部电路。戴维南定理指出：理想电压源的电压 E 等于 a、b 两点之间开路时，有源二端网络的开路电压 U_{ab}；串联电阻 R_0 等于将有源二端网络变为无源二端网络后，从 a、b 两点看过去，该无源二端网络的等效电阻。

将有源二端网络变为无源二端网络是指，令有源二端网络中的所有电源都不起作用，得到一个二端网络，该二端网络是无源二端网络。令所有电源不起作用是指，令电压源两端的电压为 0，即将电压源短路，令电流源的电流为 0，即将电流源开路。

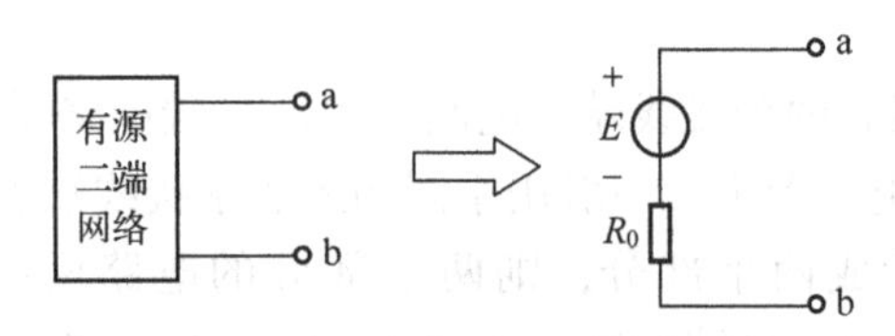

图 1.54　戴维南定理等效示意图

根据戴维南定理得到有源二端网络的等效电压源模型后，可以用等效电压源模型代替该有源二端网络，放回到该有源二端网络所在的电路中，就可以很方便地求解接线端 a、b 之间外部电路的电压和电流了。

用戴维南定理分析电路的步骤如下：

1）将电路分成待求支路和有源二端网络两部分。在待求支路上或待求元件两端取两点 a 和 b。将 a、b 间待求支路或待求元件所在网络作为外部电路，将 a、b 间另一部分电路作为有源二端网络。

2）求出有源二端网络的开路电压 U_{ab}。将 a、b 间的外部电路移开，得到开路的有源二端网络。对此开路的有源二端网络，求 a、b 两点间的电压 U_{ab}。

3）求无源二端网络的等效电阻 R_0。对 2）中开路的有源二端网路，令其内部的所有电源均不起作用，即电压源短路、电流源开路，得到对应的无源二端网络。从 a、b 两点看过去，求此无源二端网络的电阻 R_0。

4）画出有源二端网络的等效电压源，并将移开的外部电路移回来，接到对应的 a 点和 b 点，得到与原电路等效的简化电路，再运用欧姆定律或基尔霍夫定律求外部电路的电流或电压。理想电压源的电动势 $E=U_{ab}$，串联的电阻为 R_0。需要注意的是，电动势 E 参考方向的“+”在靠近点 a 的那一端，“−”在靠近点 b 的那一端。

【例题 1.15】 如图 1.55 所示电路，已知 $E_1=16\ \mathrm{V}$，$E_2=8\ \mathrm{V}$，$R_1=R_2=2\ \Omega$，$R=5\ \Omega$。试运用戴维南定理求流过电阻 R 的电流 I。

解答：

1）在待求电阻 R 两端取两点 a 和 b，以 a、b 为界，可以将原电路分为待求支路和有源二端网络两部分。如图 1.56 所示，点 a 和点 b 左边的电路就是有源二端网络，右边的电路就是待求支路，作为有源二端网络的外部电路。

图 1.55　戴维南定理电路分析例题 1　　图 1.56　戴维南定理电路分析例题 1 之电路划分

2）求有源二端网络的开路电压 U_{ab}。将点 a 和点 b 之间的外部电路移开，得到 a、b 间开路的有源二端网络，如图 1.57 所示。在电路中，只有一个回路，列回路电压方程可得

$$E_1-I_1R_2-E_2-I_1R_1=0 \tag{1.63}$$

求得 $I_1=2\,\mathrm{A}$。对右边的开口回路列回路电压方程可得

$$U_{ab}=E_2+I_1R_2=12\,\mathrm{V} \tag{1.64}$$

3）求对应无源二端网络的等效电阻 R_0。将 2）中开口的有源二端网络，令网络中电源都不起作用，得到对应的无源二端网络，这里只需将电压源 E_1 和 E_2 短路即可，如图 1.58 所示。从 a、b 两点看过去，此无源二端网络的等效电阻即是 R_0。求得

$$R_0=\frac{R_1R_2}{R_1+R_2}=1\,\Omega \tag{1.65}$$

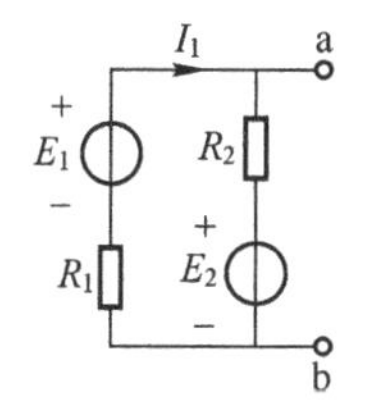

图 1.57　戴维南定理电路分析例题 1 之开路电压

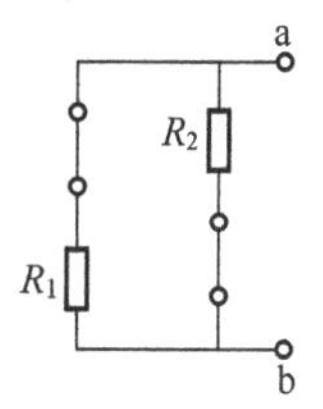

图 1.58　戴维南定理电路分析例题 1 之无源二端网络

4）画出有源二端网络的等效电压源，理想电压源电动势 $E=U_{ab}=12\,\mathrm{V}$，串联电阻 $R_0=1\,\Omega$。注意电动势 E 的参考方向，其“+”在靠近 a 点的那一端，“-”在靠近 b 点的那一端。

将移开的外部电路移回来，接到对应的 a 点和 b 点，得到与原电路等效的简化电路，如图 1.59 所示。对图 1.59 所示电路求电流 I，显然非常简单，即有

$$E-IR-IR_0=0 \tag{1.66}$$

求得 $I=2\,\mathrm{A}$。

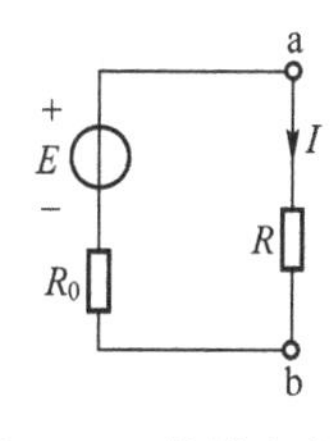

图 1.59　戴维南定理电路分析例题 1 之简化电路

【例题 1.16】 如图 1.60 所示电路，已知 $E=70\,\mathrm{V}$，$R_1=5\,\Omega$，$R_2=20\,\Omega$，$R_3=42\,\Omega$，$R_4=7\,\Omega$，$R_5=13\,\Omega$。试运用戴维南定理求电阻 R_5 中的电流 I_5。

解答：

1）在待求电阻 R_5 两端取两个点 a 和 b，将电路分为有源二端网络和待求支路（即有源二端网络的外部电路），如图 1.61 所示。

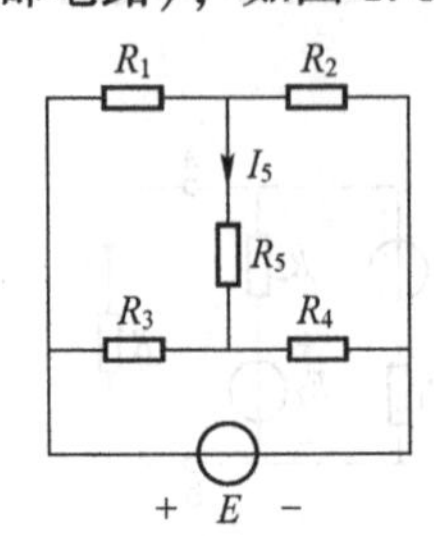

图 1.60　戴维南定理电路分析例题 2

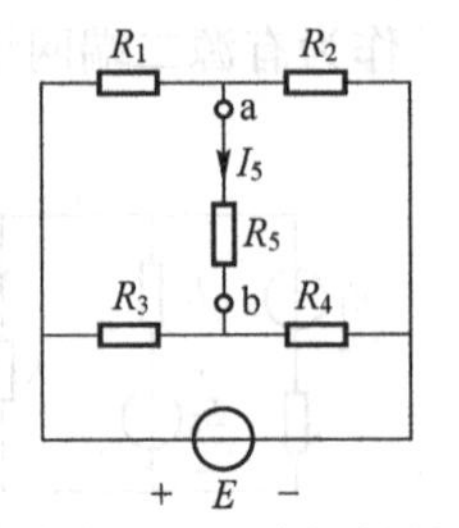

图 1.61　戴维南定理电路分析例题 2 之电路划分

2）将待求支路移开，得到 a、b 间开路的有源二端网络，如图 1.62所示。求得

$$U_{ab}=\frac{R_2}{R_1+R_2}E-\frac{R_4}{R_3+R_4}E=46\ \mathrm{V} \tag{1.67}$$

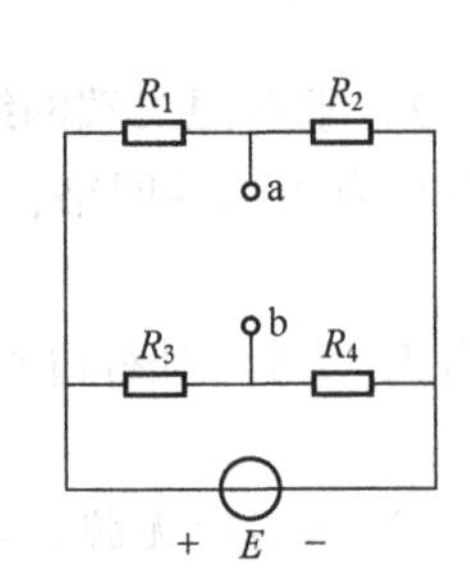

图 1.62　戴维南定理电路分析例题 2 之开口的有源二端网络

3）令 2) 中有源二端网络的电源都不起作用，即电压源短路、电流源开路，变为对应的无源二端网络，如图 1.63 所示。求得 a、b 两点间的等效电阻为

$$R_0=\frac{R_1R_2}{R_1+R_2}+\frac{R_3R_4}{R_3+R_4}=10\ \Omega \tag{1.68}$$

4）画出有源二端网络的等效电压源，电压源的电动势 $U_S=U_{ab}=46\ \mathrm{V}$，串联的电阻 $R_0=10\ \Omega$。将移开的待求支路移回来，接到对应的 a 点和 b 点，如图 1.64所示。于是求得流过电阻 R_5 的电流 I_5 为

$$I_5=\frac{U_S}{R_0+R_5}=2\ \mathrm{A} \tag{1.69}$$

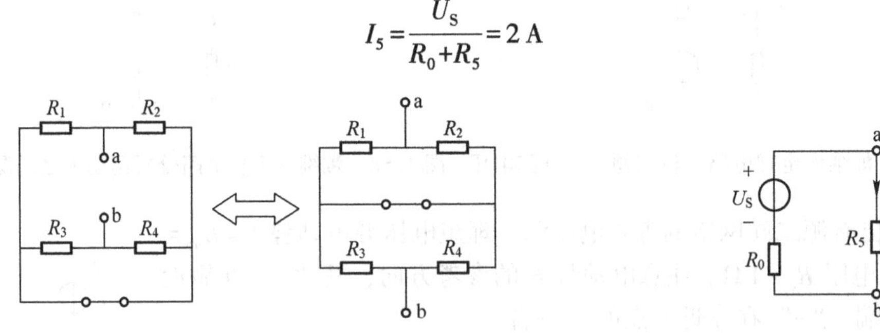

图 1.63　戴维南定理电路分析例题 2 之无源二端网络

图 1.64　戴维南定理电路分析例题 2 之简化电路

1.5.8　诺顿定理

运用诺顿定理分析电路，与运用戴维南定理分析电路类似，唯一的不同在于，戴维南定理是把有源二端网络等效为电压源模型，而诺顿定理是把有源二端网络等效为电流源模型。

诺顿定理：任意一个线性有源二端网络，对外部电路来说，可以等价成一个理想电流源

并联一个电阻的电流源模型。该理想电流源的电流等于有源二端网络两个接线端的短路电流；该电阻等于将有源二端网络变为无源二端网络后，从两个接线端点看过去，该无源二端网络的等效电阻。

诺顿定理的等效示意图如图 1.65 所示。图中，将一个有源二端网络等效成了一个电流源模型，即一个理想电流源与一个电阻的并联电路。有源二端网络就是内部电路，接在 a、b 两个接线端之间的待求电路相对于有源二端网络就是外部电路。诺顿定理指出：理想电流源的电流 I_S 等于 a、b 两点之间的短路电流 I_{ab}；并联电阻 R_0 等于将有源二端网络变为无源二端网络后，从 a、b 两点看过去，该无源二端网络的等效电阻。注意电流 I_S 的参考方向是从理想电流源靠近 b 点的那一端流向靠近 a 点的那一端。

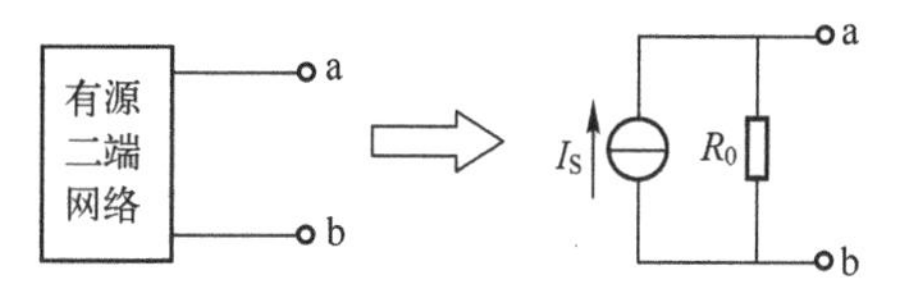

图 1.65　诺顿定理等效示意图

用诺顿定理分析电路的步骤如下：

1）将电路分成待求支路和有源二端网络两部分。在待求支路或待求元件两端取两点 a 和 b。将 a、b 间待求支路或待求元件所在网络作为外部电路，将 a、b 间另一部分电路作为有源二端网络。

2）求出有源二端网络的短路电流 I_{ab}。将 a、b 间的外部电路移开，得到开路的有源二端网络。对此开路的有源二端网络，将点 a 和点 b 直接用导线连接上，即将有源二端网络短路，求 a、b 间导线上的电流 I_{ab}。

3）求无源二端网络的等效电阻 R_0。对 2) 中开路的有源二端网络，令其内部的所有电源均不起作用，即电压源短路、电流源开路，得到对应的无源二端网络。从 a、b 两点看过去，求此无源二端网络的电阻 R_0。

4）画出有源二端网络的等效电流源，并将移开的外部电路移回来，接到对应的 a 点和 b 点，得到与原电路等效的简化电路，再运用欧姆定律或基尔霍夫定律求外部电路的电流或电压。理想电流源的电流 $I_S=I_{ab}$，并联的电阻为 R_0。需要注意电流 I_S 的参考方向是从理想电流源靠近 b 的那一端流向靠近 a 的那一端。

【例题 1.17】 如图 1.66 所示电路，已知 $E_1=16\,\text{V}$，$E_2=8\,\text{V}$，$R_1=R_2=2\,\Omega$，$R=5\,\Omega$。试运用诺顿定理求流过电阻 R 的电流 I。

解答：

1）在待求电阻 R 两端取两点 a 和 b，将电路分为有源二端网络和待求电路两部分，如图 1.67 所示。待求电路相对于有源二端网络就是外部电路。

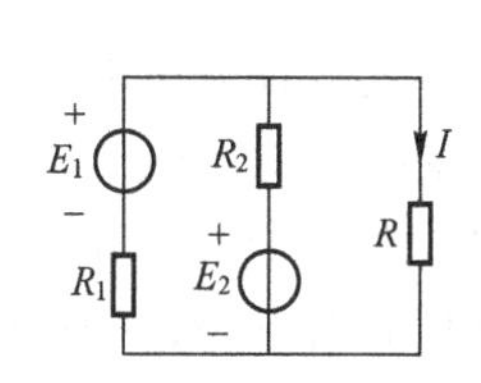

图 1.66　诺顿定理电路分析例题

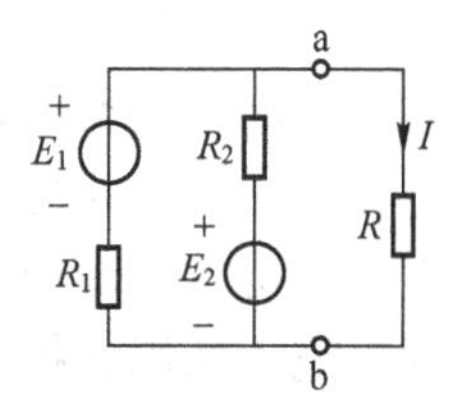

图 1.67　诺顿定理电路分析例题之划分电路

2）将待求电路移开，得到开口的有源二端网络，然后将该有源二端网络的点 a 和点 b 间短路，如图 1.68 所示，求 a、b 见的短路电路 I_{ab}。

$$I_{ab}=I_1+I_2=\frac{E_1}{R_1}+\frac{E_2}{R_2}=12\ \mathrm{A} \tag{1.70}$$

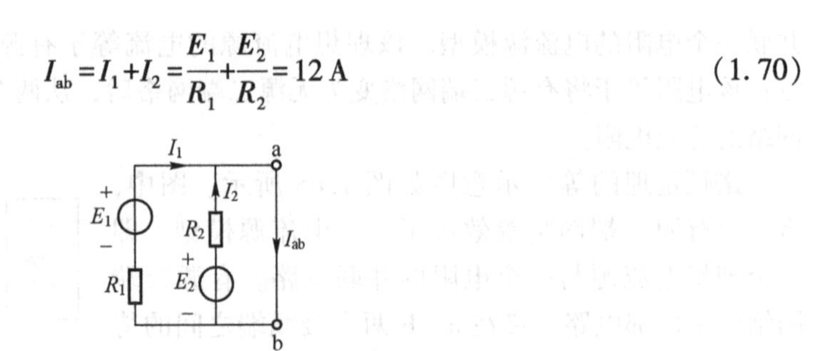

图 1.68　诺顿定理电路分析例题之短路电流

3）将 2) 中开口的有源二端网络变为无源二端网络，如图 1.69 所示，从点 a、点 b 两端看过去，求此无源二端网络的等效电阻 R_0。

$$R_0=\frac{R_1R_2}{R_1+R_2}=1\ \Omega \tag{1.71}$$

4）画出有源二端网络的等效电流源，其中理想电流源的电流 $I_S=I_{ab}=12\ \mathrm{A}$，并联电阻为 $R_0=1\ \Omega$。并将移开的待求电路移回来，接到对应的 a、b 两点，如图 1.70 所示。求得外部电路上的电流 I 为

$$I=\frac{R_0}{R_0+R}I_S=2\ \mathrm{A} \tag{1.72}$$

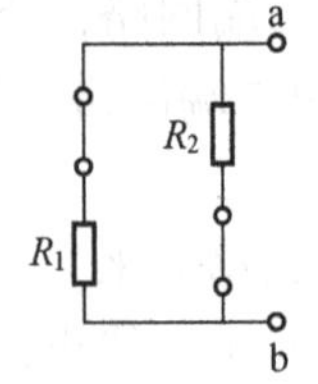

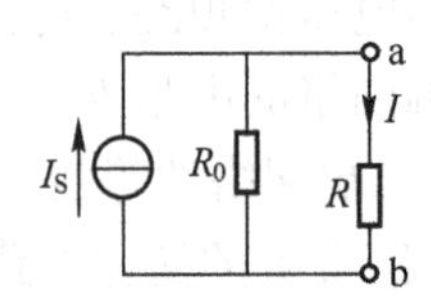

图 1.69　诺顿定理电路分析例题之无源二端网络　图 1.70　诺顿定理电路分析例题之简化电路

1.5.9　含受控电源的电路分析

这里针对的是理想的受控电源，即没有内阻，输出的电压或电流恒定，而且是线性受控电源，即受控电源的电压或电流与控制该电源的电压或电流成比例关系。这样，可以保证含有受控电源的直流电路也是线性电路，即激励和响应之间满足线性约束。

（1）对含有受控电源的电路，基尔霍夫定律仍然成立

对含有受控电源的电路，仍然可以按照基尔霍夫定律列方程分析电路。此时，把受控电源当电源处理即可。与独立电源相比不同的地方在于，受控电源的电压或电流不是一个给定的数值，而是电路中某个待求电压或待求电流的比例值，对整个电路分析而言，并没有引入新的未知电压或未知电流，所以根据基尔霍夫定律列方程分析电路，一定可以求出所有的电压和电流。

由于分析方法与独立电源电路的一样，这里不予举例。

（2）对含有受控电源的电路，可以采用叠加定理分析电路

对含有受控电源的电路采用叠加定理分析时，简便的方法是，只需要让独立电源分别独

自起作用，将受控电源保留在各个独立电源独自作用的电路中，然后将求得的激励叠加即可。

以图 1.71 所示电路为例，其中含有受控电压源，采用叠加定理，可以将其分解为两个独立电源单独作用电路的叠加。受控电压源需要保留，且与控制电流之间的比例关系并不变化，尤其需要注意的是，方向关系也不能变化。

【例题 1.18】 如图 1.71 所示含受控电源的直流电路，各已知量如图所示，请用叠加定理求解电路中的电流 I_1 和 I_2，以及电压 U。

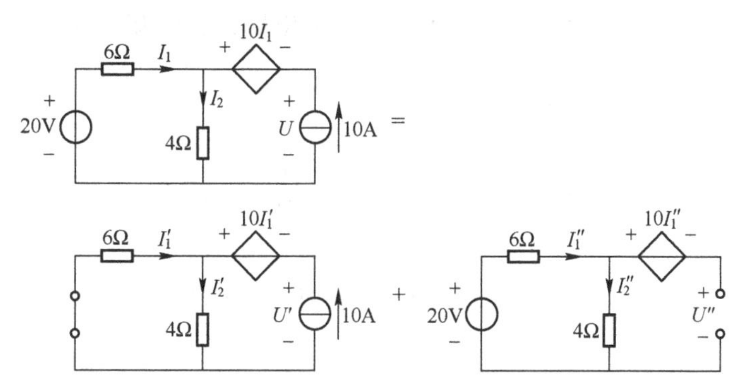

图 1.71　含受控电源电路的叠加定理求解例子

解答:

1）根据叠加定理，将原电路分解为各个独立电源分别作用的子电路，如图 1.71 所示。

2）求各子电路的电流和电压。

对第一个子电路:

运用并联电路的分流公式可得

$$\begin{cases} I_1' = -\dfrac{4}{6+4} \times 10\ \text{A} = -4\ \text{A} \\ I_2' = \dfrac{6}{6+4} \times 10\ \text{A} = 6\ \text{A} \end{cases} \tag{1.73}$$

运用电位的方法可得

$$U' = 4I_2' - 10I_1' = 64\ \text{V} \tag{1.74}$$

对第二个子电路:

对左边网孔，运用基尔霍夫电压定律可得

$$I_1'' = I_2'' = \frac{20}{6+4}\ \text{A} = 2\ \text{A} \tag{1.75}$$

采用电位的方法可得

$$U'' = 4I_2'' - 10I_1'' = -12\ \text{V} \tag{1.76}$$

3）运用叠加定理

$$\begin{cases} I_1 = I_1' + I_1'' = -2\ \text{A} \\ I_2 = I_2' + I_2'' = 8\ \text{A} \\ U = U' + U'' = 52\ \text{V} \end{cases} \tag{1.77}$$

(3) 对含有受控电源的电路，可以运用戴维南定理或诺顿定理分析电路

对含有受控电源的直流电路，同样可以采用戴维南定理或诺顿定理，将有源二端网络等价为电压源模型或电流源模型，简化对局部电路的分析。求解步骤和方法与仅有独立电源的直流电路相同，仅是求解电源内阻 R_0 的方法不同。

在独立电源直流电路中，内阻 R_0 等于有源二端网络对应无源二端网络的等效电阻；

在含有受控电源的直流电路中，内阻 R_0 等于该有源二端网络两端的开路电压除以该有源二端网络两端的短路电流，需要注意电压电流参考方向的关联性。

【例题 1.19】 如图 1.72 所示含受控电源的直流电路，各已知量如图所示，请求解电路中的电流 I_3。

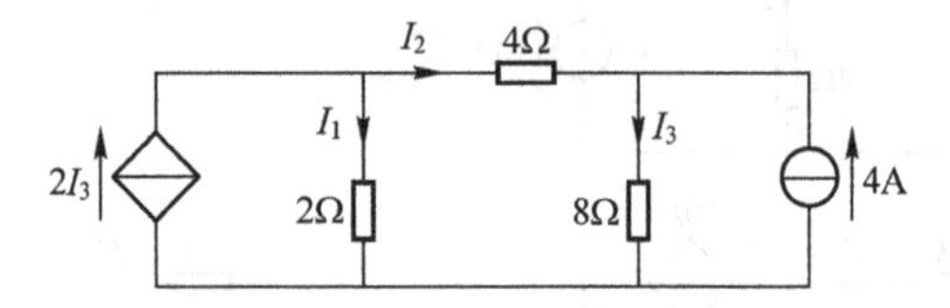

图 1.72　含受控电源电路的电路分析

解答：

1) 作为对比，先用一般的电路分析方法，即根据基尔霍夫定律列方程求电流 I_3。采用支路电流法可得

$$\begin{cases} 2I_3-I_1-I_2=0 \\ I_2-I_3+4=0 \\ 2I_1-4I_2-8I_3=0 \end{cases} \tag{1.78}$$

求解方程 (1.78) 可得

$$\begin{cases} I_1=6.4\text{ A} \\ I_2=-1.6\text{ A} \\ I_3=2.4\text{ A} \end{cases} \tag{1.79}$$

2) 采用戴维南定理求电流 I_3。

将 8 Ω 电阻移除，剩下的电路就是一个有源二端网络，运用戴维南定理，将其等价为一个电压源模型。

首先求开路电压 U_0，如图 1.73 所示。

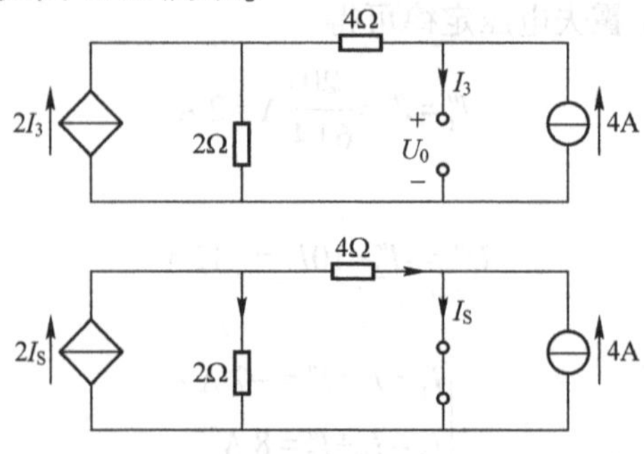

图 1.73　含受控电源电路的电路分析过程图

因为开路，所以电流 $I_3=0\,\mathrm{A}$。则

$$U_0=4\times(4+2)\ \mathrm{V}=24\ \mathrm{V} \tag{1.80}$$

然后求内阻 R_0。

先求有源二端网络的短路电流 I_S，如图 1.73 所示，求得

$$I_S=12\ \mathrm{A} \tag{1.81}$$

所以内阻 R_0 为

$$R_0=\frac{U_0}{I_S}=2\ \Omega \tag{1.82}$$

最后，用等效的电压源模型给 8 Ω 电阻供电，可求得电流为

$$I_3=\frac{U_0}{R_0+8}=2.4\ \mathrm{A} \tag{1.83}$$

比较前面的两种电路分析方法可见，采用戴维南定理也可以分析含受控电源的电路，步骤与只含独立电源的电路相同，只是求等效电源内阻的方法不同。

对图 1.72 所示电路，如果将 4 Ω 电阻的阻值改为 2 Ω，其他条件不变，试用戴维南定理求电流 I_3。结果是 $I_3=2\,\mathrm{A}$，求解过程与本题类似，但求解中会碰到令人非常迷惑也非常有趣的问题，请读者自己发现这个问题，并打破常规思维解决这个问题。

习题 1

第 1 章习题

第 1 章习题参考答案

第2章　正弦交流电路

本章知识点

1. 基础知识：复数的表示和复数的加减乘除运算；
2. 正弦交流电的基本概念和正弦量三要素；
3. 正弦交流电的相量表示法；
4. 单一参数的正弦交流电路；
5. 相量形式的基尔霍夫定律；
6. 一般正弦交流电路的分析方法；
7. 正弦交流电路中阻抗的等效变换；
8. 简单正弦交流电路——RLC 串联电路；
9. 正弦交流电路的谐振；
10. 正弦交流电路的功率和功率因素的提高。

学习经验

1. 要熟练掌握复数的不同表示方式，以及复数的基本运算；
2. 熟练掌握单一参数电路的欧姆定律；
3. 深刻理解相量形式的基尔霍夫定律；
4. 根据欧姆定律和基尔霍夫定律能分析任意正弦交流电路；
5. 理解谐振的概念，并能通过计算设计出满足谐振的条件；
6. 熟练掌握各种功率的计算，并且对简单的正弦交流电路能设计出提高功率因素的方案。

2.1　有关复数的基础知识

本章内容涉及复数的运算，而如果对复数不太熟悉，将会影响对本章内容的理解，所以先介绍一点有关复数的基本知识，主要是复数的概念、复数的不同表示方式，以及复数的加减乘除运算。

2.1.1　复数的概念和复数的表示方式

1. 复数的概念

在求解形如 $x^2+1=0$ 的一元二次方程时，发现这个由实数构成的方程却没有实数解。为了数学上的完备，给这类方程一个解，由此逐步发展出了虚数和复数的概念。首先，定义虚单位 i：

$$\mathrm{i}\cdot\mathrm{i}=\mathrm{i}^2=-1 \tag{2.1}$$

于是，i 和-i 就是方程 $x^2+1=0$ 的两个解。

在实数和虚单位的基础上，定义复数 z 为

$$z=a+b\cdot\mathrm{i}=a+b\mathrm{i} \tag{2.2}$$

其中，a 为实数，b 为实数，i 为虚单位；$b\cdot\mathrm{i}$ 可直接简写为 $b\mathrm{i}$ 。

在复数 z 的定义式中，称 a 为复数 z 的实部（Real Part），b 为复数 z 的虚部（Imaginary Part），表达为

$$\begin{cases}a=\mathrm{Re}(z)\\ b=\mathrm{Im}(z)\end{cases} \tag{2.3}$$

需要强调的是，这里的 a 和 b 都是实数。

对复数 $z=a+b\mathrm{i}$：如果 $a=0$，而且 $b\neq0$，则称 z 为纯虚数或虚数；如果 $b=0$，则复数 z 退化为实数。这也表明，任何一个实数都是复数，即实数集 $\boldsymbol{R}$ 是复数集 $\boldsymbol{C}$ 的子集或真子集。

在电工学领域，由于虚单位 i 与电流 i 容易混淆，改用 j 来代表虚单位。于是，在本书中，一般的复数 z 就表达为

$$z=a+b\mathrm{j} \tag{2.4}$$

由于 $b\mathrm{j}$ 表示的是 $b\cdot\mathrm{j}$，而乘法满足交换律，所以复数 z 也可表达为

$$z=a+\mathrm{j}b \tag{2.5}$$

并用 $|z|$ 表示复数 $z=a+b\mathrm{j}$ 的模，其定义为

$$|z|=\sqrt{a^2+b^2} \tag{2.6}$$

如果复数 $z_1=a_1+b_1\mathrm{j}$，复数 $z_2=a_2+b_2\mathrm{j}$，要使 $z_1=z_2$，必须

$$\begin{cases}a_1=a_2\\ b_1=b_2\end{cases} \tag{2.7}$$

即复数相等的必要条件是两个复数的实部相等，且两个复数的虚部相等。由于实部和虚部的存在，一般来说，两个复数不能比较大小，除非是实数。

2. 复数的表示方式

数学中，定义复平面为一个二维直角坐标系，横坐标轴为实数轴，纵坐标轴为虚数轴。于是复数 $z=a+b\mathrm{j}$ 与复平面中的坐标 (a,b) 就成一一对应关系了，可以用复平面中的坐标 (a,b) 来表示复数 z，如图 2.1 所示。

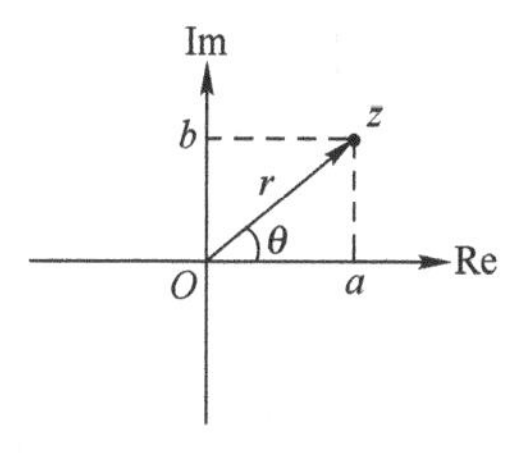

图 2.1　复平面

复数在复平面的点坐标表示法称为**复数的代数式**，即

$$z=a+b\mathrm{j} \tag{2.8}$$

复数又可以用有向线段来表达，即向量表达，如图 2.1 所示由原点 O 指向 z 点的向量。该向量的长度为 r，与实数轴的夹角为 θ。如果以 O 点为极点，以实数轴为极轴定义一个极坐标系，复数向量就可以用极坐标来表达，称为**复数的极坐标式**，即

$$z=r\angle\theta \tag{2.9}$$

其中，r 为复数向量的线段长度，θ 为辐角。这里定义 θ 的范围为 $\theta\in[-\pi,\pi)$，即复数中辐角的主值，记作 $\theta=\arg(z)$。显然，复数的模等于复数向量的线段长度，即 $|z|=r$。

根据图 2.1 所示的几何关系，易知复数 z 极坐标式的系数 r 和 θ，与其代数式系数 a 和 b

的关系为

$$\begin{cases} r=\sqrt{a^2+b^2}=|z| \\ \theta=\arctan\dfrac{b}{a} \end{cases} \tag{2.10}$$

反过来，由极坐标式系数到代数式系数有

$$\begin{cases} a=r\cos\theta \\ b=r\sin\theta \end{cases} \tag{2.11}$$

在复平面内（见图 2.1），根据三角函数关系，还可以将复数 z 表示成**三角式**的形式：

$$z=r\cos\theta+\mathrm{j}r\sin\theta=r(\cos\theta+\mathrm{j}\sin\theta) \tag{2.12}$$

通过欧拉公式：

$$\mathrm{e}^{\mathrm{j}\theta}=\cos\theta+\mathrm{j}\sin\theta \tag{2.13}$$

还可以将复数的三角式进一步表达成**复数的指数式**：

$$z=r\mathrm{e}^{\mathrm{j}\theta} \tag{2.14}$$

复数 z 的 4 种表示形式，即代数式、极坐标式、三角式和指数式是等价的，要根据需要灵活的相互转化，即有

$$z=a+b\mathrm{j}=r\angle\theta=r(\cos\theta+\mathrm{j}\sin\theta)=r\mathrm{e}^{\mathrm{j}\theta} \tag{2.15}$$

其中，复数不同表示形式的系数关系见式（2.10）和式（2.11）。

复数的表示形式，本章用得较多的是复数的代数式和极坐标式。

2.1.2 复数的性质和加减乘除运算

假设有三个复数 z_1 和 z_2，其代数式和极坐标式如下：

$$\begin{cases} z_1=a_1+b_1\mathrm{j}=r_1\angle\theta_1 \\ z_2=a_2+b_2\mathrm{j}=r_2\angle\theta_2 \\ z_3=a_3+b_3\mathrm{j}=r_3\angle\theta_3 \end{cases} \tag{2.16}$$

1. 性质

两个复数 z_1 和 z_2 相等，按照复数的概念，是要求：

$$\begin{cases} a_1=a_2 \\ b_1=b_2 \end{cases} \tag{2.17}$$

如果复数采用其他表达形式，复数 z_1 和 z_2 相等只需要满足如下条件即可：

$$\begin{cases} r_1=r_2 \\ \theta_1=\theta_2 \end{cases} \tag{2.18}$$

对于两个复数 z_1 和 z_2 的加法和乘法，满足交换律：

$$\begin{cases} z_1+z_2=z_2+z_1 \\ z_1z_2=z_2z_1 \end{cases} \tag{2.19}$$

满足结合律：

$$\begin{cases} (z_1+z_2)+z_3=z_1+(z_2+z_3) \\ (z_1z_2)z_3=z_1(z_2z_3) \end{cases} \tag{2.20}$$

也满足分配律：

$$z_1(z_2+z_3)=z_1z_2+z_1z_3 \tag{2.21}$$

对于减法和除法运算，可以通过变为负数和变为分数的方式，将减法运算变为加法运算，将除法运算变为乘法运算。

例如，如下运算都是成立的：

$$\begin{cases}5+j=j+5,5j=j5\\1+2j+3=1+3+2j\\2j\cdot 3j=(2\cdot 3)\cdot(j\cdot j)\\(2+j)\cdot(3+j)=(2+j)\cdot 3+(2+j)\cdot j=2\cdot 3+3j+2j+j\cdot j\end{cases} \tag{2.22}$$

2. 加减乘除运算法则

定义复数 z_1 和 z_2 的加法运算为

$$z_1+z_2=a_1+a_2+(b_1+b_2)j \tag{2.23}$$

即是复数的加法运算采用复数的代数式，运算会比较方便。

定义复数 z_1 和 z_2 的减法运算为

$$z_1-z_2=a_1-a_2+(b_1-b_2)j \tag{2.24}$$

即是复数的减法运算采用复数的代数式，运算会比较方便。

定义复数 z_1 和 z_2 的乘法运算为

$$z_1z_2=r_1r_2\angle(\theta_1+\theta_2) \tag{2.25}$$

即是复数的乘法运算采用复数的极坐标式，运算会比较方便。

定义复数 z_1 和 z_2 的除法运算为

$$\frac{z_1}{z_2}=\frac{r_1}{r_2}\angle(\theta_1-\theta_2) \tag{2.26}$$

即是复数的除法运算采用复数的极坐标式，运算会比较方便。

当然复数的乘法运算，也可以直接用复数的代数式来运算，直接运用乘法的性质，比如：

$$z_1z_2=(a_1+b_1j)(a_2+b_2j)=a_1a_2-b_1b_2+(a_1b_2+a_2b_1)j \tag{2.27}$$

对于复数代数式的除法运算，可以利用共轭复数的性质，将除法运算转化为乘法运算，比如：

$$\begin{aligned}\frac{z_1}{z_2}&=\frac{a_1+b_1j}{a_2+b_2j}=\frac{(a_1+b_1j)(a_2-b_2j)}{(a_2+b_2j)(a_2-b_2j)}\\&=\frac{a_1a_2+b_1b_2+(a_2b_1-a_1b_2)j}{a_2^2+b_2^2}\end{aligned} \tag{2.28}$$

采用代数式来做复数的乘除运算，不如采用极坐标式简洁。所以，复数的乘除运算最好采用极坐标式来运算，如果不是极坐标式，先将复数转化为极坐标式。对于复数的加减运算，则最好采用复数的代数式，如果不是代数式，先将复数转化为代数式。所以需要熟练掌握复数不同表示形式的相互转化。

2.2 正弦交流电的基本概念

大小或方向变化的电压或电流或电动势，统称为交流电。在交流电作用下的电路，称为

交流电路。按照正弦规律周期性变化的交流电，称为正弦交流电，它是一种特殊类型的交流电，其电流或电压或电动势的表达式为

$$\begin{cases} i=I_m\sin(\omega t+\psi_i) \\ u=U_m\sin(\omega t+\psi_u) \\ e=E_m\sin(\omega t+\psi_e) \end{cases} \tag{2.29}$$

这里，交流电的电流、电压或电动势，均用对应的小写字母 i、u 和 e 来表达，表示是随时间变化的量，i、u 和 e 代表的是某一时刻的瞬时值。所以，把式（2.29）称为正弦量（正弦电流或正弦电压或正弦电动势）的瞬时表达式。

其他类型的交流电称为非正弦交流电。本书中提到的交流电，如果不加特别说明，一般是指正弦交流电。

2.2.1 正弦量三要素

正弦交流电的电流或电压或电动势，都满足一般正弦函数的表达式，统称为正弦量。随时间周期性变化的正弦量，只需要有三个参数就可以唯一确定其表达式，在电学领域，这三个参数被称为**正弦量三要素：幅值、角频率和初相位**。例如在式（2.29）中，对正弦量 i，其幅值是 I_m，角频率是 ω，初相位是 ψ_i；对正弦量 u，其幅值是 U_m，角频率是 ω，初相位是 ψ_u。

下面分别介绍正弦量的三要素，以及与三要素相关的量。为了表述的方便，将正弦量的一般表达式写为

$$a=A_m\sin(\omega t+\psi) \tag{2.30}$$

这里，正弦量 a 可以是正弦电流 i、正弦电压 u 和正弦电动势 e 中任意一个。那么，对正弦量 a，其三要素就是幅值 A_m、角频率 ω 和初相位 ψ。

1. 角频率、频率和周期

正弦量在数学上是一个正弦函数，正弦函数是一个周期函数，这个周期就是正弦量的周期，记为 T。对正弦量 a，根据周期函数的定义有

$$a=A_m\sin[\omega(t+T)+\psi]=A_m\sin(\omega t+\psi) \tag{2.31}$$

即有

$$A_m\sin(\omega t+\psi+\omega T)=A_m\sin(\omega t+\psi) \tag{2.32}$$

根据正弦函数的性质和周期的定义可知，式（2.32）总是成立的条件是

$$\omega T=2\pi \tag{2.33}$$

也即角频率 ω 与周期 T 的关系为

$$\omega=\frac{2\pi}{T} \tag{2.34}$$

根据频率的定义可知，频率 f 与周期 T 的关系为

$$f=\frac{1}{T} \tag{2.35}$$

所以可以写出角频率 ω 与频率 f 的关系为

$$\omega=2\pi f \tag{2.36}$$

这里，周期 T 的国际单位为秒（s）；频率 f 的国际单位为赫兹（Hz）；角频率 ω 的国际单位

为弧度/秒（rad/s）。由于角频率和频率、周期存在这种确定的关系，正弦量三要素之一的角频率，也可改为频率或周期，即频率或周期是正弦量的三要素之一。

从正弦量的函数表达式［见式（2.30）］来看，可以广义地认为，**直流电是交流电的一种特殊形式**，因为只要 $\omega=0$，正弦量 a 的大小和方向将保持不变，退化为直流电。这表明**直流电可以看作是频率 $f=0$ 或周期 $T\to\infty$ 的一种特殊正弦交流电**。

国家规定，电力系统发电设备、输电设备、变电设备等，以及工业与民用电气设备必须采用一个统一的额定频率。这个额定频率称为工频，这种交流电就称为工频交流电。

各个国家的工频交流电，所使用的频率有两个，50 Hz 或 60 Hz。中国使用的交流电，其工频为 50 Hz。俄罗斯、印度、德国、法国、英国、意大利等大多数国家，其工频交流电的频率都为 50 Hz。美国、加拿大、韩国等少数国家使用的是 60 Hz 的工频交流电。有些国家则由于历史原因，国内工频交流电的频率并不统一，而是 50 Hz 和 60 Hz 共存，比如日本、巴西、墨西哥、沙特。

2. 初相位和相位

对一个正弦量 a［见式（2.30）］，其相位为 $\omega t+\psi$，这是一个角度，而且是随时间变化的角度。正弦量 a 的初相位为 ψ，这是一个角度，而且是一个固定的角度，决定了正弦量的起始位置。初相位也简称为初相。

在计算时，需要注意角频率 ω 单位与初相 ψ 单位的对应关系，如果初相 ψ 用的单位是度（°），则角频率 ω 的单位应该用(°)/s，如果初相 ψ 用的单位是弧度（rad），则角频率 ω 的单位应该用 rad/s。

对两个同频率的正弦量 a_1 和 a_2：

$$\begin{cases} a_1=A_{1m}\sin(\omega t+\psi_1) \\ a_2=A_{2m}\sin(\omega t+\psi_2) \end{cases} \tag{2.37}$$

其相位差 $\phi=(\omega t+\psi_1)-(\omega t+\psi_2)=\psi_1-\psi_2$。所以，对同频率的两个正弦量，其相位差就等于初相之差。对于不同频率的正弦量，由于其相位差 ϕ 随时间变化，不是一个固定值，其比较没有意义，所以一般不比较不同频率的正弦量。比较两个正弦量时，有一个默认的前提，就是两者的频率或角频率相同。

两个正弦量的相位差 ϕ 可以用于描述两个正弦量的超前、滞后关系。对式（2.37）所表达的两个正弦量：

- 如果相位差 $\phi>0$，就称正弦量 a_1 超前正弦量 a_2；
- 如果相位差 $\phi=0$，就称正弦量 a_1 与正弦量 a_2 同相；
- 如果相位差 $\phi<0$，就称正弦量 a_1 滞后正弦量 a_2。

特别地，当 $|\phi|=\pi$ 时，称正弦量 a_1 与正弦量 a_2 反相。同样，两个相量超前、滞后、同相及反相的关系，比较的是两个同频率的正弦量，这是默认的前提。

3. 幅值和有效值

对正弦量 a［见式（2.30）］，其幅值用对应的大写字母加下标“m”来表达，即 A_m。比如正弦电压 u 的幅值记为 U_m，正弦电流 i 的幅值记为 I_m，正弦电动势 e 的幅值记为 E_m。幅值表示的是正弦量相对平衡位置所能达到的最大值，与物理上振幅的含义相同。

电气工程上，正弦交流电的大小通常用有效值来表示，而不是写出正弦量的复杂正弦函数。对正弦量 a，可以是正弦电压 u，也可以是正弦电流 i，其有效值是按照热效应来定义的，即：在一个单位电阻，即 $R=1\,\Omega$ 的电阻元件上，分别加载直流量 A（直流电流或直流电压）和正弦量 a，若在正弦量 a 一个周期 T 内，两者产生的热量相等，则称该直流量 A 是正弦量 a 的有效值。即有

$$A^2T=\int_0^T a^2\mathrm{d}t \tag{2.38}$$

一般约定，用正弦量对应的大写字母表示该正弦量的有效值，即正弦量 a 的有效值记作 A。比如正弦电流 i 的有效值记作 I，正弦电压 u 的有效值记作 U，正弦电动势 e 的有效值记作 E。

将正弦量 a 的表达式（2.30），代入式（2.38）可得

$$A=\sqrt{\frac{1}{T}\int_0^T a^2\mathrm{d}t}=\sqrt{\frac{1}{T}\int_0^T A_{\mathrm{m}}^2\sin^2(\omega t+\psi)\,\mathrm{d}t}=\frac{A_{\mathrm{m}}}{\sqrt{2}} \tag{2.39}$$

这即表明，对正弦电流 i、正弦电压 u 和正弦电动势 e，其有效值 I、U 和 E 分别为

$$\begin{cases} I=\dfrac{I_{\mathrm{m}}}{\sqrt{2}} \\ U=\dfrac{U_{\mathrm{m}}}{\sqrt{2}} \\ E=\dfrac{E_{\mathrm{m}}}{\sqrt{2}} \end{cases} \tag{2.40}$$

中国工频交流电的正弦电压有效值为 220 V。大部分国家工频交流电的电压有效值在 230 V 左右，或在 120 V 左右。比如，美国工频交流电电压有效值为 110 V，英国为 240 V，德国为 220 V，印度为 127 V。

2.2.2 正弦交流电的相量表示法

在线性电路中，正弦交流电源激励在电路中引起的响应，是频率相同的正弦电压或正弦电流，所以在分析正弦交流电路时，可不考虑角频率或频率的差别，而只考虑幅值或有效值，以及初相这两个要素的差别。

基于这个考虑，并为了便于分析正弦交流电路，提出了用相量来等价表达正弦量的方法，称为相量表示法，表达的结果称为相量表达式。相量表示法：对正弦量 a，其对应的相量为有效值 A 上加一小圆点，记作 $\dot{A}$；相量 $\dot{A}$ 是一个复数，采用极坐标式表达，复数的模为正弦量 a 的有效值 A，复数的辐角为正弦量 a 的初相。即，对正弦量 $a=A_{\mathrm{m}}\sin(\omega t+\psi)$，其对应的相量表达式为

$$\dot{A}=A\angle\psi \tag{2.41}$$

该式也称为正弦量 a 的有效值相量式。

相量 $\dot{A}$ 是复数，但不能说复数就是相量，相量是一个与正弦量相对应的复数。为了有所区别，相量符号上会加一个小圆点，而一般的复数则不用加此圆点。

有些地方，正弦量 $a=A_{\mathrm{m}}\sin(\omega t+\psi)$ 对应的相量也用幅值相量来表达，即

$$\dot{A}_{\mathrm{m}}=A_{\mathrm{m}}\angle\psi \tag{2.42}$$

即正弦量 a 对应的相量为 $\dot{A}_{\mathrm{m}}$，该复数极坐标式的模为正弦量 a 的幅值 A_{m}，辐角为正弦量 a

的初相。

一般来说，正弦量 a 的幅值相量$\dot{A}_m$ 用得比较少，而常用的是有效值相量$\dot{A}$。

于是，对正弦电流 i，其瞬时表达式和对应的相量式为

$$\begin{cases} i = I_m \sin(\omega t + \psi_i) \\ \dot{I} = I \angle \psi_i \end{cases} \tag{2.43}$$

对正弦电压 u，其瞬时表达式和对应的相量式为

$$\begin{cases} u = U_m \sin(\omega t + \psi_u) \\ \dot{U} = U \angle \psi_u \end{cases} \tag{2.44}$$

需要注意的是，正弦量的瞬时表达式和其相量式可以相互表达，即知道其中一个表达式，可以写出另一个表达式，即这两种表达方式是等价的。但正弦量和其相量并不相等，正弦量是随时间变化的实数，而其相量是一个不随时间变化的复数。比如，$I_m \sin(\omega t+\psi_i) \neq I\angle\psi_i$。

相量的作用：可用于简化瞬时表达式的计算。见如下例题。

【例题 2.1】 在如图 2.2 所示正弦交流电路中，与节点 a 相连的支路有 4 条，支路上的电流如图所示。其中 3 条支路的电流分别为 $i_1 = 5\sin\omega t$ A，$i_2 = 8\sin(\omega t - 30°)$ A，$i_3 = 10\sin(\omega t + 90°)$ A。求支路电流 i。

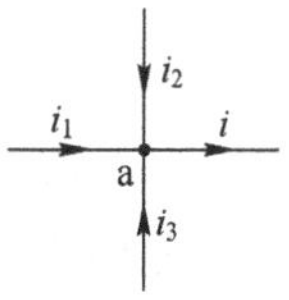

图 2.2　相量表示法的应用

解答：对节点 a，所有电流的瞬时表达式是满足基尔霍夫电流定律的，即有

$$i = i_1 + i_2 + i_3 \tag{2.45}$$

直接将正弦电流 i_1、i_2 和 i_3 的表达式代入式（2.45），通过三角函数关系，可以计算得到电流 i，而且计算得到的电流 i 肯定还是一个正弦量。但这样计算比较复杂，可以采用对应的相量来计算，然后根据相量表达式，写出电流 i 的瞬时表达式。

对节点 a，如果各正弦电流的瞬时值符合式（2.45）的约束，则各正弦电流的相量也满足同样的方程，即有

$$\dot{I} = \dot{I}_1 + \dot{I}_2 + \dot{I}_3 \tag{2.46}$$

于是有

$$\begin{aligned} \dot{I} &= \frac{5}{\sqrt{2}}\angle 0° + \frac{8}{\sqrt{2}}\angle -30° + \frac{10}{\sqrt{2}}\angle 90° \\ &= \frac{5}{\sqrt{2}} + \frac{8}{\sqrt{2}}[\cos(-30°) + \mathrm{j}\sin(-30°)] + \frac{10}{\sqrt{2}}\mathrm{j} \\ &= \frac{5}{\sqrt{2}} + \frac{8}{\sqrt{2}} \times \frac{\sqrt{3}}{2} + \mathrm{j}\left(\frac{10}{\sqrt{2}} - \frac{8}{2\sqrt{2}}\right) \\ &= (8.43 + 4.24\mathrm{j})\ \mathrm{A} = 9.4\angle 26.7°\mathrm{A} \end{aligned} \tag{2.47}$$

根据相量与对应正弦量的关系，求得正弦电流 i 为

$$i = 9.4\sqrt{2}\sin(\omega t + 26.7°)\ \mathrm{A} = 13.3\sin(\omega t + 26.7°)\ \mathrm{A} \tag{2.48}$$

2.3 单一参数的正弦交流电路

在电路中，有三种基本的负载元件，它们是电阻、电感和电容。进行电路分析时，我们只讨论理想的电阻、理想的电感和理想的电容。然后用理想元件进行组合连接，模拟实际的元件。

只包含一种理想负载元件的电路，称为单一参数电路。本节介绍在正弦交流电激励下，理想元件上电压与电流的关系，以及相关的功率问题。单一参数正弦交流电路的分析，是复杂正弦交流电路分析的基础。下面分别介绍电阻元件的正弦交流电路、电感元件的正弦交流电路和电容元件的正弦交流电路。

对于线性元件构成的正弦交流电路，如果激励为正弦交流电，则电路中的响应也为正弦交流电，而且激励和响应的频率相同。这个性质是正弦交流电路采用相量式进行电路分析的基础，在之后的表达中将作为默认前提不再赘述。

2.3.1 电阻元件的正弦交流电路

在图 2.3 所示电阻元件 R 的电路中，流过电阻 R 的电流为正弦交流电流 i，电阻 R 两端的电压为正弦交流电压 u，所以这是一个只有电阻的单一参数正弦交流电路。这里，令正弦交流电流 i 的表达式为

$$i=\sqrt{2}I\sin(\omega t+\psi) \tag{2.49}$$

对于电阻，交流电路中的欧姆定律也是成立的。在图 2.3 所示电路中，u 和 i 的参考方向关联，所以有

$$u=iR \tag{2.50}$$

因为 u 和 i 是随时间变化的量，也称式（2.50）为电阻 R 上电压和电流的瞬时表达式。

下面对电阻 R，根据 u 和 i 的瞬时表达式，推导出对应电压相量$\dot{U}$和对应电流相量$\dot{I}$之间的表达式。

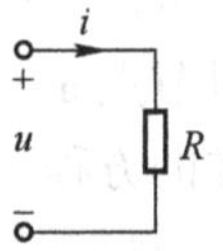

图 2.3 电阻元件的正弦交流电路

将式（2.49）代入式（2.50）可得

$$u=\sqrt{2}IR\sin(\omega t+\psi) \tag{2.51}$$

可见，在正弦量 i 的激励下，响应 u 也是正弦量。根据正弦量 i 和 u 的表达式，见式（2.49）和式（2.51），可以分别写出它们的相量式：

$$\begin{cases}\dot{I}=I\angle\psi\\ \dot{U}=IR\angle\psi\end{cases} \tag{2.52}$$

将电压相量$\dot{U}$除以电流相量$\dot{I}$得

$$\frac{\dot{U}}{\dot{I}}=\frac{IR\angle\psi}{I\angle\psi}=R \tag{2.53}$$

所以相量$\dot{U}$和相量$\dot{I}$的关系为

$$\dot{U}=\dot{I}R \tag{2.54}$$

式（2.54）称为电阻 R 上电压和电流的相量表达式，或称为欧姆定律的相量形式，也称作欧姆定律的广义形式。

根据 u 和 i 相量表达式关系，见式（2.54），容易得出如下结论：

1）电阻上，电压有效值 U 和电流有效值 I 的关系为

$$U=IR \tag{2.55}$$

因为$\dot{U}=\dot{I}R=IR\angle\psi$，根据相量的定义可知，电压 u 的有效值为 $U=IR$，电压 u 的初相为 ψ。根据前面对正弦电流 i 的表达式的假设，可知电流 i 的初相为 ψ。

2）电阻上，电压 u 和电流 i 同相，或称相量$\dot{U}$和相量$\dot{I}$同向，其相量关系示意图如图 2.4 所示。

$\dot{I}$ $\dot{U}$

图 2.4　电阻上电压相量和电流相量的方向示意图

2.3.2　电感元件的正弦交流电路

图 2.5 所示为电感元件 L 的单一参数正弦交流电路。流过电感 L 的电流为正弦交流电流 i，其两端的电压为 u。这里，令正弦交流电流 i 的表达式为

$$i=\sqrt{2}I\sin(\omega t+\psi) \tag{2.56}$$

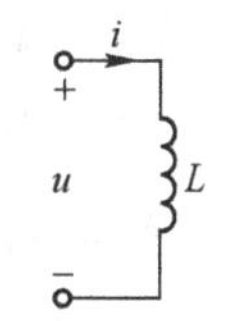

图 2.5　电感元件的正弦交流电路

对于电感 L，如果电压 u 和电流 i 的参考方向如图 2.5 所示，即 u 和 i 的参考方向关联，则有

$$u=L\frac{\mathrm{d}i}{\mathrm{d}t} \tag{2.57}$$

式（2.57）称为电感 L 上电压和电流的瞬时表达式。

下面对电感 L，根据 u 和 i 的瞬时表达式，推导出对应电压相量$\dot{U}$和对应电流相量$\dot{I}$之间的表达式。

将式（2.56）代入式（2.57）可得

$$u=\sqrt{2}I\omega L\sin(\omega t+\psi+90°) \tag{2.58}$$

可见，在正弦量 i 的激励下，响应 u 也是正弦量。根据正弦量 i 和 u 的表达式，见式（2.56）和式（2.58），可分别写出它们的相量式：

$$\begin{cases}\dot{I}=I\angle\psi\\ \dot{U}=I\omega L\angle(\psi+90°)\end{cases} \tag{2.59}$$

将电压相量$\dot{U}$除以电流相量$\dot{I}$得

$$\frac{\dot{U}}{\dot{I}}=\frac{I\omega L\angle(\psi+90°)}{I\angle\psi}=\omega L\angle 90°=\mathrm{j}\omega L \tag{2.60}$$

这里，令 $X_L=\omega L$，称 X_L 为电感 L 的感抗，并称 $\mathrm{j}X_L$ 为电感 L 的复感抗。感抗 X_L 的国际单位

为 Ω。所以相量$\dot{U}$和相量$\dot{I}$的关系可表达为

$$\dot{U}=\dot{I}(\mathrm{j}X_L) \tag{2.61}$$

式（2.61）称为电感 L 上电压和电流的相量表达式。

根据 u 和 i 相量表达式关系，见式（2.61），容易得出如下结论：

1）电感上，电压有效值 U 和电流有效值 I 的关系为

$$U=IX_L \tag{2.62}$$

因为$\dot{U}=\dot{I}(\mathrm{j}X_L)=IX_L\angle(\psi+90°)$，根据相量的定义可知，电压 u 的有效值为 $U=IX_L$，电压 u 的初相为 $\psi+90°$。根据正弦电流 i 的表达式可知，电流 i 的初相为 ψ。于是，正弦电压 u 的初相减去正弦电流 i 的初相为 90°，于是得出第二条结论。

2）电感上，电压 u 超前电流 i 相位 90°，或称相量$\dot{U}$超前相量$\dot{I}$相位 90°，其相量关系示意图如图 2.6 所示。

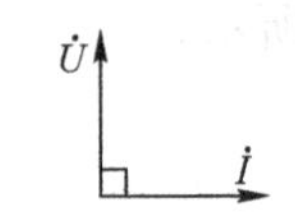

图 2.6　电感上电压相量和电流相量的方向示意图

对于感抗 $X_L=\omega L$，它表明了电感元件对通过它的电流的阻碍作用，此作用与交流电的频率密切相关。值得一提的是，前面提到直流电可以看成是频率为 0 的特殊正弦交流电，所以**在直流电路中，电感的感抗 $X_L=0$，这表明电感对电流没有阻碍作用，其表现就像电感处的电路短路了一样**。如果电感在正弦交流电路中，则随着频率 f 的增大，感抗 X_L 也将越来越大，也即对电流的阻碍作用越来越强。这表明，电感具有俗称的“通直隔交”的作用。

【例题 2.2】在图 2.7 所示正弦交流电路中，已知正弦电压 $u=220\sqrt{2}\sin(100\pi t+30°)$ V，电感系数 $L=0.127$H。求电感上电流 i 的瞬时值表达式，并画出电压 u 和电流 i 的相量图。

解答：

1）计算电感的感抗：

$$X_L=\omega L=100\pi\cdot 0.127\,\Omega=40\,\Omega \tag{2.63}$$

2）根据电感上电压和电流的相量表达式可得

$$\dot{I}=\frac{\dot{U}}{\mathrm{j}X_L}=\frac{220\angle 30°}{\mathrm{j}40}=\frac{220\angle 30°}{40\angle 90°}\mathrm{A}=5.5\angle -60°\mathrm{A} \tag{2.64}$$

3）根据相量与正弦量的关系，写出电流 i 的表达式：

$$i=5.5\sqrt{2}\sin(100\pi t-60°)\mathrm{A} \tag{2.65}$$

4）画出相量$\dot{U}$和$\dot{I}$的关系图，如图 2.8 所示。

图 2.7　电感正弦交流电路例题

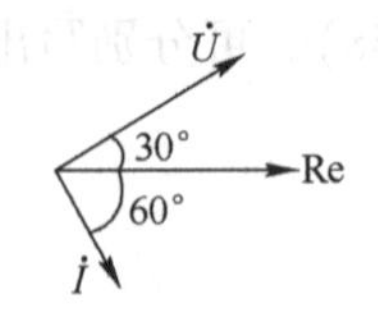

图 2.8　电感正弦交流电路例题相量图

2.3.3　电容元件的正弦交流电路

图 2.9 所示为电容元件 C 的单一参数正弦交流电路。流过电容 C 的电流为正弦电流 i，

电容 C 两端的电压为正弦电压 u，两者参考方向关联。这里为了推导的方便，令正弦电压 u 为

$$u=\sqrt{2}U\sin(\omega t+\psi) \tag{2.66}$$

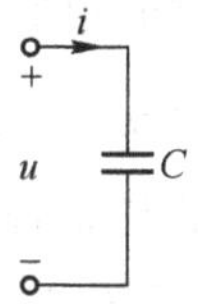

图 2.9　电容元件的正弦交流电路

对电容 C，电压瞬时量 u 和电流瞬时量 i 关系为

$$i=C\frac{\mathrm{d}u}{\mathrm{d}t} \tag{2.67}$$

式（2.67）称为电容 C 上电压和电流的瞬时表达式。

下面对电容 C，根据 u 和 i 的瞬时表达式，推导出对应电压相量 $\dot{U}$ 和对应电流相量 $\dot{I}$ 之间的表达式。

将式（2.66）代入式（2.67）可得

$$i=\sqrt{2}U\omega C\sin(\omega t+\psi+90°) \tag{2.68}$$

可见，在正弦量 u 的激励下，响应 i 也是正弦量。根据正弦量 u 和 i 的表达式，见式（2.66）和式（2.68），可分别写出它们的相量式：

$$\begin{cases}\dot{U}=U\angle\psi\\ \dot{I}=U\omega C\angle(\psi+90°)\end{cases} \tag{2.69}$$

将电压相量 $\dot{U}$ 除以电流相量 $\dot{I}$ 得

$$\frac{\dot{U}}{\dot{I}}=\frac{U\angle\psi}{U\omega C\angle(\psi+90°)}=\frac{1}{\omega C}\angle-90°=-\mathrm{j}\frac{1}{\omega C} \tag{2.70}$$

这里，令 $X_{\mathrm{C}}=\dfrac{1}{\omega C}$，称 X_{C} 为电容 C 的容抗，并称 $-\mathrm{j}X_{\mathrm{C}}$ 为电容 C 的复容抗。容抗 X_{C} 的国际单位为 Ω。所以相量 $\dot{U}$ 和相量 $\dot{I}$ 的关系可表达为

$$\dot{U}=\dot{I}(-\mathrm{j}X_{\mathrm{C}}) \tag{2.71}$$

式（2.71）称为电容 C 上电压和电流的相量表达式。

根据 u 和 i 相量表达式关系，见式（2.71），容易得出如下结论：

1）电容上，电压有效值 U 和电流有效值 I 的关系为

$$U=IX_{\mathrm{C}} \tag{2.72}$$

这里重新令正弦电流 $i=\sqrt{2}I\sin(\omega t+\psi)$，主要是为了与电阻和电感的正弦交流电路的正弦电流一致，方便以电流作为基准进行比较。

因为 $\dot{U}=\dot{I}(-\mathrm{j}X_{\mathrm{C}})=IX_{\mathrm{C}}\angle(\psi-90°)$，根据相量的定义可知，电压 u 的有效值为 $U=IX_{\mathrm{C}}$。还可知，电流 i 的初相为 ψ，而电压 u 的初相为 $\psi-90°$，即电压初相减去电流初相为 $-90°$。于是得出第二条结论。

2）电容上，电压 u 滞后电流 i 相位 90°，或称相量 $\dot{U}$ 滞后相量 $\dot{I}$ 相位 90°，其相量关系示意图如图 2.10 所示。

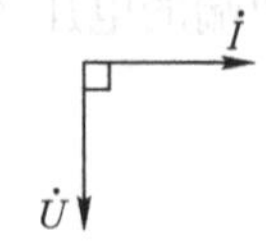

图 2.10　电容上电压相量和电流相量的方向示意图

对于容抗 $X_C=\frac{1}{\omega C}$，它表明电容元件对通过它的电流的阻碍作用，此作用与交流电的频率密切相关。前面提到直流电可以看成是频率为 0 的特殊正弦交流电，所以**在直流电路中，电容的容抗 $X_C\to\infty$，这表明此时流过电容的电流趋近于 0，其表现为电容处的电路就像断路了一样**。如果电容在正弦交流电路中，则随着频率 f 的增大，容抗 X_C 将越来越小，也即对电流的阻碍作用越来越弱。这表明，电容具有俗称的“隔直通交”的作用。

【例题 2.3】 把一只电容系数 $C=0.3183\,\mu F$ 的电容接到电压 $U=100\,V$、频率 $f=50\,Hz$ 的正弦交流电源上，求流过电容的电流 I 是多少；若接到电压 $U=100\,V$、频率 $f=1000\,Hz$ 的正弦交流电源上，流过电容的电流 I 又是多少？

解答：

1）接到电压 $U=100\,V$、频率 $f=50\,Hz$ 的正弦交流电源，则电容的容抗 $X_C=\frac{1}{\omega C}=\frac{1}{2\pi fC}=1\times10^4\,\Omega$。

根据电容上电压和电流有效值的关系可得

$$I=\frac{U}{X_C}=\frac{100}{1\times10^4}\,A=0.01\,A \tag{2.73}$$

2）接到电压 $U=100\,V$、频率 $f=1000\,Hz$ 的正弦交流电源，则电容的容抗 $X_C=\frac{1}{\omega C}=\frac{1}{2\pi fC}=500\,\Omega$。

根据电容上电压和电流有效值的关系可得

$$I=\frac{U}{X_C}=\frac{100}{500}\,A=0.2\,A \tag{2.74}$$

2.4 基尔霍夫定律的相量形式

对交流电路，基尔霍夫定律也是成立的，即基尔霍夫电流定律和基尔霍夫电压定律成立。

基尔霍夫电流定律：对交流电路中的任一节点，任一时刻，流入和流出该节点的电流的代数和为零，即有

$$\sum_k i_k=0 \tag{2.75}$$

这里电流的代数和是指，按照电流的参考方向，规定流入节点的电流在其电流符号前取“+”号，流出节点的电流在其电流符号前取“-”号，反之亦可，然后将这些电流相加。式中的下标 k 表示流入或流出选定节点的任一电流。

基尔霍夫电压定律：对交流电路中的任一回路，任一时刻，沿回路绕一圈，电压的代数和为零，即有

$$\sum_k u_k = 0 \tag{2.76}$$

这里电压的代数和是指，选一个方向绕回路一圈时，规定电压升高时在电压符号前取“+”号，电压降低时在电压符号前取“-”号，反之亦可，然后将这些电压相加。式中的下标 k 表示回路中升高或降低的任一电压。

将式（2.75）和式（2.76）统称为基尔霍夫定律的瞬时量形式。通过基尔霍夫定律的瞬时量形式可以推导出对应的相量形式也是成立的，即基尔霍夫定律的相量形式：

$$\begin{cases} \text{对节点：} \quad \sum_k \dot{I}_k = 0 \\ \text{对回路：} \quad \sum_k \dot{U}_k = 0 \end{cases} \tag{2.77}$$

这里的求和都是求代数和，其规定与基尔霍夫定律瞬时量形式的规定相同。

这里仅对基尔霍夫电流定律的相量形式进行示意性的证明。已知两个正弦电流 i_1 和 i_2：

$$\begin{cases} i_1 = \sqrt{2} I_1 \sin(\omega t + \psi_1) \\ i_2 = \sqrt{2} I_2 \sin(\omega t + \psi_2) \end{cases} \tag{2.78}$$

并且电流 $i = i_1 + i_2$。试证明 $\dot{I} = \dot{I}_1 + \dot{I}_2$。

证明：

$$\begin{aligned} i &= i_1 + i_2 \\ &= \sqrt{2} I_1 \sin(\omega t + \psi_1) + \sqrt{2} I_2 \sin(\omega t + \psi_2) \\ &= \sqrt{2} [(I_1 \cos\psi_1 + I_2 \cos\psi_2) \sin\omega t + (I_1 \sin\psi_1 + I_2 \sin\psi_2) \cos\omega t] \\ &= \sqrt{2} r \sin(\omega t + \theta) \end{aligned} \tag{2.79}$$

这里，参数 r 和 θ 分别为

$$\begin{cases} r = \sqrt{(I_1 \cos\psi_1 + I_2 \cos\psi_2)^2 + (I_1 \sin\psi_1 + I_2 \sin\psi_2)^2} \\ \theta = \arctan \dfrac{I_1 \sin\psi_1 + I_2 \sin\psi_2}{I_1 \cos\psi_1 + I_2 \cos\psi_2} \end{cases} \tag{2.80}$$

由式（2.79）可见，电流 i 也是一个正弦量，所以可以写成相量式：

$$\dot{I} = r \angle \theta \tag{2.81}$$

对于正弦电流 i_1 和正弦电流 i_2 有

$$\begin{aligned} \dot{I}_1 + \dot{I}_2 &= I_1 \angle \psi_1 + I_2 \angle \psi_2 \\ &= (I_1 \cos\psi_1 + I_2 \cos\psi_2) + \mathrm{j}(I_1 \sin\psi_1 + I_2 \sin\psi_2) \\ &= r \angle \theta \end{aligned} \tag{2.82}$$

根据式（2.81）和式（2.82）可知有

$$\dot{I} = \dot{I}_1 + \dot{I}_2 \tag{2.83}$$

对于有 n 个正弦电流相加的情况，只需两两相加，逐步合并，即可得到基尔霍夫电流定律的相量形式。基尔霍夫电压定律相量形式的证明与此类似。

2.5 一般正弦交流电路的分析

2.5.1 阻抗

对一个正弦交流电路，可以取一部分电路构成二端网络，如果该二端网络中不含电源，只含有电阻、电感或电容等负载，则称该二端网络为无源二端网络。对一个正弦交流电路中的无源二端网络，如图 2.11a所示，可以将其等价为一个复数 Z。复数 Z 被称为等效复阻抗，简称为复阻抗或阻抗，其定义为

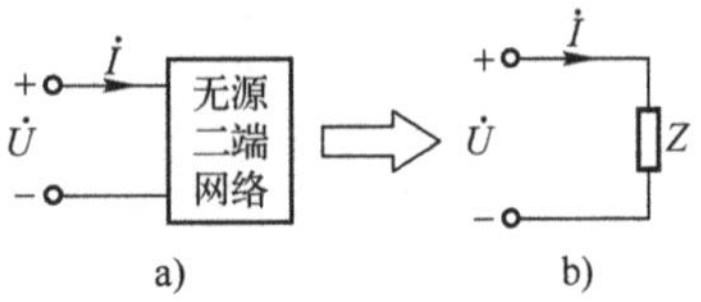

图 2.11　正弦交流电路的复阻抗
a）无源二端网络　b）等效复阻抗

$$Z=\frac{\dot{U}}{\dot{I}} \tag{2.84}$$

由于无源二端网络的基本电路元件只能是电阻、电感和电容，它们的阻抗分别为 R、$\mathrm{j}X_L$ 和 $-\mathrm{j}X_C$，由它们电路连接的等效阻抗 Z 只能是一个实部大于或等于零的复数，将其表达成代数式和极坐标式为

$$Z=R+\mathrm{j}X=|Z|\angle\varphi \tag{2.85}$$

这里，称 R 为阻抗 Z 的电阻，并且 R 总是大于或等于 0 的；称 X 为阻抗 Z 的电抗，X 可以大于0，可以小于0，也可以等于0；称 $|Z|$ 为阻抗 Z 的阻抗模；称 φ 为阻抗 Z 的阻抗角。显然，阻抗角 φ 的取值范围为 $\varphi\in[-90°,90°]$。阻抗 Z、电阻 R、电抗 X 及阻抗模 $|Z|$，它们的国际单位都是 Ω。

根据复数代数式和极坐标式的关系，对阻抗 Z，显然有

$$\begin{cases}R=|Z|\cos\varphi\\X=|Z|\sin\varphi\end{cases} \tag{2.86}$$

如果用阻抗模 $|Z|$、电阻 R 和电抗 X（取绝对值）分别表示一个三角形的三条边长，则它们构成一个直角三角形，如图 2.12 所示，这个直角三角形被称为阻抗三角形。

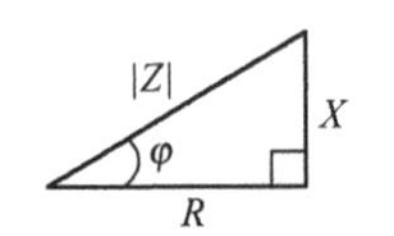

图 2.12　阻抗三角形

于是在正弦交流电路中，对无源二端网络，基于阻抗的概念，有

$$\dot{U}=\dot{I}Z \tag{2.87}$$

其中，Z 为该无源二端网络的等效阻抗。式（2.87）被称为正弦交流电路中欧姆定律的相量形式。

对式（2.87），令电流 $\dot{I}=I\angle\psi_i$，电压 $\dot{U}=U\angle\psi_u$，代入计算得

$$U\angle\psi_u=I\angle\psi_i\cdot|Z|\angle\varphi=I|Z|\angle(\psi_i+\varphi) \tag{2.88}$$

即有

$$\begin{cases}U=I|Z|\\\psi_u=\psi_i+\varphi\end{cases} \tag{2.89}$$

这表明，阻抗 Z 的阻抗角 φ 为阻抗 Z 上电压 $\dot{U}$ 与电流 $\dot{I}$ 的夹角。

如果定义电阻 R 两端电压为 $\dot{U}_R$，电抗 X 两端电压为 $\dot{U}_X$，即

$$\begin{cases}\dot{U}_R=\dot{I}R\\ \dot{U}_X=\dot{I}\,\mathrm{j}X\\ \dot{U}=\dot{U}_R+\dot{U}_X\end{cases} \tag{2.90}$$

根据式（2.89）和式（2.90），可得各电压有效值的关系为

$$\begin{cases}U_R=IR=I|Z|\cos\varphi=U\cos\varphi\\ U_X=I|X|=I||Z|\sin\varphi|=|U\sin\varphi|\end{cases} \tag{2.91}$$

这即表明，电压 U、U_R 和 U_X 也构成一个直角三角形，如图 2.13 所示，这个直角三角形被称为电压三角形。

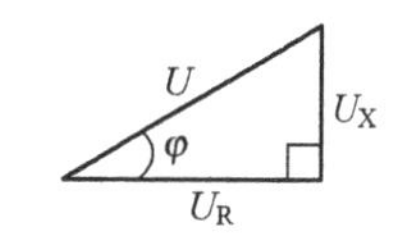

图 2.13　电压三角形

对一个无源二端网络，如果其等效阻抗表达为 $Z=R+\mathrm{j}X=|Z|\angle\varphi$，那么，可以根据阻抗 Z 的表达式判断该无源二端网络的电路性质：

- 如果 $X>0$，或 $\varphi>0$，称其电路性质为电感性，简称呈感性；
- 如果 $X=0$，或 $\varphi=0$，称其电路性质为电阻性，简称呈阻性；
- 如果 $X<0$，或 $\varphi<0$，称其电路性质为电容性，简称呈容性。

显然，在正弦交流电路中，如果无源二端网络分别为单一参数的电阻元件、电感元件或电容元件，则其上的电压相量$\dot{U}$和电流相量$\dot{I}$符合欧姆定律的相量形式，可以统一写成$\dot{U}=\dot{I}Z$，只不过阻抗 Z 的值各不相同，分别为

$$\begin{cases}Z=R\\ Z=\mathrm{j}X_L\\ Z=-\mathrm{j}X_C\end{cases} \tag{2.92}$$

2.5.2　阻抗的等效变换

1. 阻抗的串联等效

连接在同一条支路上的阻抗，是串联关系。处于串联关系的阻抗，流过它们的电流是相等的。

以两个阻抗的串联为例，阻抗的串联及其等效变换如图 2.14所示。其中图 2.14a 是电路中的一部分电路，其两端的电压为$\dot{U}$，流过这条支路的电流为$\dot{I}$，这条支路上串联的两个阻抗为 Z_1 和 Z_2，可以将这两个阻抗等效成图 2.14b 所示的一个阻抗 Z。等效的含义是保持 a、b 两点的电压$\dot{U}$不变，流过 ab 支路的电流$\dot{I}$不变。

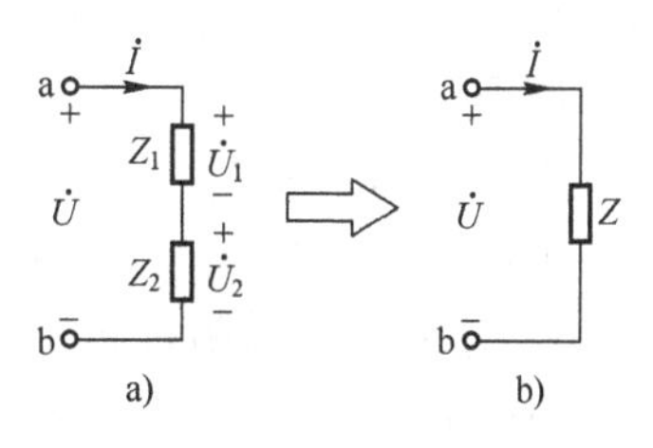

图 2.14　阻抗的串联与等效变换

阻抗串联的等效关系是

$$Z=Z_1+Z_2 \tag{2.93}$$

串联阻抗的分压公式是

$$\begin{cases}\dot{U}_1=\dfrac{Z_1}{Z_1+Z_2}\dot{U}\\ \dot{U}_2=\dfrac{Z_2}{Z_1+Z_2}\dot{U}\end{cases} \tag{2.94}$$

下面基于欧姆定律的相量形式和基尔霍夫定律的相量形式，对阻抗的串联等效关系和分压公式稍加推导。

在图 2.14a 所示电路中，对开口的回路和阻抗有

$$\begin{cases}\dot{U}_1=\dot{I}Z_1\\ \dot{U}_2=\dot{I}Z_2\\ \dot{U}=\dot{U}_1+\dot{U}_2=\dot{I}Z_1+\dot{I}Z_2\end{cases} \tag{2.95}$$

在图 2.14b 所示电路中，对阻抗 Z 有

$$\dot{U}=\dot{I}Z \tag{2.96}$$

比较式（2.96）和式（2.95）可得

$$Z=Z_1+Z_2 \tag{2.97}$$

同时，由式（2.95）可得

$$\begin{cases}\dot{U}_1=\dfrac{Z_1}{Z_1+Z_2}\dot{U}\\ \dot{U}_2=\dfrac{Z_2}{Z_1+Z_2}\dot{U}\end{cases} \tag{2.98}$$

需要注意的是，这里的电压和电流都是相量，阻抗都是复数，涉及的都是复数的运算。

对 N（$N>2$）个阻抗的串联，同理可得其等效阻抗 Z 为

$$Z=\sum_{k=1}^{N}Z_k \tag{2.99}$$

【例题 2.4】 正弦交流电路如图 2.15 所示，已知电阻 $R=3\,\Omega$，电感系数 $L=25.5\,\text{mH}$，电容系数 $C=800\,\mu\text{F}$，正弦电压 $u=50\sqrt{2}\sin(100\pi t+53°)\,\text{V}$。求：1）该电路总的等效阻抗 Z；2）该电路的电流相量 $\dot{I}$。

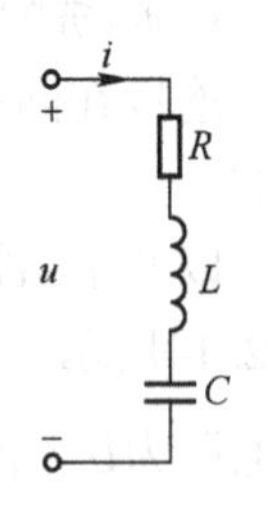

图 2.15 阻抗串联例题

解答：

电感 L 的感抗 $X_L=\omega L=100\pi\cdot25.5\times10^{-3}\,\Omega=8\,\Omega$；

电容 C 的容抗 $X_C=1/(\omega C)=1/(100\pi\cdot800\times10^{-6})\,\Omega=4\,\Omega$

1）求总的等效阻抗 Z。

电阻 R、电感 L、电容 C 在电路中是串联关系，所以总的等效阻抗为

$$Z=R+jX_L+(-jX_C)=(3+j4\Omega)\,\Omega=5\angle53°\Omega \tag{2.100}$$

2）求电流相量 $\dot{I}$。

由于正弦电压 $u=50\sqrt{2}\sin(100\pi t+53°)\,\text{V}$，所以电压相量 $\dot{U}=50\angle53°\text{V}$。

根据欧姆定律的相量形式可得

$$\dot{I}=\frac{\dot{U}}{Z}=\frac{50\angle 53^\circ}{5\angle 53^\circ}\text{A}=10\text{ A} \tag{2.101}$$

2. 阻抗的并联等效

连接在相同两个节点上的阻抗，是并联关系。处于并联关系的阻抗，它们两端的电压都是相等的。

以两个阻抗的并联为例，阻抗的并联及其等效变换如图 2.16 所示。其中图 2.16a 是电路中的一部分电路，两个阻抗为 Z_1 和 Z_2 都连接在节点 a、b 之间，a、b 两端的电压为$\dot{U}$，流过节点 a 或 b 的电流为$\dot{I}$。阻抗 Z_1 和 Z_2 为并联关系，可以等效成图 2.16b 所示的一个阻抗 Z。等效的含义是保持 a、b 两点的电压$\dot{U}$不变，流过节点 a 或 b 的电流$\dot{I}$不变。

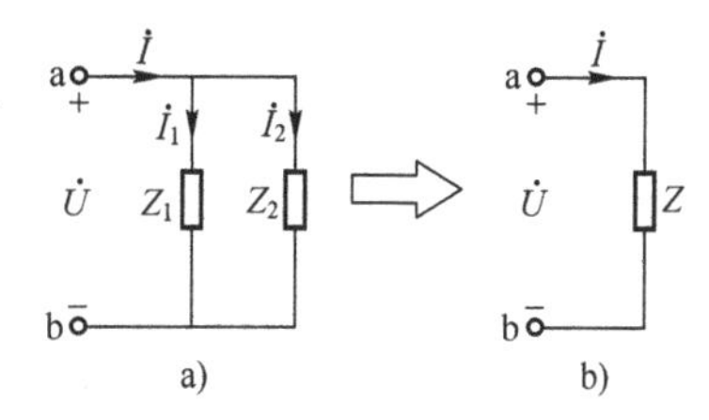

图 2.16　阻抗的并联与等效变换

阻抗并联的等效关系是

$$\frac{1}{Z}=\frac{1}{Z_1}+\frac{1}{Z_2} \tag{2.102}$$

并联阻抗的分流公式是

$$\begin{cases}\dot{I}_1=\dfrac{\dfrac{1}{Z_1}}{\dfrac{1}{Z_1}+\dfrac{1}{Z_2}}\dot{I}=\dfrac{Z_2}{Z_1+Z_2}\dot{I}\\ \dot{I}_2=\dfrac{\dfrac{1}{Z_2}}{\dfrac{1}{Z_1}+\dfrac{1}{Z_2}}\dot{I}=\dfrac{Z_1}{Z_1+Z_2}\dot{I}\end{cases} \tag{2.103}$$

下面基于欧姆定律的相量形式和基尔霍夫定律的相量形式，对并联阻抗的等效关系和分压公式稍加推导。

在图 2.16a 所示电路中，对开口的回路和阻抗有

$$\begin{cases}\dot{I}_1=\dfrac{\dot{U}}{Z_1}\\ \dot{I}_2=\dfrac{\dot{U}}{Z_2}\\ \dot{I}=\dot{I}_1+\dot{I}_2=\dfrac{\dot{U}}{Z_1}+\dfrac{\dot{U}}{Z_2}\end{cases} \tag{2.104}$$

在图 2.16b 所示电路中，对阻抗 Z 有

$$\dot{I}=\frac{\dot{U}}{Z} \tag{2.105}$$

比较式（2.104）和式（2.105）可得

$$\frac{1}{Z}=\frac{1}{Z_1}+\frac{1}{Z_2} \tag{2.106}$$

同时，由式（2.104）可得

$$\begin{cases}\dot{I}_1=\dfrac{\dfrac{1}{Z_1}}{\dfrac{1}{Z_1}+\dfrac{1}{Z_2}}\dot{I}=\dfrac{Z_2}{Z_1+Z_2}\dot{I}\\ \dot{I}_2=\dfrac{\dfrac{1}{Z_2}}{\dfrac{1}{Z_1}+\dfrac{1}{Z_2}}\dot{I}=\dfrac{Z_1}{Z_1+Z_2}\dot{I}\end{cases} \tag{2.107}$$

需要注意的是，这里的电压和电流都是相量，阻抗都是复数，涉及的都是复数的运算。

对 N（$N>2$）个阻抗的并联，同理可得其等效阻抗 Z 为

$$\frac{1}{Z}=\sum_{k=1}^{N}\frac{1}{Z_k} \tag{2.108}$$

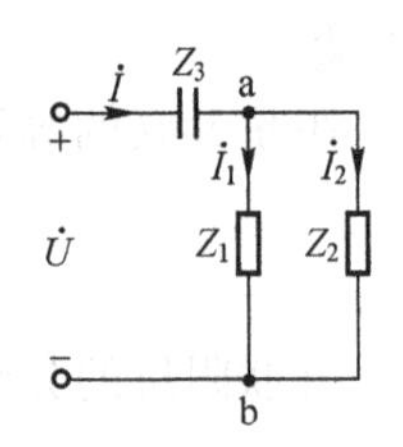

图 2.17　阻抗并联例题

【例题 2.5】 如图 2.17 所示正弦交流电路，已知阻抗 $Z_1=(3+j4)\,\Omega$，阻抗 $Z_2=(8-j6)\,\Omega$，电容的阻抗 $Z_3=-j4.47\,\Omega$，正弦交流电压 $\dot{U}_{ab}=220\angle 0°\text{V}$。求电流 $\dot{I}$ 和电压 $\dot{U}$。

解答：

1）阻抗的表达。

$$Z_1=(3+j4)\,\Omega=5\angle 53°\Omega$$
$$Z_2=(8-j6)\,\Omega=10\angle -37°\Omega$$
$$Z_3=-j4.47\,\Omega=4.47\angle -90°\Omega$$

2）阻抗 Z_1 和阻抗 Z_2 的并联等效阻抗 Z。

$$Z=\frac{Z_1Z_2}{Z_1+Z_2}=\frac{50\angle 16°}{11-j2}=\frac{50\angle 16°}{11.18\angle -10.3°}\Omega=4.47\angle 26.3°\Omega$$

3）求电流 $\dot{I}$。

$$\dot{I}=\frac{\dot{U}_{ab}}{Z}=\frac{220\angle 0°}{4.47\angle 26.5°}\text{A}=49.2\angle -26.5°\text{A}$$

4）求电压 $\dot{U}$。

$$\begin{aligned}\dot{U}&=\dot{I}Z_3+\dot{U}_{ab}=(220\angle -116.5°+220\angle 0°)\,\text{V}\\&=(121.8-j196.9)\,\text{V}=231.5\angle -58.26°\text{V}\end{aligned}$$

2.5.3　一般正弦交流电路的分析

对于简单连接的正弦交流电路，可以采用阻抗的等效变换来简化电路，实现电路的分析，如 2.5.2 节所示。

对于有多个电源作用，并且电路元件连接复杂的一般正弦交流电路，则需要运用相量形式的欧姆定律和相量形式的基尔霍夫定律，通过列方程求解电路。在直流电路中使用的电路分析方法，在正弦交流电路中也同样适用，比如支路电流法、节点电位法、叠加定理分析法及戴维南定理分析法等。

一般正弦交流电路的分析，可以遵照如下步骤：

1）将电路中正弦电源的电压或电流用相量表达，即

$$u_S \rightarrow \dot{U}_S, \quad i_S \rightarrow \dot{I}_S$$

2）将负载全部用阻抗来表达，即

$$R \rightarrow R, \quad L \rightarrow jX_L, \quad C \rightarrow -jX_C$$

3）电路中需要标记的电流和电压，全部用相量来标识，并标好电压相量和电流相量的参考方向。

4）运用欧姆定律建立电压相量和电流相量之间的关系，运用基尔霍夫定律列电压相量方程和电流相量方程。

- 相量形式的欧姆定律：$\dot{U}=\dot{I}Z$
- 对节点运用基尔霍夫电流定律列电流方程：$\sum_k \dot{I}_k = 0$
- 对回路运用基尔霍夫电压定律列电压方程：$\sum_k \dot{U}_k = 0$

5）求解方程，得到待求的电压相量和电流相量，根据需要写出它们对应的有效值或正弦量。

不管采用哪种方法求解一般正弦交流电路，大都遵循以上5个步骤。下面以一个例题为例，表明各种方法是如何求解的。

【例题2.6】 在如图2.18所示正弦交流电路中，已知正弦电压源 $\dot{E}=220\angle 45°\text{V}$，各阻抗为 $Z_1=(3+4j)\ \Omega$，$Z_2=(4+3j)\ \Omega$，$Z_3=5j\ \Omega$，$Z_4=-8j\ \Omega$，$Z_5=(2+2j)\ \Omega$。求流过阻抗 Z_5 的电流 $\dot{I}_5$。

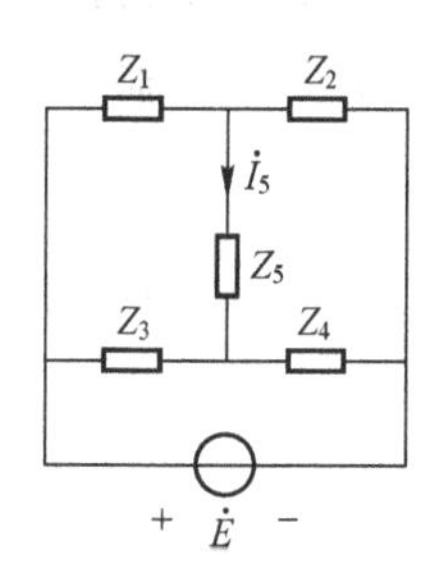

图2.18　一般正弦交流电路例题

解答：（1）采用支路电流法求解

1）给各支路标上电流，以电流作为未知量来求解，如图2.19所示。

2）对节点运用基尔霍夫电流定律，列电流方程。

该电路有4个节点，可以列3个独立的电流方程：

$$\begin{cases}\dot{I}-\dot{I}_1-\dot{I}_3=0\\ \dot{I}_1-\dot{I}_2-\dot{I}_5=0\\ \dot{I}_3-\dot{I}_4+\dot{I}_5=0\end{cases} \tag{2.109}$$

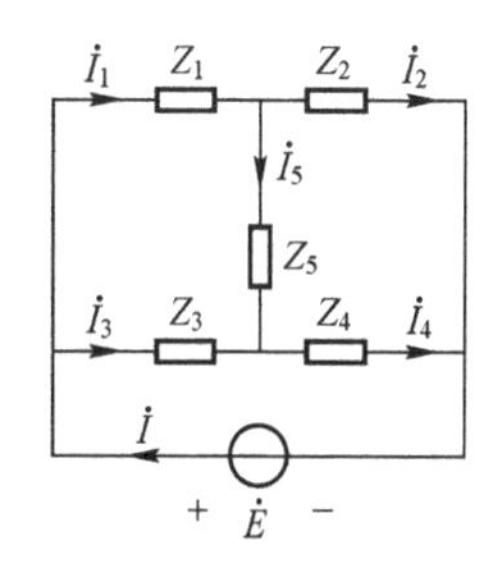

图2.19　一般正弦交流电路例题之支路电流法

3）对回路运用基尔霍夫定律，列电压方程。

该电路有3个网孔，可以列3个独立的电压方程。这里直接运用欧姆定律，用电流来表达电压，可得

$$\begin{cases}\dot{E}-\dot{I}_3Z_3-\dot{I}_4Z_4=0\\ \dot{I}_3Z_3-\dot{I}_1Z_1-\dot{I}_5Z_5=0\\ \dot{I}_4Z_4+\dot{I}_5Z_5-\dot{I}_2Z_2=0\end{cases}\tag{2.110}$$

4）求解方程。

联立方程（2.109）和方程（2.110）可得

$$\begin{cases}\dot{I}=(22.1+23.5\mathrm{j})\ \mathrm{A}=32.2\angle 46.8°\mathrm{A}\\ \dot{I}_1=(11.5+8.6\mathrm{j})\ \mathrm{A}=14.4\angle 36.8°\mathrm{A}\\ \dot{I}_2=(34.9-5.3\mathrm{j})\ \mathrm{A}=35.3\angle -8.6°\mathrm{A}\\ \dot{I}_3=(10.6+14.9\mathrm{j})\ \mathrm{A}=18.2\angle 54.7°\mathrm{A}\\ \dot{I}_4=(-12.8+28.7\mathrm{j})\ \mathrm{A}=31.5\angle 114.1°\mathrm{A}\\ \dot{I}_5=(-23.4+13.9\mathrm{j})\ \mathrm{A}=27.2\angle 149.4°\mathrm{A}\end{cases}\tag{2.111}$$

也即流过阻抗 Z_5 的电流 $\dot{I}_5=27.2\angle 149.4°\mathrm{A}$。

（2）采用节点电位法求解

1）选定一个节点为接地点，其他节点的电位作为未知量，如图 2.20 所示。

选节点 d 为接地点，令节点 a、b、c 的电位分别为 $\dot{V}_a$、$\dot{V}_b$、$\dot{V}_c$。则节点 a 的电位 $\dot{V}_a=\dot{E}$。未知的电位为 $\dot{V}_b$ 和 $\dot{V}_c$。

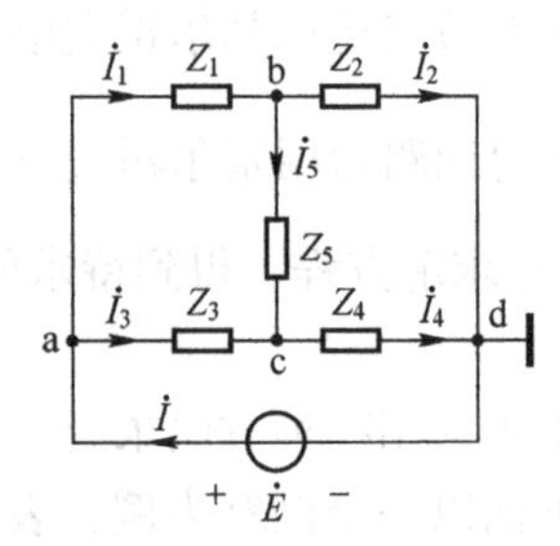

图 2.20　一般正弦交流电路例题之节点电位法

2）用电位 $\dot{V}_a$、$\dot{V}_b$、$\dot{V}_c$ 表示各支路的电流。

$$\begin{cases}\dot{I}_1=\dfrac{\dot{V}_a-\dot{V}_b}{Z_1}\\ \dot{I}_2=\dfrac{\dot{V}_b}{Z_2}\\ \dot{I}_3=\dfrac{\dot{V}_a-\dot{V}_c}{Z_3}\\ \dot{I}_4=\dfrac{\dot{V}_c}{Z_4}\\ \dot{I}_5=\dfrac{\dot{V}_b-\dot{V}_c}{Z_5}\end{cases}\tag{2.112}$$

3）对节点 b、c 运用基尔霍夫电流定律列电流方程。

$$
\begin{cases}\dot{I}_1-\dot{I}_2-\dot{I}_5=0\\ \dot{I}_3-\dot{I}_4+\dot{I}_5=0\end{cases}\tag{2.113}
$$

即有

$$
\begin{cases}\dfrac{\dot{E}-\dot{V}_b}{Z_1}-\dfrac{\dot{V}_b}{Z_2}-\dfrac{\dot{V}_b-\dot{V}_c}{Z_5}=0\\ \dfrac{\dot{E}-\dot{V}_c}{Z_3}-\dfrac{\dot{V}_c}{Z_4}+\dfrac{\dot{V}_b-\dot{V}_c}{Z_5}=0\end{cases}\tag{2.114}
$$

4）求解方程。

求解方程（2.114）得

$$
\begin{cases}\dot{V}_b=(155.4+\mathrm{j}83.7)\ \mathrm{V}=176.5\angle 28.3°\mathrm{V}\\ \dot{V}_c=(230.0+\mathrm{j}102.8)\ \mathrm{V}=251.9\angle 24.1°\mathrm{V}\end{cases}\tag{2.115}
$$

于是求得

$$
\dot{I}_5=\frac{\dot{V}_b-\dot{V}_c}{Z_5}=(-23.4+13.9\mathrm{j})\ \mathrm{A}=27.2\angle 149.4°\mathrm{A}\tag{2.116}
$$

（3）利用其他方法求解

此电路只有一个电源，而且电路连接为非并联或串联的简单连接，所以不适合采用叠加定理求解。此处采用戴维南定理分析方法来分析该电路。

1）将阻抗 Z_5 从电路中移开，得到原电路的有源二端网络，如图 2.21 所示。

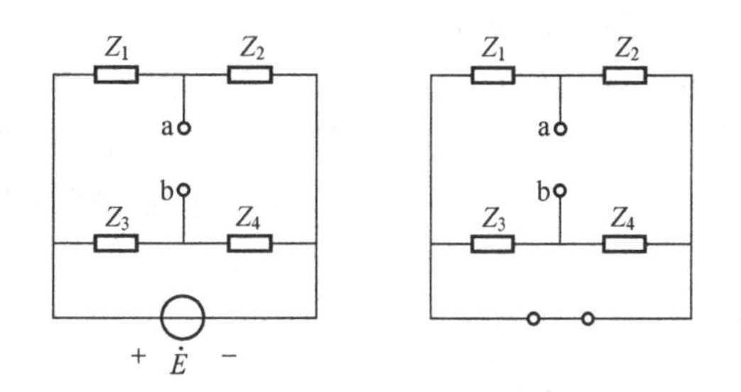

图 2.21　一般正弦交流电路例题之戴维南定理

2）求开口电压$\dot{U}_{ab}$。

$$
\dot{U}_{ab}=\frac{Z_2}{Z_1+Z_2}\dot{E}-\frac{Z_4}{Z_3+Z_4}\dot{E}=(-325.9-348.2\mathrm{j})\ \mathrm{V}=476.9\angle -133.1°\mathrm{V}\tag{2.117}
$$

3）求对应无源二端网络的等效阻抗 Z_0。

$$
Z_0=\frac{Z_1Z_2}{Z_1+Z_2}+\frac{Z_3Z_4}{Z_3+Z_4}=(1.8+15.1\mathrm{j})\ \Omega=15.2\angle 83.3°\Omega\tag{2.118}
$$

4）将阻抗 Z_5 接到点 a 和 b 之间，求电流$\dot{I}_5$。

此时，即是将 a、b 两点间的有源二端网络等价成一个电压源模型。

于是求得

$$\dot{I}_5=\frac{\dot{U}_{ab}}{Z_0+Z_5}=(-23.4+13.9j)\text{ A}=27.2\angle 149.4°\text{A} \tag{2.119}$$

总之，在正弦交流电路中，如果将电流和电压都用相量表达，将所有负载都用对应的阻抗来表达，则相量形式的欧姆定律和相量形式的基尔霍夫定律都是成立的，而且正弦交流电路的分析与直流电流的分析也类似，直流电路中适用的分析方法，在正弦交流电路的分析中也适用。

2.6 正弦交流电路的功率和功率因数

在正弦交流电路中，基本的负载元件有电阻、电感和电容。电阻消耗电能，电感和电容不消耗电能，只是实现电能的储存和释放。对电感，随着外部电压和电流的变化，实现电能和磁场能的相互转化；对电容，随着外部电压和电流的变化，实现电能和电场能的相互转化。

在正弦交流电路中，电能的变化比较复杂，又因为在电路中一般用功率来计量电能，所以引入了瞬时功率、有功功率、无功功率和视在功率等多个功率的概念。

以正弦交流电路中一个无源二端网络为对象，引入这些功率的定义，如图 2.22 所示，其中电压 u 和电流 i 均为正弦量。

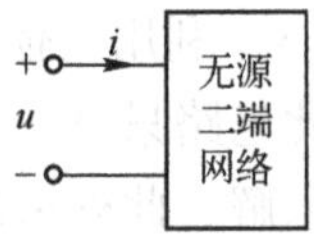

并设电压 u 和电流 i 的表达式为

$$\begin{cases} i=\sqrt{2}I\sin\omega t \\ u=\sqrt{2}U\sin(\omega t+\varphi) \end{cases} \tag{2.120}$$

+ i 无源二端网络
u
−

图 2.22　正弦交流电路无源二端网络

其中，角度 φ 为电压超前电流的相位。可见，电压 u 和电流 i 都是角频率为 ω 的周期性函数，两者周期相等，设周期为 T，则有 $\omega T=2\pi$。

对一个无源二端网络，可将其等效为一个阻抗 Z，并且可将其表达为

$$Z=R+jX=|Z|\angle\varphi \tag{2.121}$$

显然，电压 u 和电流 i 的相位差 φ 即为该等效阻抗的阻抗角。

以下关于功率的讨论，都是基于图 2.22 所示的电路。

2.6.1 瞬时功率

在任意时刻 t，无源二端网络的瞬时功率 p 定义为

$$p=ui \tag{2.122}$$

将无源二端网络上电压和电流的表达式代入可得

$$\begin{aligned} p&=ui \\ &=\sqrt{2}U\sin(\omega t+\varphi)\cdot\sqrt{2}I\sin\omega t \\ &=UI\cos\varphi-UI\cos(2\omega t+\varphi) \\ &=UI\cos\varphi(1-\cos 2\omega t)+UI\sin\varphi\sin 2\omega t \end{aligned} \tag{2.123}$$

由式（2.123）可见，瞬时功率 p 随时间 t 变化，而且是周期性变化，其周期为$\frac{T}{2}$。

特殊地，如果无源二端网络是单一参数电路，那么可以根据式（2.123）计算出对应的瞬时功率：

- 电阻电路，$\varphi=0$，瞬时功率 $p=UI(1-\cos2\omega t)$；
- 电感电路，$\varphi=90°$，瞬时功率 $p=UI\sin2\omega t$；
- 电容电路，$\varphi=-90°$，瞬时功率 $p=-UI\sin2\omega t$。

2.6.2 有功功率

电压 u 和电流 i 的周期性变化，导致了瞬时功率 p 的周期性变化。瞬时功率 p 在电压 u 或电流 i 一个周期 T 内的平均值，定义为平均功率，又称为有功功率，记作 P。

根据定义可知，有功功率 P 与瞬时功率 p 的关系为

$$P=\frac{1}{T}\int_0^T p\mathrm{d}t \tag{2.124}$$

将式（2.123）代入式（2.124）计算可得

$$P=\frac{1}{T}\int_0^T p\mathrm{d}t=UI\cos\varphi \tag{2.125}$$

这即是电路有功功率的计算公式。

特殊地，如果无源二端网络为单一参数电路，那么可以通过式（2.125）计算对应的有功功率 P：

- 电阻电路，$\varphi=0$，有功功率 $P=UI$；
- 电感电路，$\varphi=90°$，有功功率 $P=0$；
- 电容电路，$\varphi=-90°$，有功功率 $P=0$。

这表明，电阻消耗能量，而电感和电容不消耗能量。

有功功率 P 的国际单位是瓦（W）。

除了采用等效阻抗的方法计算电路的有功功率，见式（2.125），还有其他的计算方法：在正弦交流电路中，电路总的有功功率等于各个负载有功功率之和，也等于各条支路上有功功率之和。

2.6.3 无功功率

由瞬时功率的表达式 $p=UI\cos\varphi(1-\cos2\omega t)+UI\sin\varphi\sin2\omega t$ 可知：式中一部分 $UI\cos\varphi(1-\cos2\omega t)$ 总是大于或等于 0，是消耗的功率；另一部分 $UI\sin\varphi\sin2\omega t$ 是周期性奇函数，有时大于 0，有时小于 0，而且在一个周期内，正负部分的和相等，正好可以相互抵消，这表明它是电路与电源相互交换的能量。为了衡量电路与电源能量交换的规模，定义电路与电源所交换的能量的幅值为无功功率，记作 Q，即

$$Q=UI\sin\varphi \tag{2.126}$$

这即是电路无功功率的计算公式。

特殊地，如果无源二端网络为单一参数电路，那么可以通过式（2.126）计算对应的无功功率 Q：

- 电阻电路，$\varphi=0$，无功功率 $Q=0$；
- 电感电路，$\varphi=90°$，无功功率 $Q=UI$；

• 电容电路，$\varphi=-90°$，无功功率 $Q=-UI$。

可见，电阻不与电源交换能量，电感和电容与电源交换能量，而且两者在同一时间与电源能量交换的性质相反，即电感释放能量时，电容吸收能量，电感吸收能量时，电容释放能量。

无功功率 Q 的国际单位是乏（var）。

除了采用等效阻抗的方法计算电路的有功功率，见式（2.126），还有其他的计算方法：在正弦交流电路中，电路总的无功功率等于各个负载无功功率之和，也等于各条支路上无功功率之和。

2.6.4 视在功率

将正弦电压 u 的有效值 U 与正弦电流 i 的有效值 I 的乘积定义为无源二端网络的视在功率，记作 S，即有

$$S=UI \tag{2.127}$$

这即是电路视在功率的计算公式。视在功率的国际单位为伏·安（V·A）。

显然，视在功率 S 与有功功率 P 和无功功率 Q 的关系为

$$S=\sqrt{P^2+Q^2} \tag{2.128}$$

而且，根据视在功率 S、有功功率 P 和无功功率 Q 的计算公式可知

$$\begin{cases}P=S\cos\varphi\\Q=S\sin\varphi\end{cases} \tag{2.129}$$

这即表明视在功率 S、有功功率 P 和无功功率 Q（取绝对值）的量值构成一个直角三角形，如图 2.23 所示，该三角形被称为功率三角形。

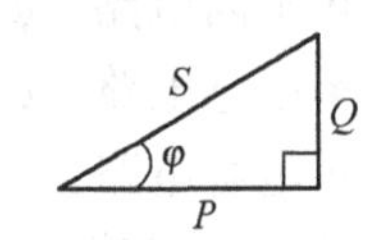

图 2.23 功率三角形

对于视在功率，电路总的视在功率一般不等于各个负载或各条支路上视在功率之和。除了采用式（2.127）来计算视在功率，还可以先计算出有功功率 P 和无功功率 Q，然后用功率三角形来求视在功率。

2.6.5 功率因数

定义 $\cos\varphi$ 为该无源二端网络的功率因数。

这里，角度 φ 为该无源二端网络等效阻抗 Z 的阻抗角。根据欧姆定律 $\dot{U}=\dot{I}Z$，可知角度 φ 也是电压 $\dot{U}$ 超前电流 $\dot{I}$ 的角度。电压相量 $\dot{U}$ 超前电流相量 $\dot{I}$ 的角度可为正，也可为负，为正表示电压 $\dot{U}$ 确实是超前电流 $\dot{I}$ 的，为负则表示电压相量 $\dot{U}$ 实际上是滞后电流相量 $\dot{I}$ 的。

由于等效阻抗 $Z=R+jX=|Z|\angle\varphi$，其中电阻 $R\geqslant0$，所以阻抗角 $\varphi\in[-90°,90°]$。这表明功率因数 $\cos\varphi\in[0,1]$，即功率因数总是大于或等于 0 且小于或等于 1。

2.7 简单正弦交流电路——RLC 串联电路

有一类常见的正弦交流电路，就是电阻、电感和电容的串联电路，简称 RLC 串联电路，如图 2.24a 所示。根据一般正弦交流电路的分析步骤，将其转化为用对应电压相量、对应电流相量和对应阻抗表达的电路，如图 2.24b 所示。

2.7.1 串联电路中电压和电流的关系

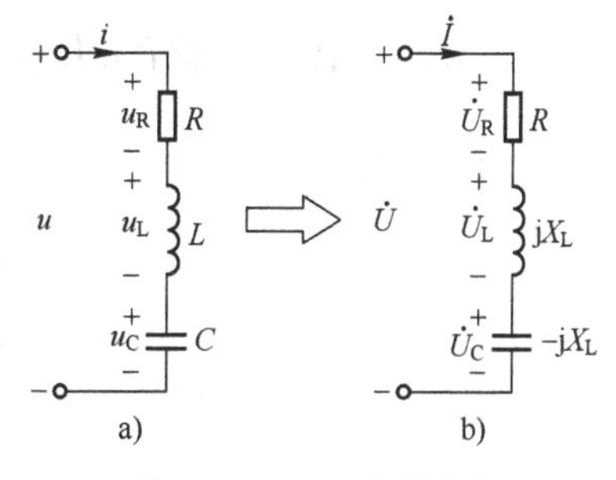

图 2.24 RLC 串联电路

对如图 2.24 所示的 RLC 串联正弦交流电路，该无源二端网络的等效阻抗 Z 为

$$Z=R+\mathrm{j}X_L+(-\mathrm{j}X_C)=R+\mathrm{j}(X_L-X_C)=|Z|\angle\varphi \tag{2.130}$$

式中，$|Z|$为阻抗 Z 的阻抗模；φ 为阻抗 Z 的阻抗角。可见，等效阻抗 Z 的电阻为 R，电抗 $X=X_L-X_C$。

根据相量形式的欧姆定律，可得电压$\dot{U}$和电流$\dot{I}$的关系为

$$\dot{U}=\dot{I}Z=\dot{I}[R+\mathrm{j}(X_L-X_C)] \tag{2.131}$$

对电阻 R、电感 L 和电容 C，其电压和电流的关系为

$$\begin{cases}\dot{U}_R=\dot{I}R\\ \dot{U}_L=\dot{I}(\mathrm{j}X_L)\\ \dot{U}_C=\dot{I}(-\mathrm{j}X_C)\end{cases} \tag{2.132}$$

由式（2.131）可得

$$\dot{U}=\dot{I}R+\dot{I}\cdot\mathrm{j}(X_L-X_C) \tag{2.133}$$

令电抗 X 两端的电压为$\dot{U}_X$，即

$$\dot{U}_X=\dot{I}\cdot\mathrm{j}(X_L-X_C) \tag{2.134}$$

进一步运算可知

$$\dot{U}_X=\dot{I}(\mathrm{j}X_L)+\dot{I}(-\mathrm{j}X_C)=\dot{U}_L+\dot{U}_C \tag{2.135}$$

可见，电抗 X 两端的电压$\dot{U}_X$ 就是电感和电容串联等效阻抗两端的电压。

根据式（2.132）、式（2.133）和式（2.135）可得

$$\dot{U}=\dot{U}_R+\dot{U}_X=\dot{U}_R+\dot{U}_L+\dot{U}_C \tag{2.136}$$

下面推导各电压有效值的关系。

根据式（2.132）可得

$$\begin{cases}U_R=IR\\ U_L=IX_L\\ U_C=IX_C\end{cases} \tag{2.137}$$

根据式（2.134）和式（2.137）可得

$$U_X=|I(X_L-X_C)|=|U_L-U_C| \tag{2.138}$$

根据式（2.131）、式（2.137）和式（2.138）可得

$$\begin{aligned}U&=I|Z|=I\sqrt{R^2+(X_L-X_C)^2}\\&=\sqrt{U_R^2+(U_L-U_C)^2}\\&=\sqrt{U_R^2+U_X^2}\end{aligned} \tag{2.139}$$

2.7.2 RLC 串联电路的功率

对 RLC 串联电路，有

$$\begin{cases}\dot{U}=\dot{I}Z\\ Z=R+\mathrm{j}(X_L-X_C)=|Z|\angle\varphi\end{cases}\tag{2.140}$$

于是，根据 2.6 节各功率的公式，可以得到 RLC 串联电路的有功功率 P、无功功率 Q 和视在功率 S 分别为

$$\begin{cases}P=UI\cos\varphi\\ Q=UI\sin\varphi\\ S=UI\end{cases}\tag{2.141}$$

式中，φ 为阻抗 Z 的阻抗角，根据欧姆定律的含义，φ 也为电压$\dot{U}$和电流$\dot{I}$的夹角。需要注意的是，有功功率 P 的国际单位是 W，无功功率 Q 的国际单位是 var，视在功率 S 的国际单位是 V · A。

2.7.3 RLC 串联电路的相量图分析法

根据式（2.130），阻抗模$|Z|$、电阻 R 和电抗 X（取绝对值）构成一个直角三角形，即阻抗三角形，如图 2.25 所示。

根据式（2.139），电压 U、U_R 和 U_X 构成一个直角三角形，即电压三角形，如图 2.26 所示。

根据式（2.141），视在功率 S、有功功率 P 和无功功率 Q 构成一个直角三角形，即功率三角形，如图 2.27 所示。

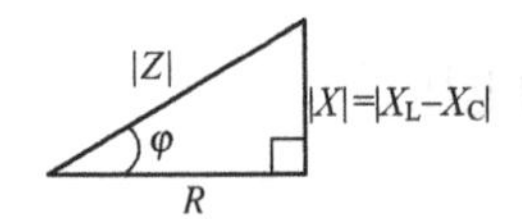

图 2.25 RLC 串联电路的阻抗三角形

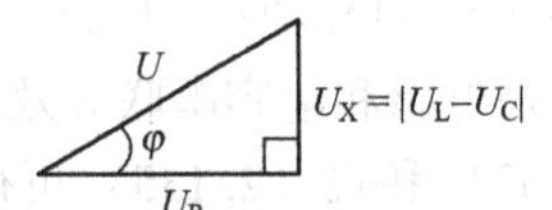

图 2.26 RLC 串联电路的电压三角形

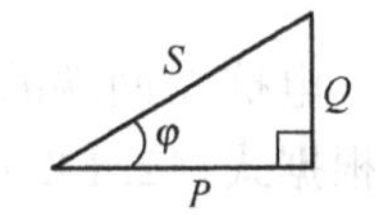

图 2.27 RLC 串联电路的功率三角形

这三个三角形是相似形。对阻抗三角形的三条边，分别乘以电流有效值 I，就可以得到电压三角形；对电压三角形的三条边，分别乘以电流有效值 I，就可以得到功率三角形。

这三个三角形表明了阻抗、电压和功率的有效值的关系，以及各个量相对的角度关系。

由于这是 RLC 的串联电路，各个电路元件流过的电流是相等的，所以电流没有以相量或有效值的形式出现在这些三角形关系中。

对一些简单的正弦交流电路，直接运用这三个三角形的关系来画图求解，将变得非常直观而简洁。称基于这三个三角形的 RLC 串联电路分析法为相量图分析法。

【例题 2.7】将一个电感线圈接到 20 V 直流电源时，通过的电流为 1 A；将此线圈改接在 2000 Hz、20 V 的正弦交流电源时，电流为 0.8 A。求该线圈的电阻 R 和电感 L。

解答：

1）电感线圈可以看作是一个电阻和一个理想电感的串联，如图2.28所示。

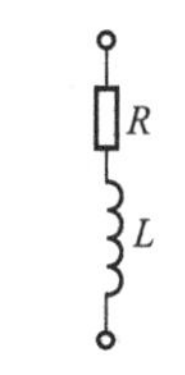

图2.28　RLC串联电路例题1

2）当20 V直流电源作用时，直流电源相当于频率$f=0$的特殊正弦交流电，所以此时电感的感抗$X_L=0$，电感线圈两端电压为0，相当于短路，所以电阻$R=\dfrac{20}{1}=20\,\Omega$。

3）当2000 Hz、20 V正弦交流电作用时，根据公式$\dfrac{U}{I}=|Z|$得

$$\frac{20}{0.8}=\sqrt{X_L^2+R^2} \tag{2.142}$$

求得电感的感抗$X_L=15\,\Omega$。

又因为$X_L=\omega L=2\pi fL$，所以

$$L=\frac{X_L}{2\pi f}=\frac{15}{2\pi\cdot 1000}\text{H}=1.19\,\text{mH} \tag{2.143}$$

即该线圈的电阻$R=20\,\Omega$，电感系数$L=1.19\,\text{mH}$。

【例题2.8】在如图2.29所示阻抗Z_1和电容$-jX_C$的串联正弦交流电路中，各电压和电流及其参考方向如图所示。已知$U=220\,\text{V}$，$\dot{U}_1$超前于$\dot{U}$90°，超前于$\dot{I}$30°。求U_1和U_2。

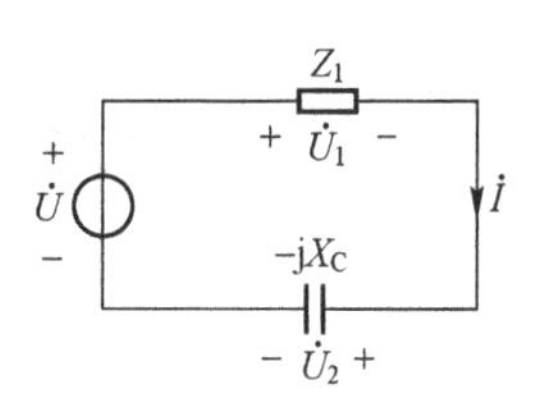

图2.29　RLC串联电路例题2

解答：令电压$\dot{U}=220\angle 0°\text{V}$，则根据题意有

$$\begin{cases}\dot{U}_1=U_1\angle 90°\text{V}\\ \dot{I}_1=I_1\angle 60°\text{V}\end{cases} \tag{2.144}$$

根据电容上电压滞后于电流90°的关系可知

$$\dot{U}_2=U_2\angle -30°\text{V} \tag{2.145}$$

对电路的回路运用相量形式的基尔霍夫电压定律得

$$\dot{U}=\dot{U}_1+\dot{U}_2 \tag{2.146}$$

即有

$$220\angle 0°=U_1\angle 90°+U_2\angle -30°=U_1\text{j}+U_2\left(\frac{\sqrt{3}}{2}-\frac{1}{2}\text{j}\right) \tag{2.147}$$

解得

$$\begin{cases}U_1=\dfrac{220}{\sqrt{3}}\text{V}\\ U_2=\dfrac{440}{\sqrt{3}}\text{V}\end{cases} \tag{2.148}$$

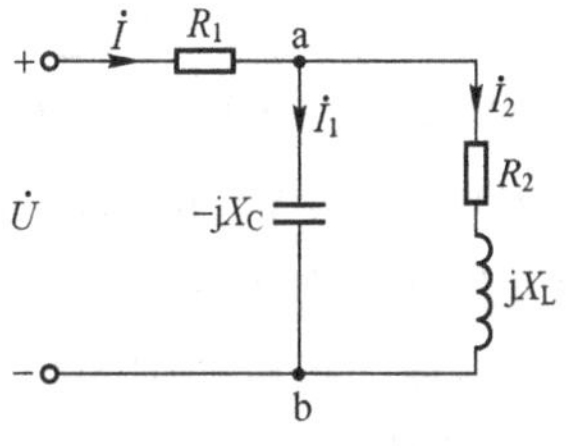

图2.30　RLC串联电路例题3

【例题2.9】在如图2.30所示正弦交流电路中，已知$R_1=10\,\Omega$，$R_2=X_L$，$I_1=5\text{ A}$，$I_2=5\sqrt{2}\text{A}$，$\dot{U}_{ab}=100\angle -45°\text{V}$。求：

1）电路参数 R_2、X_L 和 X_C；2）相量$\dot{I}$、$\dot{I}_1$、$\dot{I}_2$ 和$\dot{U}$；3）该电路的有功功率 P、无功功率 Q 和视在功率 S；4）该电路的电路性质是什么？

解答：

1）根据欧姆定律有

$$\begin{cases}\dot{I}_1=\dfrac{\dot{U}_{ab}}{-jX_C}=\dfrac{100\angle-45°}{X_C\angle-90°}=\dfrac{100}{X_C}\angle45° \\ \dot{I}_2=\dfrac{\dot{U}_{ab}}{R_2+jX_L}=\dfrac{100\angle-45°}{\sqrt{2}X_L\angle45°}=\dfrac{50\sqrt{2}}{X_L}\angle-90°\end{cases} \tag{2.149}$$

因为 $I_1=5\,A$，$I_2=5\sqrt{2}\,A$，所以

$$\begin{cases}\dfrac{100}{X_C}=5 \\ \dfrac{50\sqrt{2}}{X_L}=5\sqrt{2}\end{cases} \tag{2.150}$$

求解得

$$\begin{cases}R_2=X_L=10\,\Omega \\ X_C=20\,\Omega\end{cases} \tag{2.151}$$

2）根据式（2.149）和题意可得

$$\begin{cases}\dot{I}_1=5\angle45°\text{A} \\ \dot{I}_2=5\sqrt{2}\angle-90°\text{A}\end{cases} \tag{2.152}$$

对节点 a，运用基尔霍夫电流定律可得

$$\dot{I}=\dot{I}_1+\dot{I}_2=(5\angle45°+5\sqrt{2}\angle-90°)\ \text{A}=5\angle-45°\text{A} \tag{2.153}$$

对左边的开口网孔运用基尔霍夫电压定律可得

$$\dot{U}=\dot{I}R_1+\dot{U}_{ab}=(50\angle-45°+100\angle-45°)\ \text{V}=150\angle-45°\text{V} \tag{2.154}$$

3）根据式（2.153）和式（2.154）可知，电压$\dot{U}$超前电流$\dot{I}$的角度为 0°，也即该电路等效阻抗的阻抗角 $\varphi=0°$，所以

$$\begin{cases}P=UI\cos\varphi=750\cos0°\text{W}=750\ \text{W} \\ Q=UI\sin\varphi=750\sin0°\text{var}=0\ \text{var} \\ S=UI=750\ \text{V}\cdot\text{A}\end{cases} \tag{2.155}$$

4）因为电压$\dot{U}$与电流$\dot{I}$同向，或同相，所以该电路呈阻性。

【例题 2.10】 在如图 2.31 所示正弦交流电路中，已知电压 $u=100\sin314t\ \text{V}$，$R=X_L=X_C=10\,\Omega$。请问图中电流表 A_1、A_2和 A_3 的读数分别为多少。

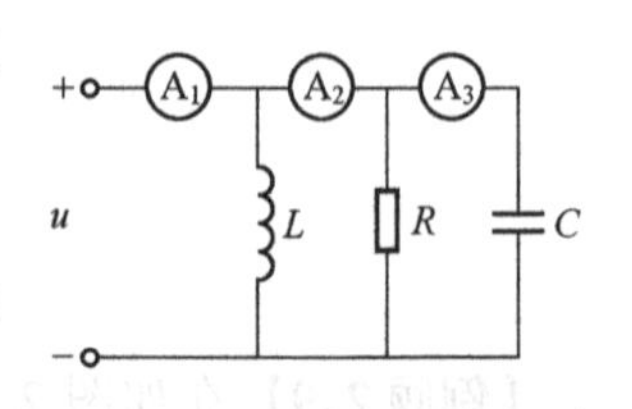

图 2.31 RLC 串联电路例题 4

解答： 将电路画为相量形式，并标上各支路的电流相量，如图 2.32 所示。

采用相量图解法，如图 2.33 所示。

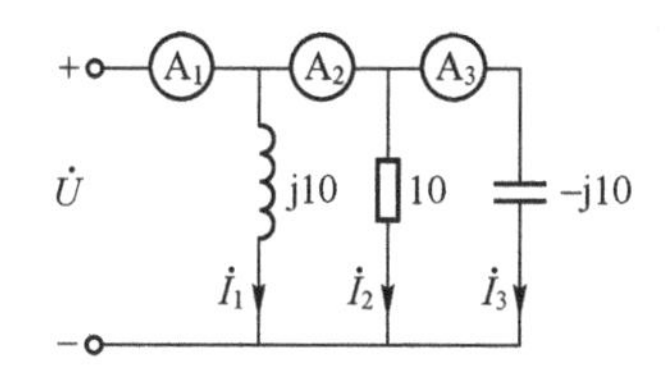

图 2.32　RLC 串联电路例题 4 之相量图

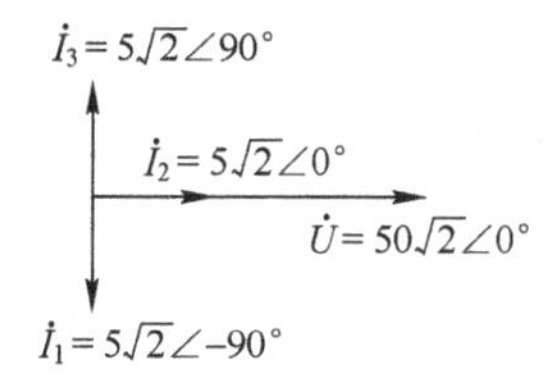

图 2.33　RLC 串联电路例题 4 之相量图解法

由于电流表测量值都是有效值，所以：

- 电流表 A_3的读数为电流$\dot{I}_3$ 的有效值 $I_3=5\sqrt{2}$A；
- 电流表 A_2的读数为$\dot{I}_2+\dot{I}_3$ 的有效值，即 $5\sqrt{2}\cdot\sqrt{2}$A=10 A；
- 电流表 A_1的读数为$\dot{I}_1+\dot{I}_2+\dot{I}_3$ 的有效值，即 $5\sqrt{2}$A。

2.8　正弦交流电路的谐振

在交流电路中，对一个无源二端网络，如果该网络两端的总电压$\dot{U}$和总电流$\dot{I}$同相，或夹角为零，就称该无源二端网络处于谐振状态，该电路称为谐振电路。

在正弦交流电路中，对一个无源二端网络，可以将其等效为一个阻抗 Z，根据相量形式的欧姆定律$\dot{U}=\dot{I}Z$ 可知，阻抗 Z 的电抗 X 不等于 0 时，电压$\dot{U}$与电流$\dot{I}$之间就会有一个夹角，即阻抗 Z 的阻抗角 φ。那么，正弦交流电路谐振的条件是，电压$\dot{U}$与电流$\dot{I}$同相，或等效阻抗 Z 的阻抗角 $\varphi=0$，或等效阻抗 Z 的电抗 $X=0$。

电压$\dot{U}$与电流$\dot{I}$不同相的原因是，负载电路中存在电感或电容，使得电抗 X 不为零。电感的阻抗是 $\mathrm{j}X_L$，电容的阻抗是$-\mathrm{j}X_C$，它们都为纯虚数，且虚部一个为正数，一个为负数。如果一个负载电路中，既有电感，又有电容，那么适当地调整电路参数，如 L 或 C，或调整正弦交流电频率 f，理论上，总可以使得负载电路中电感和电容的阻抗相互抵消，使得等效阻抗 Z 的电抗 $X=0$。此时，负载电路的电路性质为阻性。

对一个正弦交流电路中的无源二端网络，如果网络中只有电阻或电感，或只有电阻或电容，则在理论上是无法使该电路达到谐振状态的，只有电感和电容同时存在时，才有可能通过调节电路参数或调节正弦电源频率，使该电路谐振。

下面讨论两种特殊的谐振电路，即串联谐振和并联谐振，讨论其达到谐振的条件。其他的谐振电路，可以根据谐振的定义，自行推导谐振条件。

2.8.1　串联谐振

对如图 2.34 所示串联正弦交流电路，根据谐振的条件，推导该电路达到谐振的具体要求或途径。

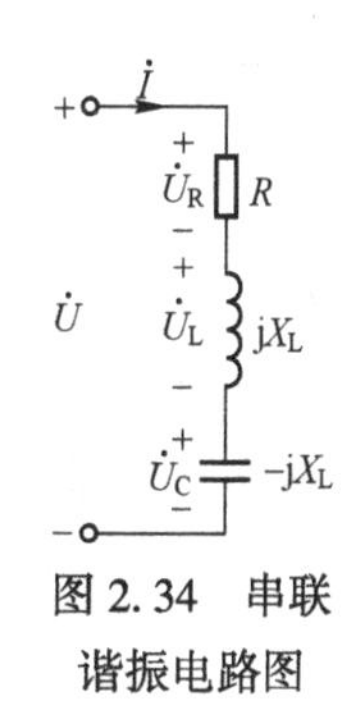

图 2.34　串联谐振电路图

电路要达到谐振，只需满足如下三个条件中的任意一个即可：①总电压和总电流的相位相同；②等效阻抗的阻抗角等于零；③等效阻抗的电抗等于零。这三个条件是等价的。

这里，串联谐振的推导采用条件③。

对图 2.34 所示，同时包含电感和电容的正弦交流电路，理论上具备了谐振的可能，其总的等效阻抗 Z 为

$$Z=R+\mathrm{j}(X_L-X_C) \tag{2.156}$$

电路谐振要求电抗 $X=0$，所以串联谐振要求是

$$X_L=X_C \tag{2.157}$$

或将串联谐振要求写成如下形式：

$$\omega=\frac{1}{\sqrt{LC}} \tag{2.158}$$

由此可见，要使如图 2.34 所示串联电路谐振，在正弦电源角频率 ω 不变的情况下，可以调节电路参数 L 和 C，使其满足式（2.158），或者在电路参数不变的情况下，调节正弦电源的角频率 ω，使其满足式（2.158）。

串联电路处于谐振状态时的性质如下：

1）电路呈阻性。

谐振时，$Z=R$，所以电路呈阻性。

2）总电压等于电阻两端的电压，电感两端的电压等于电容两端的电压，即

$$\begin{cases} U=I|Z|=IR \\ U_R=IR \\ U_L=IX_L \\ U_C=IX_C \end{cases} \tag{2.159}$$

由此可见，串联谐振时，$U=U_R$，$U_L=U_C$。

为了方便描述电感或者电容两端电压有效值，定义串联电路品质因数 Q：

$$Q=\frac{U_L}{U}=\frac{U_C}{U}=\frac{X_L}{R}=\frac{X_C}{R} \tag{2.160}$$

3）电路的等效阻抗模最小。

$$|Z|=\sqrt{R^2+(X_L-X_C)^2} \tag{2.161}$$

显然，谐振时 $X_L=X_C$，此时 $|Z|$ 有最小值，且其最小值为电阻 R。

2.8.2 并联谐振

对如图 2.35 所示并联正弦交流电路，根据谐振的定义，推导该电路达到谐振的具体条件。

该电路的等效阻抗 Z 为

$$Z=\frac{-\mathrm{j}X_C(R+\mathrm{j}X_L)}{R+\mathrm{j}(X_L-X_C)} \tag{2.162}$$

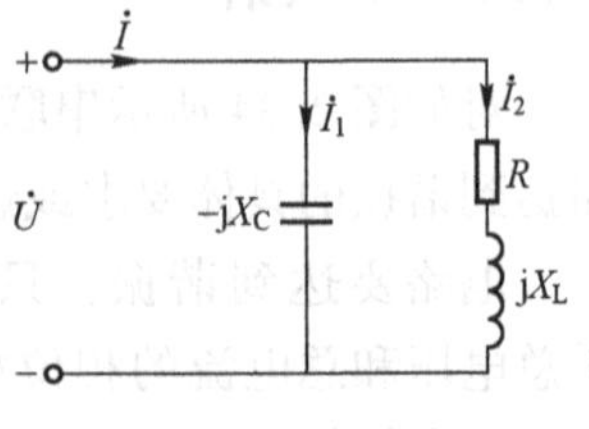

图 2.35　并联谐振电路图

在这个并联电路中，假设电阻 R 远远小于感抗 X_L，因为电阻和电感的串联一般用来模拟一个实际的线圈，而线圈的电阻相对感抗一般都很小。此时，可以将 $R+\mathrm{j}X_L$ 近似为 $\mathrm{j}X_L$。

于是式（2.162）可以近似地表达为

$$Z \approx \frac{X_C X_L}{R+j(X_L-X_C)} \tag{2.163}$$

该并联电路谐振的条件是阻抗 Z 的电抗为零。阻抗 Z 的分子是实数，要使电抗为零，必须使分母的虚部为 0，所以该并联电路的谐振条件是

$$X_L = X_C \tag{2.164}$$

或进一步可以将并联谐振的条件表达为

$$\omega = \frac{1}{\sqrt{LC}} \tag{2.165}$$

同样地，要使该并联电路达到谐振，也有两种基本的方法：一是在正弦电源角频率不变的情况下，改变电路参数；二是在电路参数不变的情况下，可以改变正弦电源的角频率。

并联电路处于谐振状态时的性质如下：

1）电路呈阻性。

谐振时，等效阻抗 $Z=\frac{X_L X_C}{R}$，所以电路呈阻性。

2）两条支路上的电流大致相等。

根据有效值的关系，可得

$$\begin{cases} I=\frac{U}{|Z|}=\frac{U}{X_L X_C/R} \\ I_1=\frac{U}{X_C} \\ I_2 \approx \frac{U}{X_L} \end{cases} \tag{2.166}$$

所以 $I_1 \approx I_2$。

定义并联电路品质因数 Q：

$$Q=\frac{I_1}{I}=\frac{I_2}{I}=\frac{X_L}{R}=\frac{X_C}{R} \tag{2.167}$$

3）电路等效阻抗的阻抗模最大。

根据式（2.163）可得

$$|Z| \approx \frac{X_C X_L}{\sqrt{R^2+(X_L-X_C)^2}} \tag{2.168}$$

谐振时 $X_L=X_C$，此时分母有最小值，所以阻抗模 $|Z|$ 有最大值。

2.9 正弦交流电路功率因数的提高

2.9.1 提高功率因数的意义

对于正弦交流电路选定的无源二端网络，比如一个元件、一条支路或一部分电路，根据功率因素的定义可知，功率因数为 $\cos\varphi$，角度 φ 为该支路或部分电路等效阻抗 Z 的阻抗角，

也为该支路或部分电路总电压相量和总电流相量之间的夹角。考虑到一般正弦交流电路中等效阻抗 $Z=R+jX_L$，其实部为电阻 R，并且总是有 $R>0$，所以角度 $\varphi\in[-90°,-90°]$，这即表明功率因数 $\cos\varphi$ 的取值范围为[0,1]。

对该无源二端网络，其有功功率 $P=UI\cos\varphi$，无功功率 $Q=UI\sin\varphi$。有功功率表示的是该电路网络单位时间内消耗的能量，而无功功率表示该电路在单位时间内与电源进行能量交换的幅度。

电路网络中，无功功率 Q 越大，表明该电路单位时间内波动的电能越大，该部分能量只是周期性地振荡，并不被消耗。当角度 $\varphi=\pm\dfrac{\pi}{2}$时，无功功率具有极值；当角度 $\varphi=0$ 时，无功功率 Q 为 0。从函数关系来看，当$|\varphi|$越大，有功功率 P 会越小，无功功率的绝对值$|Q|$会越大。

为了提高电源的能量使用效率，并减小线路中的电能损失，就需要减小电路网络中的能量波动，也即要减小无功功率 Q，提高电路网络的功率因数 $\cos\varphi$。

所以，对于功率因数比较低的电路，需要想办法提高其功率因数。

2.9.2 提高功率因数的方法

在提高电路网络的功率因数时，有两个基本的原则需要遵循：

1）不改变原电路网络两端的总电压，或不改变流过该网络的总电流。

2）不改变原电路网络总的有功功率。

日常生活中，大量的电路网络或者负载都是呈感性的，比如荧光灯电路、变压器、电动机等。对感性电路网络或者负载，提高功率因数的一般方法是，在原电路两端并联电容。因为理想电容不消耗电能，只与电源进行能量交换，所以感性负载并联电容后，其有功功率不会变化，只有无功功率会变化，从而改变功率因数。

下面以感性电路为例，定量地说明并联电容是如何提高整个电路的功率因数。不失一般性，可以将感性电路等价为一个电阻和一个电感的串联电路，如图 2.36a 所示；并联电容后的电路如图 2.36b 所示。显然，并联电容前后，感性支路两端的电压不变，依旧为$\dot{U}$，感性支路上电流也不变，依旧为$\dot{I}_L$，但是，电路上的总电流$\dot{I}$在并联电容后却发生了改变。这说明，采用并联电容提高电路整体功率因数的方法，不违背提高电路功率因数时应遵循的两个基本原则。

对图 2.36a 所示电路，设电路总的阻抗为

$$Z_L=R+jX_L=|Z_L|\angle\varphi_L \tag{2.169}$$

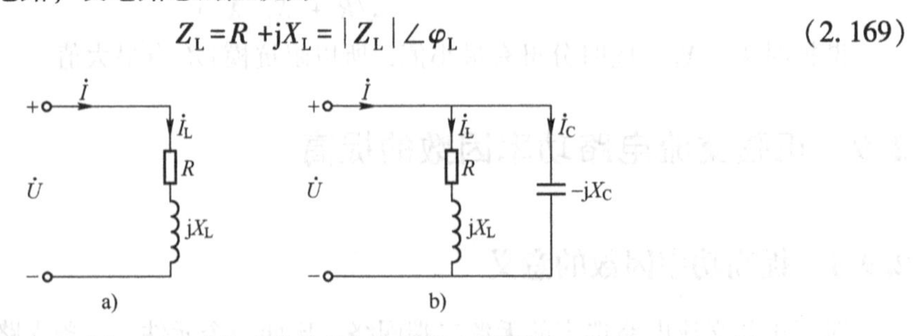

图 2.36 感性电路并联电容提高功率因数

也即总电压$\dot{U}$超前电流$\dot{I}$或$\dot{I}_L$的角度为φ_L，如图 2.37 所示。

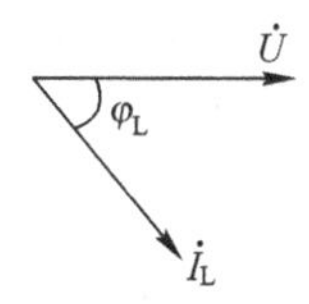

图 2.37　感性电路并联电容前电压相量和电流相量的关系

对并联电容后的电路，如图 2.36b 所示，设电路总的阻抗为

$$Z=R+jX=|Z|\angle\varphi \tag{2.170}$$

也即并联电容后，总电压$\dot{U}$超前电流$\dot{I}$的角度变为φ，如图 2.38 所示。这里，总电流$\dot{I}$根据基尔霍夫电流定律确定，即$\dot{I}=\dot{I}_C+\dot{I}_L$，流过电感的电流$\dot{I}_L$不变，而流过电容的电流$\dot{I}_C$超前于总电压$\dot{U}$90°。

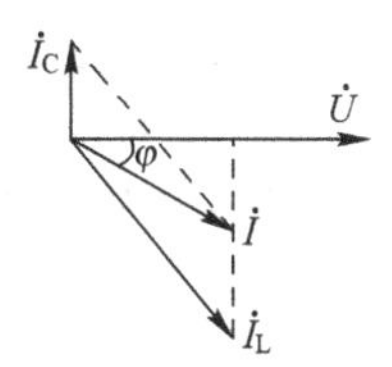

图 2.38　感性电路并联电容后电压相量和电流相量的关系

在图 2.38 中，电压$\dot{U}$和电流$\dot{I}_L$的夹角为φ_L，因为在并联电容后，电压$\dot{U}$和电流$\dot{I}_L$没有发生任何变化，其关系与图 2.37 中电压$\dot{U}$和电流$\dot{I}_L$的关系是一样的。

由图 2.38 可见，根据电流相量合成的平行四边形法则可知，随着$\dot{I}_C$从 0 开始不断增大，总电流$\dot{I}$将从$\dot{I}_L$处开始，沿逆时针方向向$\dot{I}_C$处转动，使总电流$\dot{I}$与总电压$\dot{U}$的夹角不停较小，直至重合，然后两者之间的夹角又不停增大。可见，并联电容确实会使总电压$\dot{U}$和总电流$\dot{I}$的夹角减小，即能提高整个电路的功率因数。

下面具体推导将感性电路的功率因数由$\cos\varphi_L$提高到$\cos\varphi$，需要并联多大的电容。

由图 2.38 和图 2.36b 可见，电容上电流的有效值I_C为

$$\begin{cases} I_C=I_L\sin\varphi_L-I\sin\varphi \\ I_C=\dfrac{U}{X_C}=\dfrac{U}{\dfrac{1}{\omega C}}=U\omega C \end{cases} \tag{2.171}$$

又因为并联电容并不改变电路的有功功率，设有功功率为P，则有

$$P=UI_L\cos\varphi_L=UI\cos\varphi \tag{2.172}$$

于是有

$$\begin{cases} I_L=\dfrac{P}{U\cos\varphi_L} \\ I=\dfrac{P}{U\cos\varphi} \end{cases} \tag{2.173}$$

将式（2.173）代入式（2.171）可得

$$U\omega C=\frac{P}{U\cos\varphi_{\mathrm{L}}}\sin\varphi_{\mathrm{L}}-\frac{P}{U\cos\varphi}\sin\varphi \tag{2.174}$$

整理得

$$C=\frac{P}{\omega U^{2}}(\tan\varphi_{\mathrm{L}}-\tan\varphi) \tag{2.175}$$

这即表明，要将有功功率为 P 的感性电路的功率因数从 $\cos\varphi_{\mathrm{L}}$ 提高到 $\cos\varphi$，需要在原感性电路上并联电容，所并联的电容只需满足式（2.175）。

需要说明的是，图 2.38 表示的是并联电容后整个电路还是呈感性的一种特殊情况，因为此时总电压$\dot{U}$依然超前总电流$\dot{I}$。如果进一步增加电容 C，就可以进一步增大电流 I_{C}［见式（2.171）］，就可以使总电流$\dot{I}$不断逆时针转动，直至与总电压$\dot{U}$重合，此时电路具有最大的功率因数 $\cos0°=1$；如果再继续增大电容 C，此时总电流$\dot{I}$将超前总电压$\dot{U}$，整个电路将呈容性，整个电路的功率因数将从 1 开始减小，甚至可以比原感性电路的功率因数 $\cos\varphi_{\mathrm{L}}$ 还小，极限情况是功率因数减小到 0。这表明，要提高感性电路的功率因数，并不是并联的电容越大越好，并联电容过大，甚至会适得其反，使整个电路的功率因数更低。

习题 2

第 2 章习题

第 2 章习题参考答案

第 3 章　三相正弦交流电路

本章知识点

1. 三相正弦交流电源的产生和连接方式；
2. 三相正弦交流电路中负载的连接方式；
3. 三相正弦交流电路中相电压、线电压、相电流和线电流的概念；
4. 三相交流电路的分析：计算电压、电流和各类功率；

学习经验

1. 熟练掌握一般正弦交流电路的分析方法是学好三相交流电的关键；
2. 要准确理解相电压、线电压、相电流和线电流的概念；
3. 理解三相电源的连接方式和三相负载的连接方式。

3.1　三相正弦交流电源

3.1.1　三相电源的产生

现实中，不同国家都采用正弦交流电来实现电能的传输和使用，而且电源采用一种特别的连接方式：三相对称正弦交流电源，简称三相电源，电路则采用三相电路。

所谓三相电源，是指频率相同、有效值相等、相位依次相差 120°的三个正弦交流电压源以特定方式连接组成的电源系统。特定的连接方式是指星形联结，或三角形联结。

三相电源的电动势由三相交流发电机产生。依据电磁感应定律，在发电机内有三个构造完全相同的三个线圈，在这三个线圈上会感应出频率相同、有效值相等、相位依次滞后 120°的三个感应电动势，分别用 e_1、e_2 和 e_3 表示，这三个线圈分别用 U、V 和 W 来表示，线圈首端分别编号为 U_1、V_1和 W_1，尾端分别编号为 U_2、V_2和 W_2，如图 3.1 所示。有时也称线圈 U 为 U 相，线圈 V 为 V 相，线圈 W 为 W 相。一般地，U 相是任意选定的，取其初相位为 0°，滞后 U 相 120°的为 V 相，滞后 V 相 120°的为 W 相。

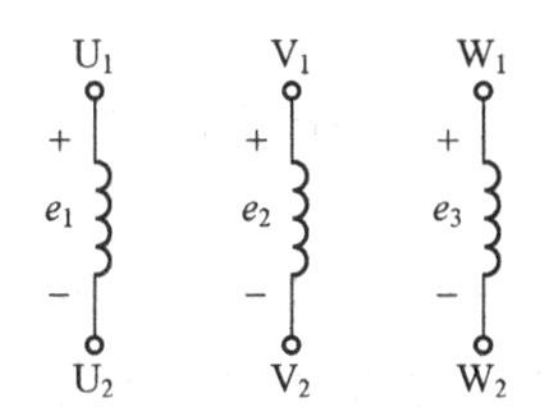

图 3.1　三相交流发电机的三个线圈和三个感应电动势

那么，三个线圈上的感应电动势可以表达为

$$\begin{cases} e_1=\sqrt{2}E\sin(\omega t) \\ e_2=\sqrt{2}E\sin(\omega t-120°) \\ e_3=\sqrt{2}E\sin(\omega t-240°)=\sqrt{2}E\sin(\omega t+120°) \end{cases} \tag{3.1}$$

这里，令电动势 e_1 的初相位为0°；电动势 e_2 滞后 $e_1$120°，所以其初相位为-120°；e_3 滞后 $e_2$120°，其初相位应为-240°，考虑到初相位的取值范围为［-180°，180°)，所以将其初相位等价表达为120°。

三个正弦交流电动势 e_1、e_2 和 e_3 对应的相量表达式为

$$\begin{cases} \dot{E}_1=E\angle 0° \\ \dot{E}_2=E\angle -120° \\ \dot{E}_3=E\angle 120° \end{cases} \tag{3.2}$$

通过式（3.1）和式（3.2）很容易验证得到

$$\begin{cases} e_1+e_2+e_3=0 \\ \dot{E}_1+\dot{E}_2+\dot{E}_3=0 \end{cases} \tag{3.3}$$

相序是三相交流电中一个重要的概念，指的是三个电动势 e_1、e_2 和 e_3 达到最大幅值时，电动势所在线圈出现的时间先后顺序，因为幅值与相位密切相关，所以称为相序。由于时间变化，相位增加，电动势会周期性地变化，所以按照时间顺序，相序是循环的。按照循环的方向分类，相序有正相序（简称正序）和逆相序（简称逆序），比如式（3.1）或式（3.2）所定义的线圈和电动势，U→V→W 就是正序，因为线圈 U 的电动势 e_1 最早到达最大幅值，然后是线圈 V 的电动势 e_2，最后是 W 的电动势 e_3；而 W→V→U 则是逆序，又因为相序是循环的，所以逆序的更常见表达方式是 U→W→V。相序也常用线圈的首端字母来表达，比如正序 U→V→W，可以表达为 U_1→V_1→W_1，逆序 U→W→V，可以表达为 U_1→W_1→V_1。

3.1.2 三相电源的连接

在三相电路系统中，三相电源的线圈 U、V 和 W 以一定的连接方式组合在一起对外供电，而不是单独对外供电。三相电源线圈的常见连接方式有两种，星形联结和三角形联结。星形联结常用符号Y来表示，三角形联结用符号△表示。

1. 三相电源的星形联结

将三个线圈 U、V、W 的尾端连接在一起，然后从各端点引出导线对外供电的连接方式称为星形联结（Y形联结），如图 3.2 所示。

三个线圈尾端连接在一起的点，称为中性点或零点，记为 N。从中性点 N 引出的导线，称为中性线或零线。

从三个线圈首端引出的导线称为相线，这里有三条相线，依次记为 L_1、L_2和 L_3。

这样，从三个线圈的星形联结中，引出了四条导线，称为三相四线制连接。如果仅仅从三个首端引出三条导线，不从中性点引出导线，则称为三相三线制连接。前者常常用于低压供电系统。

在三相四线制连接中，定义相线与中性线之间的电压为相电压，定义相线与相线之间的电压为线电压。显然，这里的相电压有三个：L_1与 N 之间的相电压记为 u_1，L_2与 N 之间的相电压记为 u_2，L_3与 N 之间的相电压记为 u_3。这里的线电压也有三个：L_1与 L_2之间的线电压记为 u_{12}，L_2与 L_3之间的线电压记为 u_{23}，L_3与 L_1之间的线电压记为 u_{31}。

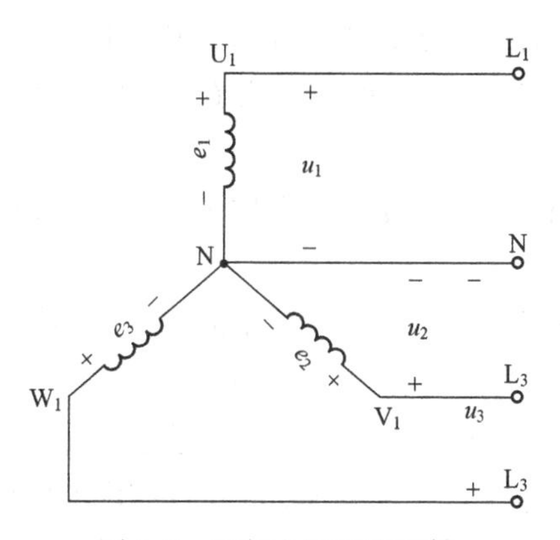

图 3.2　三相电源星形联结

相电压和线电压的内涵不一样，注意不要混淆。在三相电源的连接中，每个线圈称为相，其两端的电压就称为相电压。而线电压是指相线之间的电压，也即线电压的线指的是相线。

根据定义，可知星形联结的三个相电压为

$$\begin{cases} u_1 = e_1 = \sqrt{2}E\sin(\omega t) \\ u_2 = e_2 = \sqrt{2}E\sin(\omega t - 120°) \\ u_3 = e_3 = \sqrt{2}E\sin(\omega t + 120°) \end{cases} \tag{3.4}$$

三个相电压的相量形式为

$$\begin{cases} \dot{U}_1 = E\angle 0° \\ \dot{U}_2 = E\angle -120° \\ \dot{U}_3 = E\angle 120° \end{cases} \tag{3.5}$$

由此可见，三个相电压$\dot{U}_1$、$\dot{U}_2$、$\dot{U}_3$ 大小相等，相位依次滞后 120°。为了书写的简洁，后面将更多地采用相量形式来表达相电压，而不是采用瞬时表达式。

根据定义，可知星形联结的三个线电压为

$$\begin{cases} u_{12} = u_1 - u_2 \\ u_{23} = u_2 - u_3 \\ u_{31} = u_3 - u_1 \end{cases} \tag{3.6}$$

如果将中性点 N 取为接地点，根据电压与电位的关系，很容易得到式（3.6）。三个线电压的相量表达式为

$$
\begin{cases}
\dot{U}_{12}=\dot{U}_1-\dot{U}_2=E\angle 0°-E\angle -120°=\sqrt{3}E\angle 30°=\sqrt{3}\dot{U}_1\angle 30° \\
\dot{U}_{23}=\dot{U}_2-\dot{U}_3=E\angle -120°-E\angle 120°=\sqrt{3}E\angle -90°=\sqrt{3}\dot{U}_2\angle 30° \\
\dot{U}_{31}=\dot{U}_3-\dot{U}_1=E\angle 120°-E\angle 0°=\sqrt{3}E\angle 150°=\sqrt{3}\dot{U}_3\angle 30°
\end{cases} \tag{3.7}
$$

由此可见，三个线电压$\dot{U}_{12}$、$\dot{U}_{23}$、$\dot{U}_{31}$也是大小相等，相位依次滞后 120°。

由于三个相电压的大小相等，一般统一采用 U_p 来表示相电压的有效值，即 $U_p=E$。这里的下标 p 表示相（Phase）。

由于三个线电压的大小相等，一般统一采用 U_l 来表示线电压的有效值，即 $U_l=\sqrt{3}E$。这里的下标 l 表示线（Line）。

根据式（3.5）和式（3.7）可知，星形联结的线电压和相电压的有效值有如下关系：

$$
U_l=\sqrt{3}U_p \tag{3.8}
$$

如果需要建立线电压和相电压有效值的关系，通过式（3.8）计算即可。如果不仅需要知道线电压和相电压有效值的关系，还要知道两者的相位关系，则需要按照式（3.7）来计算。

2. 三相电源的三角形联结

将三个线圈 U、V、W 首尾相连，然后从三个连接点引出导线对外供电的连接方式称为三角形联结（△形联结），如图 3.3 所示。

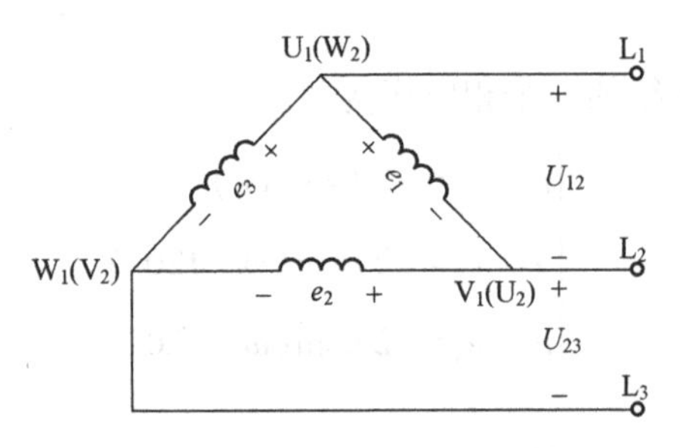

图 3.3　三相电源三角形联结

三个线圈首尾相连，从连接点可以引出导线，该导线称为相线，这里有三条相线，依次记为 L_1、L_2和 L_3。这种供电方式为三角形联结的三相三线制。在电源的三角形联结中，没有中线点和中性线，只有相线。

在三角形联结中，同样地，定义相线与相线之间的电压为线电压。这里的线电压有三个：L_1与 L_2之间的线电压记为 u_{12}，L_2与 L_3之间的线电压记为 u_{23}，L_3与 L_1之间的线电压记为 u_{31}。

在电源的三角形联结中，相电压指的每个线圈两端的电压。显然，在三角形联结中，电源的线电压与对应的相电压相等，即有

$$
\begin{cases}
u_{12}=e_1=\sqrt{2}E\sin\omega t \\
u_{23}=e_2=\sqrt{2}E\sin(\omega t-120°) \\
u_{31}=e_3=\sqrt{2}E\sin(\omega t+120°)
\end{cases} \tag{3.9}
$$

其相量形式为

$$\begin{cases}\dot{U}_{12}=\dot{E}_1=E\angle 0^\circ \\ \dot{U}_{23}=\dot{E}_2=E\angle -120^\circ \\ \dot{U}_{31}=\dot{E}_3=E\angle 120^\circ\end{cases} \tag{3.10}$$

显然，电源三角形联结的线电压也是大小相等，相位依次滞后 120°。

同样地，用 U_p 来表示相电压的有效值，用 U_l 来表示线电压的有效值。那么，在电源的三角形联结中，有

$$U_l=U_p \tag{3.11}$$

在电源的三角形联结中，电源的线电压与对应的相电压相等，不仅是有效值相等，相位也相同。

需要注意的是，在图 3.3 所示电源的三角形联结中，三相电源构成的回路，回路电压的代数和为 0，即$\dot{E}_1+\dot{E}_2+\dot{E}_3=0$，或$\dot{U}_{12}+\dot{U}_{23}+\dot{U}_{31}=0$。如果三相电源中有一个线圈接反了，回路电压代数和将不为 0，由于线圈电阻很小，将会在回路中产生很大电流，导致线圈烧毁。

3.2 三相负载电路

在三相电源采用星形联结或三角形联结对外供电时，负载电路也需要采用对应的方式与电源连接。负载可以接在相线之间，也可接在相线和中性线之间，还可以接在不同的相线上。有些负载只有两个端口，接在相线和中性线或相线上就可以正常工作，如白炽灯，有些负载则有三个端口，需要接三条相线才能正常工作，比如电动机。这些不同的负载以及不同的连接方式，统称为三相负载电路，简称为三相负载。

由三相电源和三相负载构成的电路，称为三相电路。

三相负载有两种连接方法：负载星形联结和负载三角形联结。下面分别予以介绍。

3.2.1 三相负载星形联结

用 Z_1、Z_2、Z_3 表示三个复阻抗，将它们的末端连在一起，记为 N′点，然后将三个阻抗的首端分别连接到三相电源的相线上，就称为三相负载的星形联结。如果将 N′点连接到三相电源的中性线上，就称为有中性线的三相负载星形联结，如图 3.4a 所示；如果 N′点不接三相电源中性线，则称为无中性线的星形联结，如图 3.4b 所示。

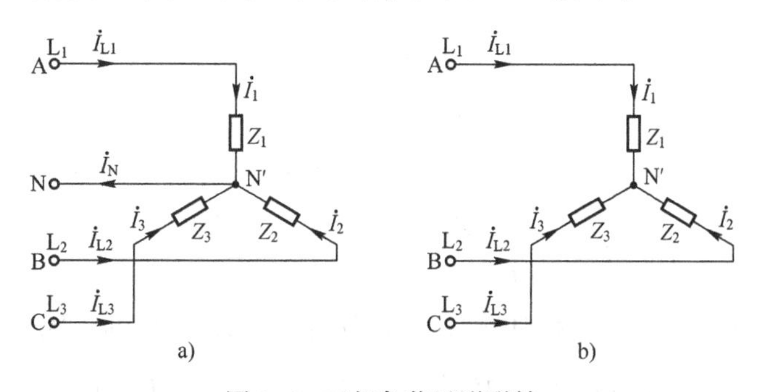

图 3.4　三相负载星形联结

对有中性线的星形联结电路，如图 3. 4a 所示，显然，阻抗 Z_1、Z_2、Z_3 两端的电压等于三相电源对应的相电压$\dot{U}_1$、$\dot{U}_2$ 和$\dot{U}_3$。

对无中性线的星形联结电路，如图 3. 4b 所示，阻抗 Z_1、Z_2、Z_3 两端的电压不等于三相电源对应的相电压，但可以根据各相线间的电压求出各个阻抗两端的电压。

1. 电流的计算

三相负载星形联结后，电路中会产生各种电流。称相线上的电流为线电流，如$\dot{I}_{L1}$、$\dot{I}_{L2}$和$\dot{I}_{L3}$。称每一个负载为负载电路中的相，流过负载的电流称为负载电路中的相电流，如$\dot{I}_1$、$\dot{I}_2$ 和$\dot{I}_3$，而负载两端的电压称为负载电路中的相电压。显然，在三相负载星形联结中，线电流等于对应的相电流，即有

$$\begin{cases}\dot{I}_{L1}=\dot{I}_1\\ \dot{I}_{L2}=\dot{I}_2\\ \dot{I}_{L3}=\dot{I}_3\end{cases} \tag{3.12}$$

因为它们两两都在同一条支路中，而同一条支路中的电流是相等的。

对有中性线的星形联结电路，如图 3. 4a 所示，有

$$\begin{cases}\dot{I}_{L1}=\dot{I}_1=\dfrac{\dot{U}_1}{Z_1}\\ \dot{I}_{L2}=\dot{I}_2=\dfrac{\dot{U}_2}{Z_2}\\ \dot{I}_{L3}=\dot{I}_3=\dfrac{\dot{U}_3}{Z_3}\\ \dot{I}_N=\dot{I}_1+\dot{I}_2+\dot{I}_3\end{cases} \tag{3.13}$$

特别地，当三相负载阻抗相等，即 $Z_1=Z_2=Z_3$ 时，三个阻抗的阻抗模相等，同时三个阻抗的阻抗角也相等，称为三相负载对称。在三相负载对称时，中性线电流$\dot{I}_N=0$。证明如下：

$$\begin{aligned}\dot{I}_N&=\dot{I}_1+\dot{I}_2+\dot{I}_3\\ &=\frac{\dot{U}_1}{Z_1}+\frac{\dot{U}_2}{Z_2}+\frac{\dot{U}_3}{Z_3}\\ &=\frac{\dot{U}_1+\dot{U}_2+\dot{U}_3}{Z_1}=\frac{\dot{E}_1+\dot{E}_2+\dot{E}_3}{Z_1}=\frac{0}{Z_1}\\ &=0\end{aligned} \tag{3.14}$$

这即表明，当星形联结的三相负载对称时，有无中性线都是一样的，因为流过中性线的电流为 0。但是，如果三相负载不对称，中性线上的电流$\dot{I}_N$ 则不为 0，有中性线和无中性线将是完全不一样的电路，线电流和相电流在两种电路中完全不相等，需要单独计算。

对无中性线的星形联结电路，如图 3.4b 所示，对 N′点，由基尔霍夫电流定律可得

$$\dot{I}_1+\dot{I}_2+\dot{I}_3=0 \tag{3.15}$$

如果设三相电源的中性点 N 为接地点，即 N 的电位 $V_N=0$，并设阻抗连接点 N′的电位为 $V_{N'}$，则可以根据式（3.15）将 $V_{N'}$求出来。因为 $V_N=0$，所以点 A、B、C 上的电位分别为三相电源对应的相电压，即有$\dot{V}_A=\dot{U}_1$，$\dot{V}_B=\dot{U}_2$，$\dot{V}_C=\dot{U}_3$。那么，各线电流和相电流可以表达为

$$\begin{cases}\dot{I}_{L1}=\dot{I}_1=\dfrac{\dot{V}_A-\dot{V}_{N'}}{Z_1}=\dfrac{\dot{U}_1-\dot{V}_{N'}}{Z_1}\\\dot{I}_{L2}=\dot{I}_2=\dfrac{\dot{V}_B-\dot{V}_{N'}}{Z_2}=\dfrac{\dot{U}_2-\dot{V}_{N'}}{Z_2}\\\dot{I}_{L3}=\dot{I}_3=\dfrac{\dot{V}_C-\dot{V}_{N'}}{Z_3}=\dfrac{\dot{U}_3-\dot{V}_{N'}}{Z_3}\end{cases} \tag{3.16}$$

将式（3.16）代入式（3.15），求得点 N′的电位为

$$\dot{V}_{N'}=\frac{\dfrac{\dot{U}_1}{Z_1}+\dfrac{\dot{U}_2}{Z_2}+\dfrac{\dot{U}_3}{Z_3}}{\dfrac{1}{Z_1}+\dfrac{1}{Z_2}+\dfrac{1}{Z_3}} \tag{3.17}$$

如果三相电源的各相电压$\dot{U}_1$、$\dot{U}_2$、$\dot{U}_3$ 已知，各相负载的阻抗 Z_1、Z_2、Z_3 已知，则可以根据式（3.17）计算出点 N′的电位$\dot{V}_{N'}$，然后根据式（3.16）求出各线电流和相电流。

2. 电压的计算

三相负载星形联结电路中，求出各相电流后，就可以根据相量形式的欧姆定律，计算出各负载两端的相电压，各相电压记为$\dot{U}_{AN'}$、$\dot{U}_{BN'}$和$\dot{U}_{CN'}$，于是有

$$\begin{cases}\dot{U}_{AN'}=\dot{I}_1Z_1\\\dot{U}_{BN'}=\dot{I}_2Z_2\\\dot{U}_{CN'}=\dot{I}_3Z_3\end{cases} \tag{3.18}$$

3. 功率的计算

三相负载星形联结电路中，记三相负载总有功功率为 P，无功功率为 Q，视在功率为 S，记三相负载各阻抗 Z_1、Z_2、Z_3 上的有功功率分别为 P_1、P_2、P_3，无功功率分别为 Q_1、Q_2、Q_3，视在功率分别为 S_1、S_2、S_3。那么，根据功率的性质有

$$\begin{cases}P=P_1+P_2+P_3\\Q=Q_1+Q_2+Q_3\\S=S_1+S_2+S_3\end{cases} \tag{3.19}$$

如果将各相阻抗 Z_1、Z_2、Z_3 表达为阻抗模和阻抗角的形式，即

$$\begin{cases}Z_1=|Z_1|\angle\varphi_1\\Z_2=|Z_2|\angle\varphi_2\\Z_3=|Z_3|\angle\varphi_3\end{cases} \tag{3.20}$$

那么，负载星形联结电路的各功率为

$$\begin{cases}P=U_{AN'}I_1\cos\varphi_1+U_{BN'}I_2\cos\varphi_2+U_{CN'}I_3\cos\varphi_3\\Q=U_{AN'}I_1\sin\varphi_1+U_{BN'}I_2\sin\varphi_2+U_{CN'}I_3\sin\varphi_3\\S=U_{AN'}I_1+U_{BN'}I_2+U_{CN'}I_3\end{cases} \tag{3.21}$$

特殊地，如果三相负载对称，即 $Z_1=Z_2=Z_3$，那么有 $I_1=I_2=I_3$，从而 $U_{AN'}=U_{BN'}=U_{CN'}$，$\varphi_1=\varphi_2=\varphi_3$，则 $P_1=P_2=P_3$，$Q_1=Q_2=Q_3$，$S_1=S_2=S_3$，于是

$$\begin{cases}P=3P_1=3P_2=3P_3\\Q=3Q_1=3Q_2=3Q_3\\S=3S_1=3S_2=3S_3\end{cases} \tag{3.22}$$

也即，只需要计算出一相负载上的有功功率、无功功率及视在功率，再乘以 3，就是总的有功功率、总的无功功率和总的视在功率。

4. 中性线的作用

从前面分析可见，在三相负载的星形联结电路中，如果三相负载对称，则有或没有中性线，电路都是一样的，即各电流、各电压和各功率都保持不变。

但是在三相负载不对称时，中性线有与没有则是两个电路，中性线从有变为没有时，各相阻抗中的电流和电压会重新分配。

一般来说，三相负载采用星形联结接到三相电源系统中时，尽量把中性线接上，因为现实中很难做到三相负载完全对称。而且接上中性线还能使各相负载独立工作，相互不干扰，在一定程度上对抗电路中可能出现的故障，比如某一相负载断路时，如果有中性线，则另外两路还能正常工作。只有某些需要同时接三根相线供电的负载，即便负载本身是星形联结的，也不需要去接中性线，因为这样会改变负载的工作条件。

【例题 3.1】如图 3.5 所示三相负载星形联结电路，已知三相电源线电压为 380 V，且三相电源的相序为 A→B→C→A，三相负载分别为 $Z_1=10\,\Omega$，$Z_2=5\angle-37°\,\Omega$，$Z_3=10\angle30°\,\Omega$。在开关 S 闭合和断开的情况下，请分别计算负载上的相电流、相电压、中性线上的电流以及三相负载的有功功率。

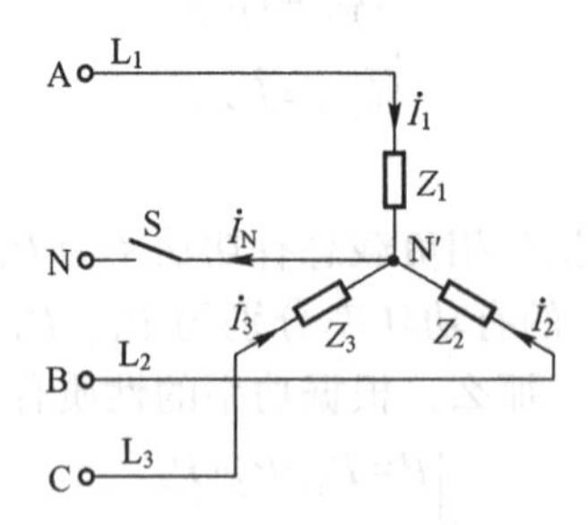

图 3.5　三相负载星形联结例题

解答：三相电源的线电压为 380 V，且相序为 A→B→C→A，不妨令相线 L_1 和 L_2 之间线电压为 $\dot{U}_{12}=380\angle0°$ V。因为有中性点 N 存在，可以判断三相电源为星形联结。根据三相电源星形联结时，线电压和相电压的关系可知

$$\dot{U}_{12}=380\angle0°\ \text{V}=\sqrt{3}\,\dot{U}_1\angle30° \tag{3.23}$$

所以三相电源 L_1相（A 相）线圈的相电压$\dot{U}_1=\frac{380}{\sqrt{3}}\angle -30°\ V\approx 220\angle -30°\ V$。根据三相电源的性质可知，B 相和 C 相电源的相电压分别为$\dot{U}_2=220\angle -150°\ V$，$\dot{U}_3=220\angle 90°\ V$。

（1）开关 S 闭合的情况

三相负载上的相电压等于三相电源对应的相电压，即有

$$\begin{cases}\dot{U}_{AN'}=\dot{U}_1=220\angle -30°\ V\\ \dot{U}_{BN'}=\dot{U}_2=220\angle -150°\ V\\ \dot{U}_{CN'}=\dot{U}_3=220\angle 90°\ V\end{cases} \tag{3.24}$$

于是三相负载上各相电流为

$$\begin{cases}\dot{I}_1=\frac{\dot{U}_1}{Z_1}=\frac{220\angle -30°}{10}A=22\angle -30°\ A\\ \dot{I}_2=\frac{\dot{U}_2}{Z_2}=\frac{220\angle -150°}{5\angle -37°}A=44\angle -113°\ A\\ \dot{I}_3=\frac{\dot{U}_3}{Z_3}=\frac{220\angle 90°}{10\angle 30°}A=22\angle 60°\ A\end{cases} \tag{3.25}$$

中性线上电流为

$$\begin{aligned}\dot{I}_{N'}&=\dot{I}_1+\dot{I}_2+\dot{I}_3=(22\angle -30°+44\angle -113°+22\angle 60°)\ A\\ &=[22\times(0.87-0.5j)+44\times(-0.39-0.92j)+22\times(0.5+0.87j)]\ A\\ &=(12.98-32.34j)\ A=34.85\angle -68.1°\ A\end{aligned} \tag{3.26}$$

三相负载的有功功率为

$$\begin{aligned}P&=P_1+P_2+P_3=U_{AN'}I_1\cos 0°+U_{BN'}I_2\cos(-37°)+U_{CN'}I_3\cos 30°\\ &=(220\times 22+220\times 44\times 0.8+220\times 22\times 0.87)\ W\\ &=16794.8\ W\end{aligned} \tag{3.27}$$

（2）开关 S 断开的情况

如果取三相电源的中性点 N 为接地点，即取$\dot{V}_N=0\ V$。则 N′ 点的电位为

$$\dot{V}_{N'}=\frac{\frac{\dot{U}_1}{Z_1}+\frac{\dot{U}_2}{Z_2}+\frac{\dot{U}_3}{Z_3}}{\frac{1}{Z_1}+\frac{1}{Z_2}+\frac{1}{Z_3}}=\frac{34.85\angle -68.1°}{0.35\angle 11.4°}V=99.6\angle -79.5°\ V \tag{3.28}$$

三相负载上各相电压为

$$\begin{cases}\dot{U}_{AN'}=\dot{U}_1-\dot{V}_{N'}=(220\angle -30°-99.6\angle -79.5°)\ V=172.8\angle -4.0°\ V\\ \dot{U}_{BN'}=\dot{U}_2-\dot{V}_{N'}=(220\angle -150°-99.6\angle -79.5°)\ V=209.0\angle -176.7°\ V\\ \dot{U}_{CN'}=\dot{U}_3-\dot{V}_{N'}=(220\angle 90°-99.6\angle -79.5°)\ V=318.4\angle 93.2°\ V\end{cases} \tag{3.29}$$

三相负载上各相电流为

$$
\begin{cases}
\dot{I}_1=\dfrac{\dot{U}_{AN'}}{Z_1}=\dfrac{172.8\angle-4.0^\circ}{10}A=17.28\angle-4.0^\circ\ A \\
\dot{I}_2=\dfrac{\dot{U}_{BN'}}{Z_2}=\dfrac{209.0\angle-176.7^\circ}{5\angle-37^\circ}A=41.8\angle-139.7^\circ\ A \\
\dot{I}_3=\dfrac{\dot{U}_{CN'}}{Z_3}=\dfrac{318.4\angle93.2^\circ}{10\angle30^\circ}A=31.84\angle63.2^\circ\ A
\end{cases}
\tag{3.30}
$$

因为中性点上的开关S断开，所以中性线电流$\dot{I}_{N'}=0A$。

三相负载总的有功功率为

$$
\begin{aligned}
P&=P_1+P_2+P_3=U_{AN'}I_1\cos0^\circ+U_{BN'}I_2\cos(-37^\circ)+U_{CN'}I_3\cos30^\circ\\
&=(172.8\times17.28+209.0\times41.8\times0.8+318.4\times31.84\times0.87)\ W\\
&=18794.9\ W
\end{aligned}
\tag{3.31}
$$

（3）总结

由此可见，负载星形联结电路中有中性线和没有中性线，各相负载上的相电压会不同。有中性线时，负载上的相电压等于电源上对应的相电压；无中性线时，三相负载上相电压的有效值，有的会高于电源相电压有效值，有的会低于电源相电压有效值。考虑到负载在电路中工作时，其额定电压一般都是稳定不变的，如果不接中性线，负载上的相电压将由三个负载阻抗的相对值决定，这显然不利于负载稳定地工作于额定电压下，所以星形联结时，一般都连接中性线。而且中性线不接开关，也不接短路保护的保险丝或其他装置，以保证中性线一直保持连接状态。

3.2.2 三相负载三角形联结

把三个阻抗Z_1、Z_2、Z_3首尾相连，然后从连接点引出三根导线，连接到三相电源的相线上，就称为三相负载的三角形联结，如图3.6所示。

显然，阻抗Z_1、Z_2、Z_3两端的相电压等于三相电源对应的线电压$\dot{U}_{12}$、$\dot{U}_{23}$和$\dot{U}_{31}$。

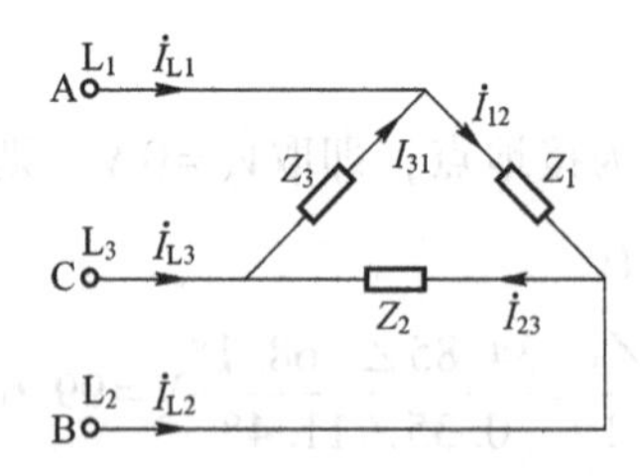

图3.6　三相负载三角形联结

1. 电流的计算

三相负载三角形联结后，电路中会产生各种电流。各线电流分别表示为$\dot{I}_{L1}$、$\dot{I}_{L2}$和$\dot{I}_{L3}$，各相电流分别表示为$\dot{I}_{12}$、$\dot{I}_{23}$和$\dot{I}_{31}$。在三相负载三角形联结中，根据基尔霍夫电流定律，可知线电流与相电流的关系为

$$\begin{cases}\dot{I}_{L1}=\dot{I}_{12}-\dot{I}_{31}\\ \dot{I}_{L2}=\dot{I}_{23}-\dot{I}_{12}\\ \dot{I}_{L3}=\dot{I}_{31}-\dot{I}_{23}\end{cases} \tag{3.32}$$

根据相量形式的欧姆定律，可知各相电流为

$$\begin{cases}\dot{I}_{12}=\dfrac{\dot{U}_{12}}{Z_1}\\ \dot{I}_{23}=\dfrac{\dot{U}_{23}}{Z_2}\\ \dot{I}_{31}=\dfrac{\dot{U}_{31}}{Z_3}\end{cases} \tag{3.33}$$

特别地，当三相负载对称，即 $Z_1=Z_2=Z_3=Z$ 时，可知相电流 $\dot{I}_{12}$、$\dot{I}_{23}$、$\dot{I}_{31}$ 的有效值相等，相位依次滞后 120°，其关系正如三相电源三个线电压 $\dot{U}_{12}$、$\dot{U}_{23}$、$\dot{U}_{31}$ 的关系。于是各线电压为

$$\begin{cases}\dot{I}_{L1}=\dot{I}_{12}-\dot{I}_{31}=\dfrac{\dot{U}_{12}}{Z}-\dfrac{\dot{U}_{31}}{Z}=\dfrac{\dot{U}_{12}}{Z}-\dfrac{\dot{U}_{12}\angle 120°}{Z}=\sqrt{3}\dot{I}_{12}\angle -30°\\ \dot{I}_{L2}=\dot{I}_{23}-\dot{I}_{12}=\dfrac{\dot{U}_{23}}{Z}-\dfrac{\dot{U}_{12}}{Z}=\dfrac{\dot{U}_{23}}{Z}-\dfrac{\dot{U}_{23}\angle 120°}{Z}=\sqrt{3}\dot{I}_{23}\angle -30°\\ \dot{I}_{L3}=\dot{I}_{31}-\dot{I}_{23}=\dfrac{\dot{U}_{31}}{Z}-\dfrac{\dot{U}_{23}}{Z}=\dfrac{\dot{U}_{31}}{Z}-\dfrac{\dot{U}_{31}\angle 120°}{Z}=\sqrt{3}\dot{I}_{31}\angle -30°\end{cases} \tag{3.34}$$

可见，在负载三角形联结时，线电流有效值是相应相电流有效值的 $\sqrt{3}$ 倍，线电流相位则滞后对应相电流相位 30°。

2. 电压的计算

三相负载三角形联结电路中，各相负载两端的相电压即是对应三相电源的线电压，比如阻抗 Z_1 的相电压等于三相电源相线 L_1 和 L_2 之间的线电压 $\dot{U}_{12}$，阻抗 Z_2 的相电压等于相线 L_2 和 L_3 之间的线电压 $\dot{U}_{23}$，阻抗 Z_3 的相电压等于相线 L_3 和 L_1 之间的线电压 $\dot{U}_{31}$。

3. 功率的计算

三相负载三角形联结电路中，记三相负载总有功功率为 P，无功功率为 Q，视在功率为 S，记三相负载各阻抗 Z_1、Z_2、Z_3 上的有功功率分别为 P_1、P_2、P_3，无功功率分别为 Q_1、Q_2、Q_3，视在功率分别为 S_1、S_2、S_3。那么，根据功率的性质有

$$\begin{cases}P=P_1+P_2+P_3\\ Q=Q_1+Q_2+Q_3\\ S=S_1+S_2+S_3\end{cases} \tag{3.35}$$

如果将各相阻抗 Z_1、Z_2、Z_3 表达为阻抗模和阻抗角的形式，即

$$\begin{cases}Z_1=|Z_1|\angle\varphi_1\\Z_2=|Z_2|\angle\varphi_2\\Z_3=|Z_3|\angle\varphi_3\end{cases}\tag{3.36}$$

那么，负载三角形联结电路的各功率为

$$\begin{cases}P=U_{12}I_{12}\cos\varphi_1+U_{23}I_{23}\cos\varphi_2+U_{31}I_{31}\cos\varphi_3\\Q=U_{12}I_{12}\sin\varphi_1+U_{23}I_{23}\sin\varphi_2+U_{31}I_{31}\sin\varphi_3\\S=U_{12}I_{12}+U_{23}I_{23}+U_{31}I_{31}\end{cases}\tag{3.37}$$

特殊地，如果三相负载对称，即 $Z_1=Z_2=Z_3=Z$，那么有 $I_{12}=I_{23}=I_{31}$，从而 $\varphi_1=\varphi_2=\varphi_3$，则 $P_1=P_2=P_3$，$Q_1=Q_2=Q_3$，$S_1=S_2=S_3$，于是

$$\begin{cases}P=3P_1=3P_2=3P_3\\Q=3Q_1=3Q_2=3Q_3\\S=3S_1=3S_2=3S_3\end{cases}\tag{3.38}$$

也即，只需要计算出一相负载上的有功功率、无功功率及视在功率，再乘以 3，就是总的有功功率、总的无功功率和总的视在功率。

【例题 3.2】 在如图 3.7 所示三相电路中，已知三相电源的线电压 $U_1=380\ \text{V}$，电路中接了两组三相负载，它们的阻抗都为 $Z=(4+3\text{j})\ \Omega$ 。请问：1）这两组负载分别为什么接法；2）这两种接法，三相负载对称吗；3）两种接法三相负载总的有功功率分别为多少；4）相线 L_1上线电流$\dot{I}_{L1}$为多少。

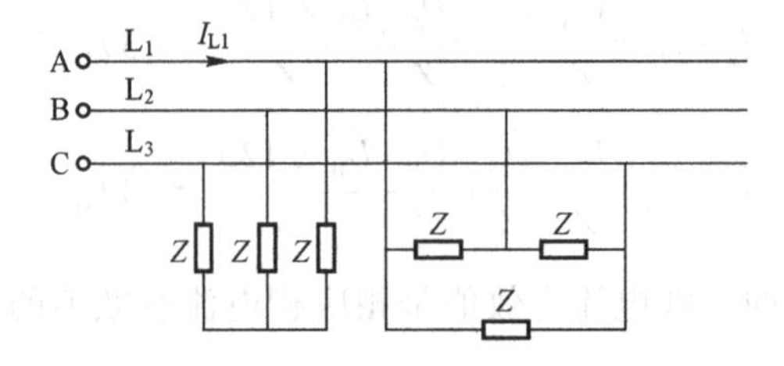

图 3.7　三相负载三角形联结例题

解答：

1）左边三个负载为一组，它们的尾端连在一起，首端接三条相线，所以构成负载的星形联结；右边三个负载为一组，它们是首尾相连，然后从三个连接点接到三条相线上，所以构成负载的三角形联结。

2）对左边星形联结的三相负载，因为每相的阻抗都相等，均为 Z，三相负载是对称的。对右边三角形联结的三相负载，因为每相的阻抗都相等，均为 Z，三相负载是对称的。

3）记星形联结三相负载总的有功功率为 P_{Y}，记三角形联结三相负载总的有功功率为 P_{Δ}。

三相电源线电压 $U_1=380\ \text{V}$，则三相电源的相电压 $U_{\text{p}}=\dfrac{U_1}{\sqrt{3}}=220\ \text{V}$。对阻抗为 Z 的负载，其阻抗模 $|Z|=\sqrt{4^2+3^2}\ \Omega=5\ \Omega$，功率因数 $\cos\varphi=\dfrac{4}{5}=0.8$。于是有

$$\begin{cases} P_{\mathrm{Y}}=3\times\left(U_{\mathrm{p}}\dfrac{U_{\mathrm{p}}}{|Z|}0.8\right)=23.2\,\mathrm{kW} \\ P_{\Delta}=3\times\left(U_{1}\dfrac{U_{1}}{|Z|}0.8\right)=69.3\,\mathrm{kW} \end{cases} \tag{3.39}$$

如果是求负载电路总的有功功率，只需计算 $P_{\mathrm{Y}}+P_{\Delta}$ 即可。

4）线电流$\dot{I}_{\mathrm{L1}}$是由负载星形联结的线电流（记为$\dot{I}_{\mathrm{L1Y}}$），和负载三角形联结的线电流（记为$\dot{I}_{\mathrm{L1\Delta}}$），这两部分组成，即$\dot{I}_{\mathrm{L1}}=\dot{I}_{\mathrm{L1Y}}+\dot{I}_{\mathrm{L1\Delta}}$。考虑到相位关系，令三相电源上的相电压分别为$\dot{U}_1=220\angle0°\ \mathrm{V}$，$\dot{U}_2=220\angle-120°\ \mathrm{V}$，$\dot{U}_3=220\angle120°\ \mathrm{V}$，则对应的线电压为$\dot{U}_{12}=380\angle30°\ \mathrm{V}$，$\dot{U}_{23}=380\angle-90°\ \mathrm{V}$，$\dot{U}_{31}=380\angle150°\ \mathrm{V}$。

对星形联结的线电流$\dot{I}_{\mathrm{L1Y}}$，有

$$\dot{I}_{\mathrm{L1Y}}=\frac{\dot{U}_1}{Z}=\frac{220\angle0°}{4+3\mathrm{j}}\mathrm{A}=44\angle-37°\ \mathrm{A} \tag{3.40}$$

对三角形联结的线电流$\dot{I}_{\mathrm{L1\Delta}}$，有

$$\dot{I}_{\mathrm{L1\Delta}}=\sqrt{3}\,\dot{I}_{12}\angle-30°=\sqrt{3}\frac{\dot{U}_{12}}{Z}\angle-30°=131.6\angle-37°\ \mathrm{A} \tag{3.41}$$

所以线电流$\dot{I}_{\mathrm{L1}}$为

$$\dot{I}_{\mathrm{L1}}=\dot{I}_{\mathrm{L1Y}}+\dot{I}_{\mathrm{L1\Delta}}=(44\angle-37°+131.6\angle-37°)\,\mathrm{A}=175.6\angle-37°\ \mathrm{A} \tag{3.42}$$

3.2.3 三相负载在三相电路中的连接原则

将负载连接到三相电路中，首先要考虑的连接原则是，连接要符合负载的额定电压。如果负载额定定压等于三相电源的相电压，则需要将负载连接到一条相线和中性线间；如果负载额定电压等于三相电源的线电压，则需要将负载连接到两条相线间；如果是三相负载，一般是将负载连接到三条相线上，不需要接中性线，至于三相负载自身采用星形联结还是三角形联结，则根据负载自身的工作要求连接即可。

其次要考虑的连接原则是，总的三相负载要尽量对称，即每相总的阻抗要尽量相等。

比如有 120 盏额定电压为 220 V 的荧光灯，将其连接到三相电路中。根据额定电压要求，所有荧光灯都需要接到某条相线和中性线上。但一般不是将荧光灯全部接在相线 L_1 和中性线间，而是根据总的三相负载尽量对称的要求，分别将 70 盏荧光灯连接到相线 L_1 和中性线间、相线 L_2 和中性线间、相线 L_3 和中性线间。这样做的好处是，中性线上的电流几乎为 0，每条相线上的电流也大致相等，不会有的线电流特别大，有的线电流特别小，这样有利于线路安全。

习题 3

第 3 章习题

第 3 章习题参考答案

第4章　一阶线性电路的暂态分析

本章知识点

1. 电路暂态过程产生的原因；
2. 电路换路与换路定则；
3. 暂态电路初始值与稳态值的确定；
4. RC 电路的暂态过程分析；
5. RL 电路的暂态过程分析；
6. 一阶线性电路暂态过程的三要素法；
7. RC 微分电路和积分电路。

学习经验

1. 要准确理解换路定则，并能熟练使用；
2. 要熟练掌握暂态电路稳态值和初始值的计算；
3. 掌握各类一阶线性 RC 电路暂态电路的分析；
4. 能熟练使用三要素法对一阶线性电路进行暂态过程分析。

4.1　电路暂态过程和一阶线性电路的暂态过程

4.1.1　电路暂态过程

电路暂态过程是指电路从一个稳定状态，转变到另一个稳定状态所经历的过程。在第1章中提到的直流电路，和第2章中提到的交流电路，都是稳态电路，所做的分析都是电路在稳态下的电路分析，不涉及暂态过程。这里说的稳态，在直流电路中是指负载上的响应不随时间变化，在交流电路中是指负载上的响应跟激励一样随时间周期性地变化，这种不变或周期性变化随着时间的增加而一直稳定存在。

一般来说，电路的工作状态或结构有时会发生变化，比如电源接通、电源断开、电路断开、电路闭合及电路切换等，此时负载上的响应在一定情况下不会立即达到稳态，而是要经过一段时间才能达到稳定状态，即要经过一个暂态过程才能从一个稳态到另一个稳态。

一定的情况是指电路中存在储能元件，比如有电容或电感，因为电能在储能元件中的存储或释放都需要一定的时间，所以在电路发生变化时，电路不能马上达到稳态。电阻不是储能元件，不存在电能的积累和释放，电阻上的电压或电流会随着电路的改变而立即变化，所以电阻自身不存在暂态过程。

由此可见，电路产生暂态的原因有两个，一是电路有变化，二是电路中有储能元件，两者缺一不可。

暂态过程的持续时间一般比较短，大概在毫秒或微秒级别，但有时会在电路中产生很大的电压或电流，对电路产生较大的影响，所以很多时候不能忽略对暂态过程的分析。认识和掌握暂态过程的电路规律，既有利于预防暂态过程的危害，也有利于利用暂态过程的特性。

4.1.2 一阶线性电路的暂态过程

电路中只含有一个储能元件，或者虽有多个储能元件却可以等价为一个储能元件，这种电路的暂态过程就称为一阶线性电路的暂态过程。一个储能元件可以是一个电容，也可以是一个电感。

之所以将这种暂态称为一阶线性电路的暂态，是因为以储能元件的电压或电流作为随时间变化的变量，进行电路分析时，所得的方程正好是该变量的一阶线性微分方程。一阶线性微分方程的具体形式将在后面具体的暂态电路分析中见到。

本章只讨论一阶线性电路的暂态过程。

4.2 电路换路与换路定则

4.2.1 电路换路

电路暂态过程产生的其中一个原因是，电路有变化。这个变化是指电路中电源有变化，比如接通、断开或切换，或电路结构有变化，比如开关的断开或闭合，或电路参数有变化，所有这些变化统称为电路换路，简称为换路。

为了便于分析，一般认为换路是在一瞬间完成的。通常将 $t=0$ 时刻作为换路时刻，并用 $t=0_-$表示换路前的终了时刻，用 $t=0_+$表示换路后的开始时刻。因为换路是在某个时刻一瞬间完成的，而换路前的电路是不变的，换路后的电路也是不变的，有了时间上 0_-和 0_+的定义，就可以很方便地将换路前的电路称为 0_-时刻的电路，将换路后的电路称为 0_+时刻的电路，切换前后电路中相同支路上的电流或相同两点间的电压也很方便地用 0_-或 0_+加以区别，比如 $i(0_-)$和 $i(0_+)$，分别表示切换前电路中的电流和切换后电路中的电流。这种表示方法和高数中左趋近和右趋近的含义是一样的。

如果电路不是在 $t=0$ 时刻切换的，而是在 $t=2$ 时刻切换的，则分别用 2_-和 2_+表示切换前的终了时刻和切换后的开始时刻，其他一切表示方法和含义与 $t=0$ 时刻切换类似。

4.2.2 换路定则

电路中存在储能元件时，它们会存储一定量的电能。如电容会将电能存储为电场能，电感会将电能存储为磁场能。

设电路中电感两端的电压为 u_L，流过电感的电流为 i_L，如图 4.1a 所示。设电路中电容两端的电压为 u_C，流过电感的电流为 i_C，如图 4.1b 所示。对电感和电容，其电压和电流有如下关系：

$$
\begin{cases}
u_L = L\dfrac{di_L}{dt} \\
i_C = C\dfrac{dU_C}{dt}
\end{cases}
\tag{4.1}
$$

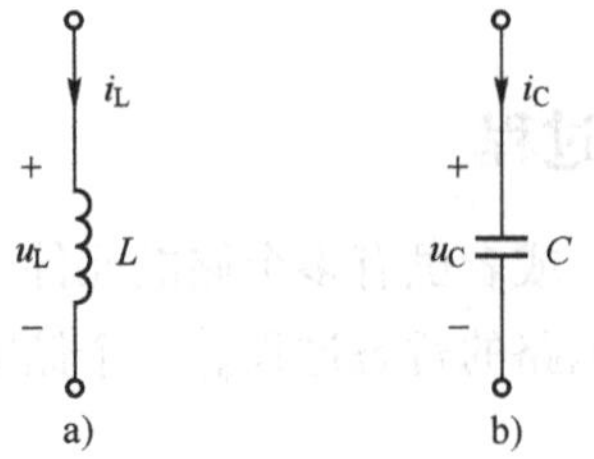

a) b)

图 4.1　电路中电感和电容上的电压和电流

则电感的瞬时功率 p_L 和电容的瞬时功率 p_C 分别为

$$
\begin{cases}
p_L = u_L i_L = L\dfrac{di_L}{dt}\cdot i_L \\
p_C = u_C i_C = u_C\cdot C\dfrac{du_C}{dt}
\end{cases}
\tag{4.2}
$$

则电感上的瞬时磁场能 w_L 和电容上的瞬时电场能 w_C 可以表示为

$$
\begin{cases}
w_L = \int p_L dt = \int L i_L di_L = \dfrac{1}{2}Li_L^2 \\
w_C = \int p_C dt = \int C u_C du_C = \dfrac{1}{2}Cu_C^2
\end{cases}
\tag{4.3}
$$

电路在换路时，电路中的能量不能突变，只能随着时间增大或减小，即能量的变化需要时间，不能在瞬间完成。即在换路的那一瞬间：电感上储存的能量 w_L 不能突变，由式 (4.3) 可知，w_L 不能突变表现为 i_L 不能突变；电容上储存的能量 w_C 也不能突变，由式 (4.3) 可知，w_C 不能突变表现为 u_C 不能突变。

这即表明，电路在换路瞬间，电感上的电流不能突变，电容上的电压不能突变，这个规则称为换路定则。假如电路在 $t=0$ 时刻换路，换路定则的数学表达形式则为

$$
\begin{cases}
i_L(0_+) = i_L(0_-) \\
u_C(0_+) = u_C(0_-)
\end{cases}
\tag{4.4}
$$

根据换路定则可知，在换路的那一瞬间，电路中只有电感上的电流 i_L 和电容上的电压 u_C 保持不变，而其他量则可以突变。

4.3　暂态电路初始值与稳态值的确定

4.3.1　暂态电路初始值的确定

电路如果在 $t=0$ 时刻换路，称 $t=0_+$ 时刻为初始时刻。从这里开始，本章都默认在 $t=0$ 时刻换路，不再特别说明。对 0_+ 时刻电路，此时电路中的电压值和电流值就称为暂态

电路的初始值，用相应的电压和电流符号加 0_+ 来表示，比如 $u(0_+)$、$u_1(0_+)$、$i(0_+)$、$i_1(0_+)$均为暂态电路的初始值。

暂态电路初始值的确定分以下两种情况：

1）对电容两端的电压 $u_C(0_+)$，或电感上的电流 $i_L(0_+)$，通过换路定则来确定，见式(4.4)。而 0_- 时刻，电路一般处于稳态，电压 $u_C(0_-)$或电流 $i_L(0_-)$的值还是很容易求得的，详见 4.3.2 节内容。

2）除了电压 $u_C(0_+)$和电流 $i_L(0_+)$的其他初始电压和初始电流，通过将电容当成电压为 $u_C(0_+)$的理想电压源，将电感当成电流为 $i_L(0_+)$的理想电流源，分析 0_+ 时刻的电路确定。特别地，当电压 $u_C(0_+)=0$ 时，即电压源不起作用，将理想电压源处理为短路；当电流 $i_L(0_+)=0$ 时，即电流源不起作用，将理想电流源处理为开路。

4.3.2 暂态电路稳态值的确定

电路换路后，经过足够长的时间，电路会达到新的稳态，这个足够长的时间记作 $t=\infty$。在 ∞ 时刻，电路中的电压值和电流值就称为暂态电路的稳态值，用相应的电压和电流符号加 ∞ 来表示，比如 $u(\infty)$、$u_1(\infty)$、$i(\infty)$、$i_1(\infty)$均为暂态电路的稳态值。

在直流电源作为激励的暂态电路中，电路处于稳态时，电容两端可视为开路，电感两端可视为短路，即把电容做开路处理，电感做短路处理。此时直流电路就相当于不含电容和电感的普通直流电路，可以按照第 1 章中的各种方法来计算电路中的各个电压值和电流值，即暂态电路的稳态值。

如果 $t=0_-$ 时刻，直流电源作为激励的暂态电路已经处于稳态，则 0_- 时刻各电压值和各电流值也按照稳态值的方法进行计算，即把电容做开路处理，电感做短路处理，然后计算此直流电路中的各电压值和各电流值。需要注意的是，0_- 时刻的暂态电路和 ∞ 时刻的暂态电路不同，因为电路是在 0 时刻那一刹那切换的，求各电压值和电流值的方法虽然一样，但针对的电路不同。

这即表明，暂态电路处于稳态时，不管是 ∞ 时刻，还是 0_- 时刻，对电容和电感的处理是相同的，求电路中的电压值和电流值的方法也是相同的，所不同的是电路不一样了。

【例题 4.1】 在图 4.2 所示直流电路中，开关 S 在 $t=0$ 时刻闭合，且开关闭合前，电路已经处于稳态，各电压和电阻如图所示。当开关 S 闭合后，求：1）暂态电路的初始值 $u_C(0_+)$、$u_L(0_+)$、$i_1(0_+)$、$i_2(0_+)$、$i_3(0_+)$、$i(0_+)$；2）暂态电路的稳态值 $u_C(\infty)$、$u_L(\infty)$、$i_1(\infty)$、$i_2(\infty)$、$i_3(\infty)$、$i(\infty)$。

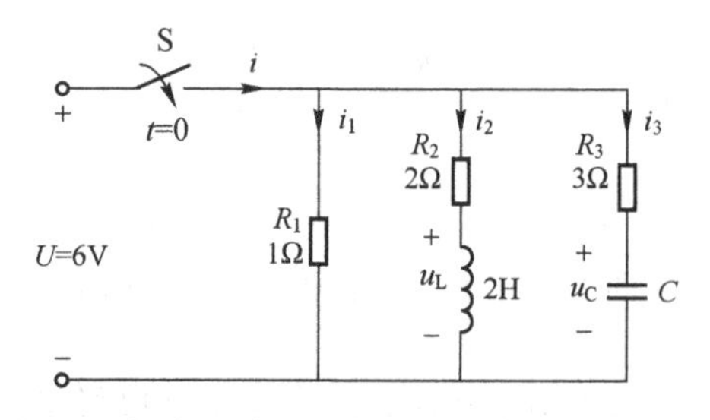

图 4.2　暂态电路初始值和稳态值的确定例题 1

解答：

1）在 $t=0_-$ 时刻，求流过电感的电流 $i_2(0_-)$ 和电容两端的电压 $u_C(0_-)$。

在 $t=0_-$ 时刻，开关 S 处于断开状态，电路已经处于稳态。那么，对 0_- 时刻暂态电路，对电容做开路处理，对电感做短路处理，所得电路如图 4.3 所示。此时，容易求得

$$\begin{cases} i_2(0_-)=0\text{ A} \\ u_C(0_-)=0\text{ V} \end{cases} \tag{4.5}$$

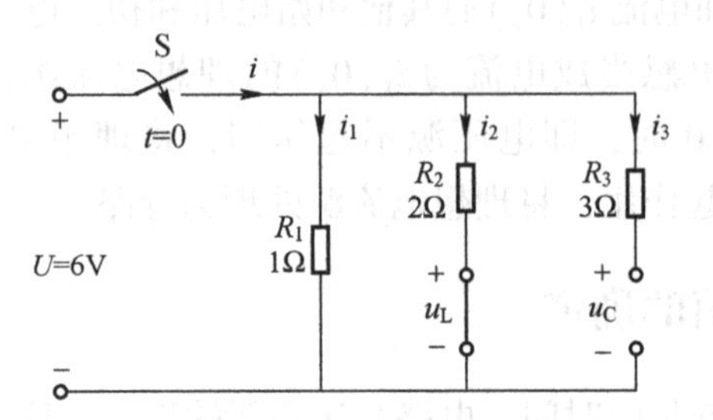

图 4.3　例题 1 暂态电路 0_- 时刻电路

在 $t=0_+$ 时刻，开关 S 处于闭合状态。根据换路定则有

$$\begin{cases} i_2(0_+)=i_2(0_-)=0\text{ A} \\ u_C(0_+)=u_C(0_-)=0\text{ V} \end{cases} \tag{4.6}$$

在 0_+ 时刻，其他的初始值需要将暂态电路中的电容处理为理想电压源，电感处理为理想电流源后进行求解。由于电容上的电压值 $u_C(0_+)=0$，即理想电压源不起作用，将其做短路处理；由于电感上的电流值 $i_2(0_+)=0$，即理想电流源不起作用，将其做开路处理。那么 0_+ 时刻的电路如图 4.4 所示，容易求得

$$\begin{cases} u_L(0_+)=U=6\text{ V} \\ i_1(0_+)=\dfrac{U}{R_1}=6\text{ A} \\ i_3(0_+)=\dfrac{U}{R_3}=2\text{ A} \\ i(0_+)=i_1(0_+)+i_2(0_+)+i_3(0_+)=8\text{ A} \end{cases} \tag{4.7}$$

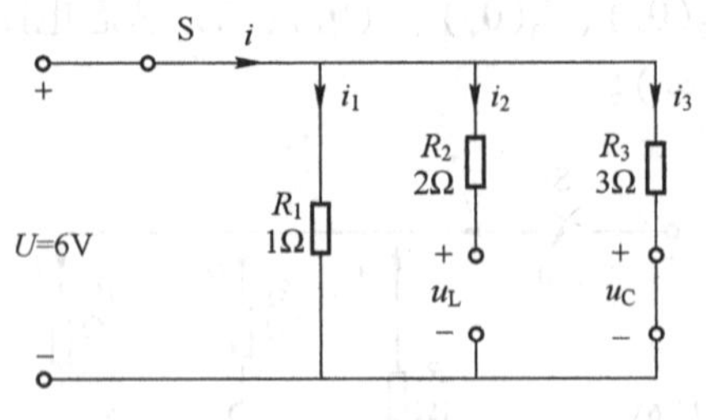

图 4.4　例题 1 暂态电路 0_+ 时刻电路

2）在 $t=\infty$ 时刻，开关 S 处于闭合状态，且暂态电路已经处于稳态，那么将电感做短路处理，将电容做开路处理，此时电路如图 4.5 所示。此时，容易求得各稳态值为

$$
\begin{cases}
u_C(\infty)=U=6\ \text{V} \\
u_L(\infty)=0\ \text{V} \\
i_1(\infty)=\dfrac{U}{R_1}=6\ \text{A} \\
i_2(\infty)=\dfrac{U}{R_2}=3\ \text{A} \\
i_3(\infty)=0\ \text{A} \\
i(\infty)=i_1(\infty)+i_2(\infty)+i_3(\infty)=9\ \text{A}
\end{cases}
\tag{4.8}
$$

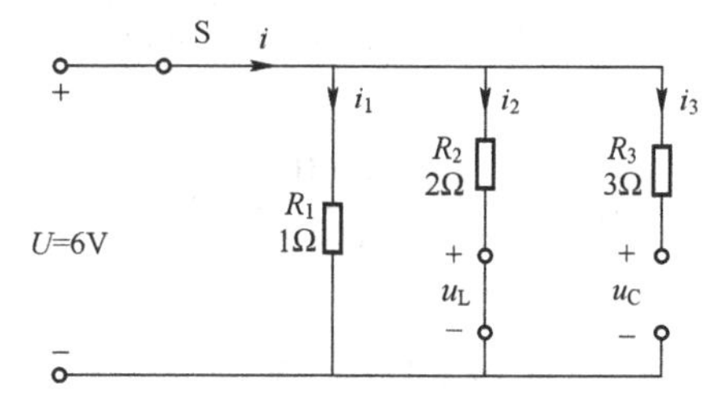

图 4.5　例题 1 暂态电路∞时刻电路

【例题 4.2】 如图 4.6 所示电路，开关 S 在 $t=0$ 时刻从 1 处切换到 2 处，且换路前电路已处于稳态。已知 $U_{S1}=6\ \text{V}$，$U_{S2}=12\ \text{V}$，$R_1=4\ \Omega$，$R_2=R_3=2\ \Omega$。试求：1）暂态电路的初始值 $u_R(0_+)$、$u_C(0_+)$、$i_1(0_+)$；2）暂态电路的稳态值 $u_R(\infty)$、$u_C(\infty)$、$i_1(\infty)$。

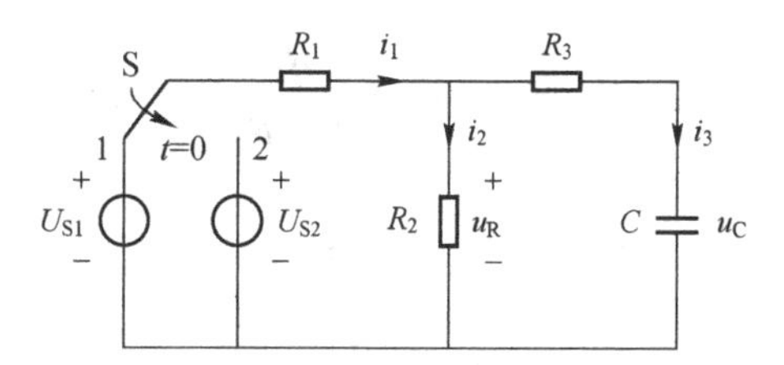

图 4.6　暂态电路初始值和稳态值的确定例题 2

解答：

1）求初始值（即 $t=0_+$时刻的值）。

此电路储能元件只有电容 C，根据换路定则确定 $u_C(0_+)$，所以先求 $u_C(0_-)$。

根据题意，在 0_-时刻，开关 S 闭合在 1 处，电路处于稳态，将电容做开路处理，电路如图 4.7 所示。显然有

$$
u_C(0_-)=u_R(0_-)=\frac{R_2}{R_1+R_2}U_{S1}=2\ \text{V} \tag{4.9}
$$

根据换路定则有

$$
u_C(0_+)=u_C(0_-)=2\ \text{V} \tag{4.10}
$$

在 $t=0_+$时刻，开关 S 闭合在 2 处，此时将电容处理为电压为 $u_C(0_+)$的理想电压源，电路如图 4.8 所示。

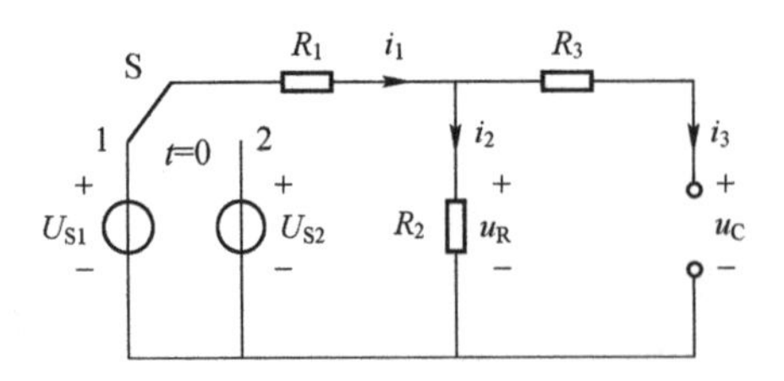

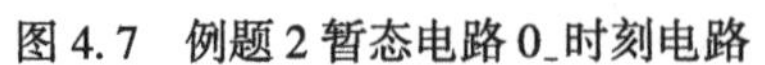
图 4.7　例题 2 暂态电路 0_- 时刻电路

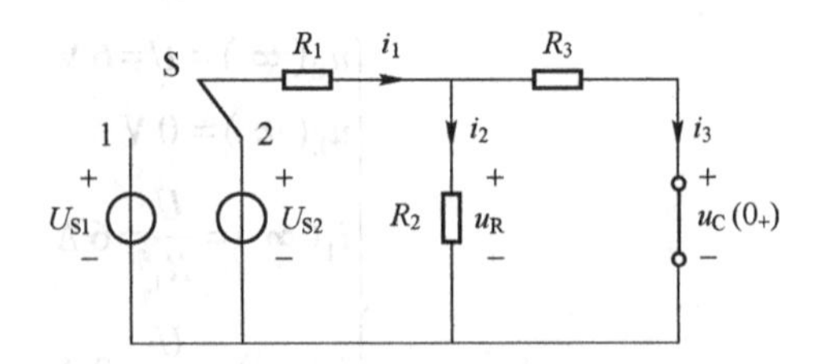

图 4.8　例题 2 暂态电路 0_+ 时刻电路

根据叠加定理求得

$$u_R(0_+)=\frac{R_2\parallel R_3}{R_1+(R_2\parallel R_3)}U_{S2}+\frac{R_1\parallel R_2}{R_3+(R_1\parallel R_2)}u_C(0_+)=3.2\text{ V} \tag{4.11}$$

于是 $i_1(0_+)$ 为

$$i_1(0_+)=\frac{U_{S2}-u_R(0_+)}{R_1}=2.2\text{ A} \tag{4.12}$$

也即各初始值为

$$\begin{cases}u_C(0_+)=2\text{ V}\\u_R(0_+)=3.2\text{ V}\\i_1(0_+)=2.2\text{ A}\end{cases} \tag{4.13}$$

2）求稳态值（即 $t=\infty$ 时刻的值）。

在 $t=\infty$ 时刻，开关 S 闭合在 2 处，电路处于稳态，所以将电容做开路处理，电路如图 4.9 所示。显然有

$$\begin{cases}u_C(\infty)=u_R(\infty)=\dfrac{R_2}{R_1+R_2}U_{S2}=4\text{ V}\\ i_1(\infty)=\dfrac{U_{S2}}{R_1+R_2}=2\text{ A}\end{cases} \tag{4.14}$$

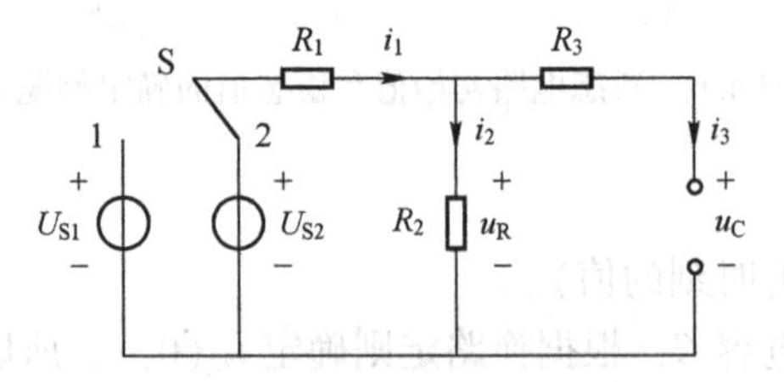

图 4.9　例题 2 暂态电路∞时刻电路

4.4　RC 电路暂态过程分析

在如图 4.10 所示的一般 RC 电路中，开关 S 在 $t=0$ 时刻从 1 处切换到 2 处。U_{S1} 和 U_{S2} 均为理想直流电压源，电阻 R 和电容 C 串联，各电压和电流如图所示。开关 S 切换到 2 处后，设电容两端的电压 $u_C(0_+)$ 已知，到 $t=\infty$ 时刻，易知电容上电压稳态值 $u_C(\infty)=U_{S2}$。那么，从 0_+ 时刻到∞时刻，电容两端的电压 u_C 随着时间是如何从 $u_C(0_+)$ 变到 $u_C(\infty)$ 的呢？因为

u_C 是时间的函数，对任意时刻 t，电容上的电压 u_C 记为 $u_C(t)$，电路中其他随时间变化的电压和电流也都记为时间 t 的函数形式。下面推导 $u_C(t)$ 的函数表达式。

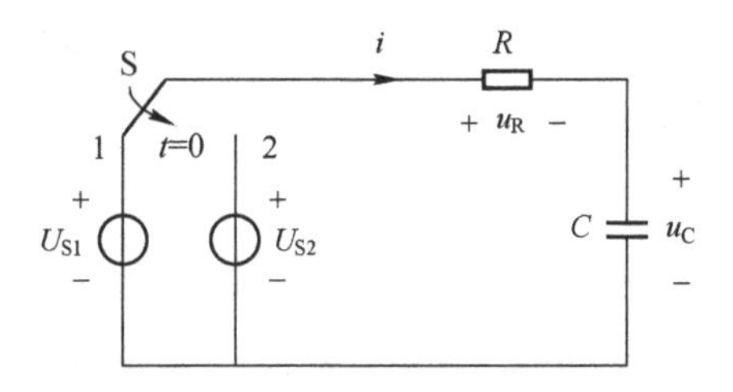

图 4.10　一般 RC 暂态电路

在任意时刻 $t(t>0)$，易知电路的开关 S 闭合在 2 处，根据基尔霍夫电压定律可知

$$U_{S2}=u_R(t)+u_C(t) \tag{4.15}$$

对电阻 R 和电容 C，可知其两端的电压和电流分别有如下关系：

$$\begin{cases} u_R(t)=Ri(t) \\ i(t)=C\dfrac{du_C(t)}{dt} \end{cases} \tag{4.16}$$

将式（4.16）代入式（4.15），并加上 $u_C(t)$ 满足的条件可知

$$\begin{cases} RC\dfrac{du_C(t)}{dt}+u_C(t)=U_{S2} \\ u_C(0)=u_C(0_+) \\ u_C(\infty)=U_{S2} \end{cases} \tag{4.17}$$

显然，方程（4.17）为一阶齐次常微分方程。因为电容两端的电压 $u_C(t)$ 符合一阶常微分方程的约束，所以称该 RC 暂态电路为一阶线性电路。

由高等数学知识可知，微分方程（4.17）的解为

$$u_C(t)=U_{S2}+[u_C(0_+)-U_{S2}]e^{-\frac{t}{RC}} \tag{4.18}$$

更一般地，用 $u_C(\infty)$ 来取代 U_{S2}，可将式（4.18）表达为

$$u_C(t)=u_C(\infty)+[u_C(0_+)-u_C(\infty)]e^{-\frac{t}{RC}} \tag{4.19}$$

式（4.19）是一般 RC 暂态电路的暂态方程，即开关 S 在 $t=0$ 时刻切换后，电容两端电压 u_C 随时间变化的函数表达式。因为电容此时的响应 $u_C(t)$ 是由初始状态 $u_C(0_+)$ 和换路后电源激励 $U_{S2}=u_C(\infty)$ 共同激励的结果，也称式（4.19）为一般 RC 暂态电路的全响应公式。

根据式（4.19），显而易见，电容上的电压 $u_C(t)$ 在换路后，其电压值将从初始值 $u_C(0_+)$ 开始，最终变为稳态值 $u_C(\infty)$。当 $u_C(0_+)>u_C(\infty)$ 时，电压 $u_C(t)$ 是一个逐渐减小的过程，变化曲线大致如图 4.11a 所示；当 $u_C(0_+)<u_C(\infty)$ 时，电压 $u_C(t)$ 是一个逐渐增大的过程，变化曲线大致如图 4.11b 所示。

特殊地，当 $u_C(0_+)=0$ 时，一般 RC 暂态电路上的响应称为零状态响应。零状态响应表示的是，电路换路前电容元件没有储存能量，因为 $u_C(0_+)=u_C(0_-)=0$，换路后，电路中的响应完全是由换路后电路中的电源激励所产生，对电容而言，零状态响应是一个充电过程。对电容上的电压 $u_C(t)$，根据式（4.19）可知，其零状态响应公式为

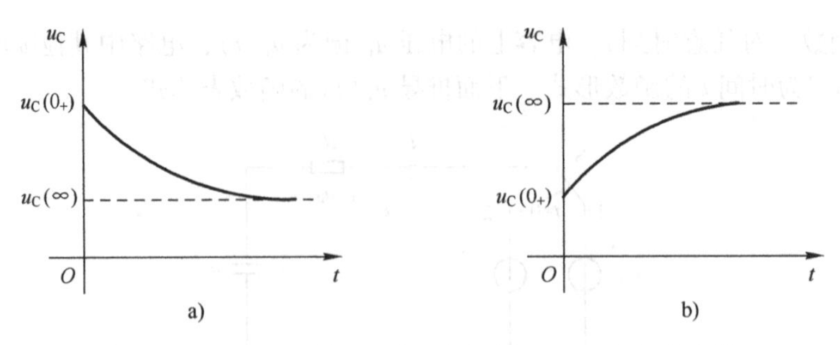

图 4.11　一般 RC 暂态电路电容上电压 $u_C(t)$ 的变化曲线

$$u_C(t)=u_C(\infty)(1-e^{-\frac{t}{RC}}) \tag{4.20}$$

特殊地，当 $u_C(\infty)=0$ 时，一般 RC 暂态电路上的响应称为零输入响应。零输入响应表示的是，电路换路后，电路中没有电源激励，即输入信号为零，电路中的响应完全是由初始时刻的电压 $u_C(0_+)$ 所产生，对电容而言，零输入响应是一个放电过程。对电容上的电压 $u_C(t)$，根据式（4.19）可知，其零输入响应公式为

$$u_C(t)=u_C(0_+)e^{-\frac{t}{RC}} \tag{4.21}$$

为了表示方便，定义一般 RC 暂态电路的时间常数 τ 为

$$\tau=RC \tag{4.22}$$

根据式（4.19）可知，时间常数 τ 具有时间的量纲，其国际单位为 s。当电阻 R 取国际单位 Ω，电容取国际单位 F，代入式（4.22）计算，所得时间常数 τ 的单位就是 s。

如果采用 RC 电路的时间常数 τ 来表示，则一般 RC 暂态电路的全响应、零状态响应和零输入响应公式分别为

$$\begin{cases}全响应:u_C(t)=u_C(\infty)+[u_C(0_+)-u_C(\infty)]e^{-\frac{t}{\tau}}\\ 零状态响应:u_C(t)=u_C(\infty)(1-e^{-\frac{t}{\tau}})\\ 零输入响应:u_C(t)=u_C(0_+)e^{-\frac{t}{\tau}}\\ \tau=RC\end{cases} \tag{4.23}$$

时间常数 τ 决定了响应变化的快慢。τ 越大，响应变化相同大小所需要的时间就越长，其变化速度就越慢；反之，变化速度则越快。从理论上讲，电路在换路后，响应从初始状态到最终的稳定状态，所需时间是 $t=\infty$。但考虑到响应是时间 t 的指数函数，见式（4.23），其增加或减小都呈指数变化，很快就能接近稳态值，所以，工程上一般认为当时间 $t\geqslant5\tau$ 后，电路的暂态过程就基本结束，电路已达稳定状态了。

4.5　RL 电路暂态过程分析

在如图 4.12 所示的一般 RL 电路中，开关 S 在 $t=0$ 时刻从 1 处切换到 2 处。U_{S1} 和 U_{S2} 均为理想直流电压源，电阻 R 和电感 L 串联，各电压和电流如图所示。开关 S 切换到 2 处后，设流过电感的电流 $i_L(0_+)$ 已知，到 $t=\infty$ 时刻，易知电感上电流稳态值 $i_L(\infty)=\dfrac{U_{S2}}{R}$。那么，

从 0_+时刻到∞时刻，电感上的电流 i_L 随着时间是如何变化的呢？对任意时刻 t，电感上的电流 i_L 记为 $i_L(t)$，下面推导 $i_L(t)$的函数表达式。

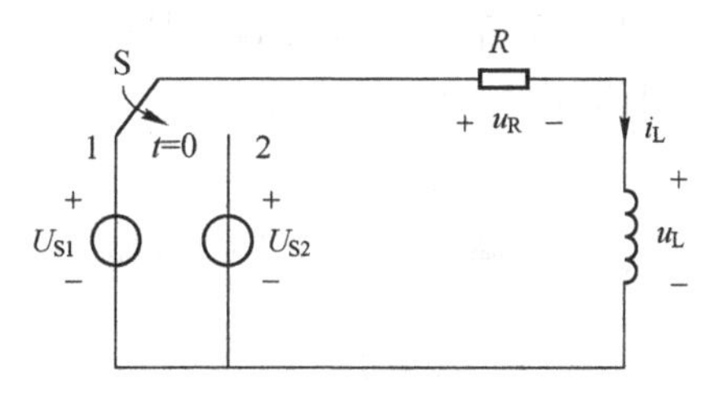

图 4.12　一般 RL 暂态电路

在任意时刻 $t(t>0)$，易知电路的开关 S 闭合在 2 处，根据基尔霍夫电压定律可知

$$U_{S2}=u_R(t)+u_L(t) \tag{4.24}$$

对电阻 R 和电感 L，可知其两端的电压和电流分别有如下关系：

$$\begin{cases} u_R(t)=Ri_L(t) \\ u_L(t)=L\dfrac{di_L(t)}{dt} \end{cases} \tag{4.25}$$

将式（4.25）代入式（4.24），并加上 $i_L(t)$所满足的初始条件和稳态条件可知

$$\begin{cases} L\dfrac{di_L(t)}{dt}+Ri_L(t)=U_{S2} \\ i_L(0)=i_L(0_+) \\ i_L(\infty)=\dfrac{U_{S2}}{R} \end{cases} \tag{4.26}$$

显然，方程（4.26）为一阶齐次常微分方程。此处的 RL 暂态电路也为一阶线性电路。

解微分方程（4.26）得

$$\begin{cases} i_L(t)=i_L(\infty)+[i_L(0_+)-i_L(\infty)]e^{-\frac{t}{\tau}} \\ \tau=\dfrac{L}{R} \end{cases} \tag{4.27}$$

式（4.27）是一般 RL 暂态电路的暂态方程，即开关 S 在 $t=0$ 时刻切换后，电感上电流 $i_L(t)$ 的表达式。式（4.27）也称为一般 RL 暂态电路的全响应公式。这里，τ 为 RL 暂态电路的时间常数。当电阻 R 取国际单位 Ω，电感取国际单位 H，代入计算，所得时间常数 τ 的单位就是 s。

比较式（4.23）和式（4.27）可知，一般 RC 暂态电路和一般 RL 暂态电路的表达形式完全一样，就是时间常数 τ 的表达形式不同。

特殊地，当 $i_L(0_+)=0$ 时，一般 RL 暂态电路上的响应称为零状态响应。零状态响应表示的是，电路换路前电感元件没有储存能量，因为 $i_L(0_+)=i_L(0_-)=0$，换路后，电路中的响应完全是由换路后电路中的电源激励所产生，对电感而言，零状态响应是一个充电过程。对电感上的电流 $i_L(t)$，根据式（4.27）可知，其零状态响应公式为

$$i_L(t)=i_L(\infty)(1-e^{-\frac{t}{\tau}}) \tag{4.28}$$

特殊地，当 $i_L(\infty)=0$ 时，一般 RL 暂态电路上的响应称为零输入响应。零输入响应表示的是，电路换路后，电路中没有电源激励，即输入信号为零，电路中的响应完全是由初始时刻的电压 $i_L(0_+)$ 所产生，对电感而言，零输入响应是一个放电过程。对电感上的电流 $i_L(t)$，根据式（4.27）可知，其零输入响应公式为

$$i_L(t)=i_L(0_+)e^{-\frac{t}{\tau}} \tag{4.29}$$

总之，对一般 RL 暂态电路，其全响应、零状态响应和零输入响应公式分别为

$$\begin{cases}\text{全响应}: i_L(t)=i_L(\infty)+[i_L(0_+)-i_L(\infty)]e^{-\frac{t}{\tau}} \\ \text{零状态响应}: i_L(t)=i_L(\infty)(1-e^{-\frac{t}{\tau}}) \\ \text{零输入响应}: i_L(t)=i_L(0_+)e^{-\frac{t}{\tau}} \\ \tau=\dfrac{L}{R}\end{cases} \tag{4.30}$$

RL 电路中时间常数 τ 的含义，与 RC 电路中时间常数 τ 的含义完全相同，表示了响应变化的快慢，只是在这两种暂态电路中，时间常数 τ 的表达形式不同。

4.6 一阶线性电路暂态过程的三要素法

前面提到的一般 RC 电路和一般 RL 电路，都是一阶线性电路，其暂态过程，电容上的电压响应 $u_C(t)$ 和电感上的电流响应 $i_L(t)$，具有相似的表达形式。经过分析发现，在一阶线性电路中，除了电容上的电压响应或电感上的电流响应，其他负载两端的电压响应或其他支路上的电流响应，与 $u_C(t)$ 或 $i_L(t)$ 一样具有类似的表达形式。

为此，将一阶线性电路（不管是一般 RC 电路，还是一般 RL 电路）的所有响应（不管是电压响应，还是电流响应），统一表达为如下形式，即一阶线性电路暂态过程三要素公式：

$$f(t)=f(\infty)+[f(0_+)-f(\infty)]e^{-\frac{t}{\tau}} \tag{4.31}$$

这里，f 表示一阶线性电路中任意两点间的电压，或任意一条支路上的电流；τ 是时间常数，在 RC 暂态电路中，$\tau=RC$，而在 RL 暂态电路中，$\tau=\dfrac{L}{R}$。在式（4.31）中，只需要确定 $f(0_+)$、$f(\infty)$ 和 τ 三个要素，就可以直接写出响应随时间变化的表达式，故称为三要素公式。利用三要素公式求解暂态过程的方法，称为三要素法。

用三要素法求解一阶线性电路的暂态过程，针对的是前面提到的一般 RC 暂态电路，或一般 RL 暂态电路，即只有一个储能元件 C 或 L，然后串联一个电阻的电路，才可以运用三要素公式直接得到结果。不过，对只有一个储能元件和很多电阻以及很多电源构成的复杂电路，也可以运用三要素公式求解暂态过程，只需要对电路做一个等价变换即可。能推广使用三要素公式的关键是，电路中只有一个储能元件，或者可以合并为一个储能元件，这样才能保证是一阶线性电路。

这个等价变换是这样的：

1）对换路前的电路，即 0_- 时刻电路，不包含储能元件的电路网络是一个二端网络，运

用戴维南定理，将该二端网络等价为一个电压源模型，就将复杂电路变换成一般暂态电路换路前的标准形式，电压源模型的电动势就是一般暂态电路中的电压 U_{S1}，电压源模型的内阻就是一般暂态电路中的电阻 R。特别地，当该二端网络是无源二端网络时，就等价成一个电阻，对应的是一般暂态电路中 $U_{S1}=0$ 的特别情况。

2）对换路后的电路，即 0_+时刻电路，不包含储能元件的电路网络是一个二端网络，运用戴维南定理，将该二端网络等价为一个电压源模型，那么就将复杂电路变换成了一般暂态电路换路后的标准形式，电压源模型的电动势就是一般暂态电路中的电压 U_{S2}，电压源模型的内阻就是一般暂态电路中的电阻 R。特别地，当该二端网络是无源二端网络时，就等价成一个电阻，对应的是一般暂态电路中 $U_{S2}=0$ 的特别情况，等效电阻就是一般暂态电路中的电阻 R。

在运用三要素法求解暂态过程时，没有用到等效电压源模型的电源电动势，所以并不关心电源电动势是多少，而只需要求出等效内阻或等效电阻即可，所以一般的做法是，将不包含储能元件的二端网络再变换成无源二端网络，求出该无源二端网络的等效电阻，作为一般暂态电路中的电阻 R。

由此可见，只含一个储能元件的一阶线性电路可以运用三要素公式来求解暂态过程。而且等价变换的思路也蕴含了如何求解三要素公式中三个要素 $f(0_+)$、$f(\infty)$ 和 τ 的方法。具体求解步骤如下：

1）求出初始值 $f(0_+)$。求解方法见 4.3.1 节，该方法本来就适用于由储能元件和电阻构成的复杂电路，没有要求电路一定是形如推导暂态方程时所针对的一般暂态电路那样。

2）求出稳态值 $f(\infty)$。求解方法见 4.3.2 节，该方法也适用于由储能元件和电阻构成的复杂电路。

3）求出时间常数 τ。对一般 RC 电路，$\tau=RC$；对一般 RL 电路，$\tau=\dfrac{L}{R}$。此时，按照这个公式来求时间常数 τ，对电路就有特殊要求了，一定要形如一般 RC 电路形式，或一般 RL 电路形式。所以，要根据戴维南定理，对不包含储能元件的二端网络做等效变换，求出其等效电阻 R_0，然后按公式求时间常数，此时 $\tau=R_0C$，或 $\tau=\dfrac{L}{R_0}$。需要注意的是，求时间常数 τ 时，对应的电路一定是换路后的电路，而不是换路前的电路，而且电阻 R_0 是电路除掉电容 C 或者除掉电感 L 所得二端网络的等效电阻，跟响应 f 是电路中的哪个电压或者哪个电流没有关系。

4）将三要素的值代入式（4.31），写出暂态响应 $f(t)$。

下面举例说明三要素法在求解一阶线性电路暂态过程中的具体应用。

【例题 4.3】 在如图 4.13 所示电路中，已知 $R_1=2\,\text{k}\Omega$，$R_2=R_3=4\,\text{k}\Omega$，$C=2\,\mu\text{F}$，$U=6\,\text{V}$。在 $t=0$ 时刻，开关 S 闭合，且闭合前电路已处于稳态。当开关闭合后，试求暂态电压 u_C、暂态电流 i_C 和暂态电流 i_2。

解答：

（1）运用三要素法求暂态电压 u_C，具体步骤如下。

1）求初始值 $u_C(0_+)$。

由换路定则有 $u_C(0_+)=u_C(0_-)$。

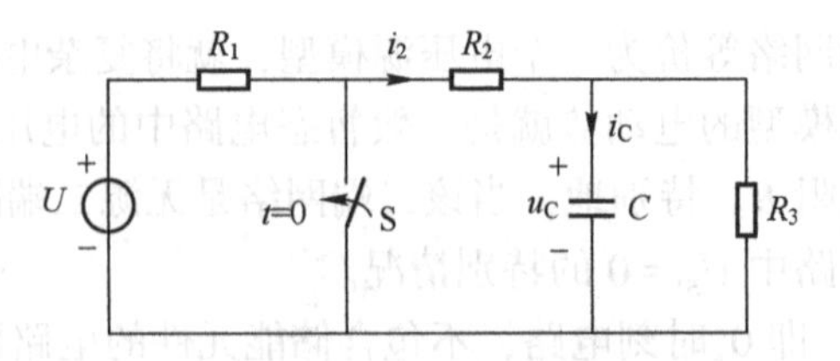

图 4.13　三要素法求暂态过程例题 1

在 0_时刻，开关 S 处于断开状态，而且电路已经达到稳态。在直流电路中，达到稳态时，电容 C 相当于断路。所以 $u_C(0_-)$ 就是电阻 R_3 两端的电压。因此

$$u_C(0_+)=u_C(0_-)=\frac{R_3}{R_1+R_2+R_3}U=2.4\,\mathrm{V} \tag{4.32}$$

2）求稳态值 $u_C(\infty)$。

在 $t=\infty$，电路已经处于稳态，对应的电路是开关 S 闭合的电路。在稳态电路中，电容 C 相当于断路。所以 $u_C(\infty)$ 就是电阻 R_3 两端的电压。因为此时开关 S 处于闭合状态，即电阻 R_2 和电阻 R_3 串联的支路被导线短路，所以 $u_C(\infty)=0\,\mathrm{V}$。

3）求时间常数 τ。

对 0_+时刻的电路，即开关 S 闭合时的电路，将储能元件 C 从电路中移除，得到一个有源二端网络，再将有源二端网络变为无源二端网络（即将电压源短路，电流源开路），如图 4.14 所示，求此无源二端网络的等效电阻 R_0。从电容 C 移除后的两个端口看过去，电阻 R_1 被短路，总的等效电阻 R_0 为电阻 R_2 和电阻 R_3 的并联，即

$$R_0=\frac{R_2R_3}{R_2+R_3}=2\,\mathrm{k\Omega} \tag{4.33}$$

所以，时间常数 $\tau=R_0C=2\times10^3\times2\times10^{-6}\,\mathrm{s}=4\times10^{-3}\,\mathrm{s}$。

4）将三要素的值代入三要素公式，写出暂态响应 $u_C(t)$。

根据三要素公式有

$$u_C(t)=u_C(\infty)+[u_C(0_+)-u_C(\infty)]\mathrm{e}^{-\frac{t}{\tau}}=2.4\mathrm{e}^{-250t}\,\mathrm{V} \tag{4.34}$$

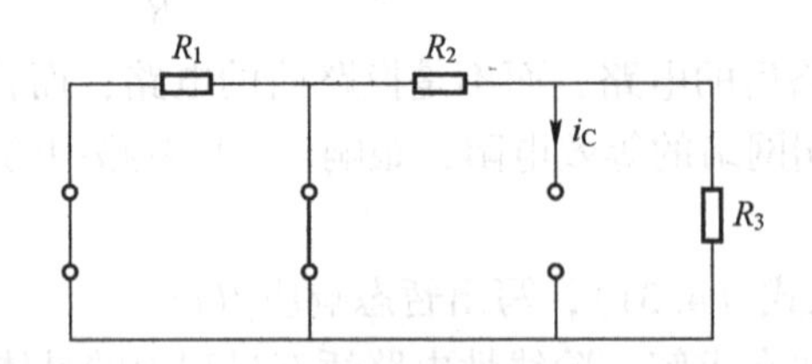

图 4.14　例题 1 移除储能元件 C 后的无源二端网络

（2）运用三要素法求暂态电流 i_2 和暂态电流 i_C，具体步骤如下。

1）求初始值 $i_2(0_+)$ 和 $i_C(0_+)$。

前面已经求得，$u_C(0_+)=2.4\,\mathrm{V}$。在 0_+时刻，开关 S 是闭合的，为了求各初始值，将电容 C 当成理想电压源，如图 4.15 所示。显然有

$$
\begin{cases}
i_2(0_+)=-\dfrac{u_C(0_+)}{R_2}=-0.6\,\text{mA} \\
i_C(0_+)=-\dfrac{u_C(0_+)}{\dfrac{R_2R_3}{R_2+R_3}}=-1.2\,\text{mA}
\end{cases}
\tag{4.35}
$$

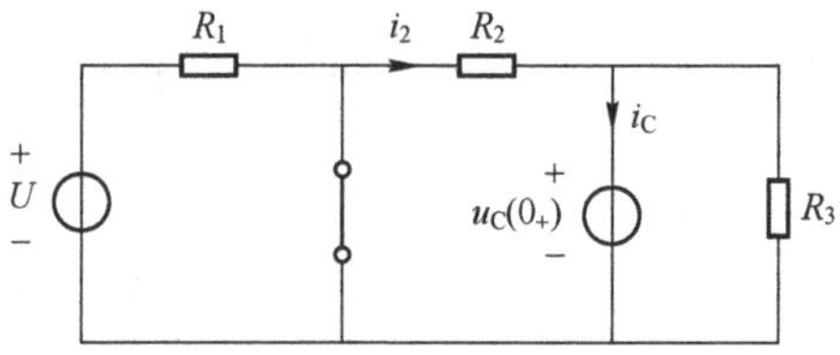

图 4.15　例题 1 中 0_+时刻的暂态电路

2）求稳态值 $i_2(\infty)$和 $i_C(\infty)$。

在 $t=\infty$，电路已经处于稳态，对应的是开关 S 闭合的电路。在直流电路中，稳态时，电容做开路处理，所以有

$$
\begin{cases}
i_2(\infty)=0\,\text{mA} \\
i_C(\infty)=0\,\text{mA}
\end{cases}
\tag{4.36}
$$

3）求时间常数 τ。

对同一个暂态电路，所有暂态响应的时间常数都是相同的，都是通过公式 $\tau=R_0C$ 或 $\tau=\dfrac{L}{R_0}$求得。此处的等效电阻 R_0 等于将储能元件从电路中移除后，对应二端网络的等效电阻。前面已经求得时间常数 $\tau=R_0C=4\times10^{-3}$ s。

4）将三要素值代入三要素公式，写出暂态响应 $i_2(t)$和 $i_C(t)$。

根据三要素公式有

$$
\begin{cases}
i_2(t)=i_2(\infty)+[i_2(0_+)-i_2(\infty)]\mathrm{e}^{-\frac{t}{\tau}}=-0.6\mathrm{e}^{-250t}\,\text{mA} \\
i_C(t)=i_C(\infty)+[i_C(0_+)-i_C(\infty)]\mathrm{e}^{-\frac{t}{\tau}}=-1.2\mathrm{e}^{-250t}\,\text{mA}
\end{cases}
\tag{4.37}
$$

4.7　RC 微分电路和 RC 积分电路

由电阻 R 和电容 C 串联组成的 RC 电路，其暂态过程会使储能元件——电容充放电。利用该特性，能实现输入信号波形的变换，这在电子电气领域具有广泛的应用。在 RC 电路中，在矩形脉冲输入信号的作用下，如果从电阻 R 两端输出电压，则称为微分电路，如果从电容 C 两端输出电压，则称为积分电路。在微分电路中，电路的时间常数 τ 远小于矩形激励信号的脉冲宽度 T_P，即 $\tau\ll T_P$；在积分电路中，电路的时间常数 τ 远大于激励信号的周期 T，即 $\tau\gg T$。下面分别予以详细介绍。

4.7.1　RC 微分电路

在电阻 R 和电容 C 组成的串联电路中，矩形脉冲信号输入电压记为 u_i，如果从电阻 R

两端输出电压 u_o，就构成了一个 RC 微分电路，如图 4.16 所示。这里，输入信号 u_i 是周期为 T、脉冲宽度为 T_P、幅值为 U 的周期性矩形脉冲信号，如图 4.17 所示。可见，电压 u_i 的上升沿或下降沿，就相当于一般 RC 暂态电路的换路操作。

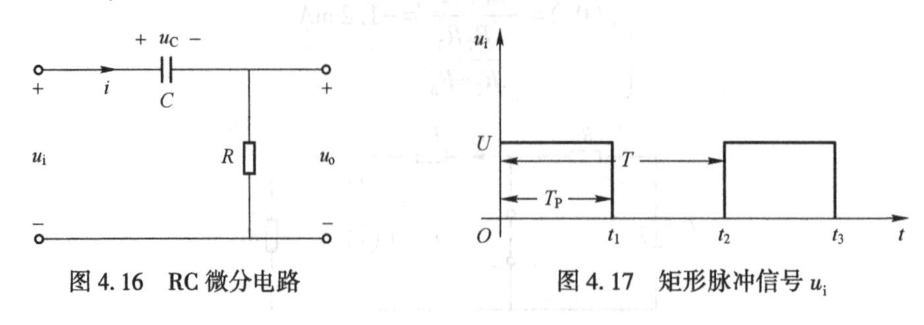

图 4.16　RC 微分电路　　图 4.17　矩形脉冲信号 u_i

在 $t=0$ 时刻，即矩形信号 u_i 的上升沿处，假设电路在此之前已处于稳态，即 $u_C(0_+)=u_C(0_-)=0$。又因为在 $t=\infty$ 时刻，应该有 $u_C(\infty)=U$。所以，在 $t=0$ 时刻，电容两端的电压 u_C 的暂态过程为 $u_C(t)=U(1-e^{-\frac{t}{\tau}})$，其中，时间常数 $\tau=RC$。那么，对输出电压 $u_o(t)$ 有

$$u_o(t)=u_i-u_C(t)=U-U(1-e^{-\frac{t}{\tau}})=Ue^{-\frac{t}{\tau}} \tag{4.38}$$

当时间常数 τ 很小时，即 $\tau \ll T_P$ 时，5τ 也是一个很短的时间，也远远小于矩形信号的脉冲宽度 T_P。而在 5τ 时间内，通常认为暂态电路已经达到了稳态。这表明，输出电压$u_o(t)$ 在很短的时间就从 U 降到了 0。

同样地，在 $t=t_1$ 时刻，即矩形信号 u_i 的下降沿处，因为在此之前电路早已达到稳态，所以 $u_C(t_{1+})=u_C(t_{1-})=U$，而且电路的稳态值 $u_C(\infty)=0$，所以从 t_1 时刻开始，电容上电压 u_C 的暂态过程为 $u_C(t)=Ue^{-\frac{t-t_1}{\tau}}$。于是，求得输入电压 $u_o(t)$ 为

$$u_o(t)=u_i-u_C(t)=0-Ue^{-\frac{t-t_1}{\tau}}=-Ue^{-\frac{t-t_1}{\tau}} \tag{4.39}$$

当时间常数 $\tau \ll T_P$ 时，即 τ 很小时，在 5τ 时间内可认为输入电压 $u_o(t)$ 已经达到稳态，即在很短的时间内，$u_o(t)$ 就从 $-U$ 增大到 0。

由于输入电压 u_i 为周期性矩形脉冲信号，在之后电压 u_i 的上升沿和下降沿，输出电压 u_o 将重复式（4.38）所示上升沿过程和式（4.39）所示下降沿过程。输出电压 u_o 的波形如图 4.18 所示。可见，输出电压 u_o 是一系列正负脉冲信号，可以用作触发信号。

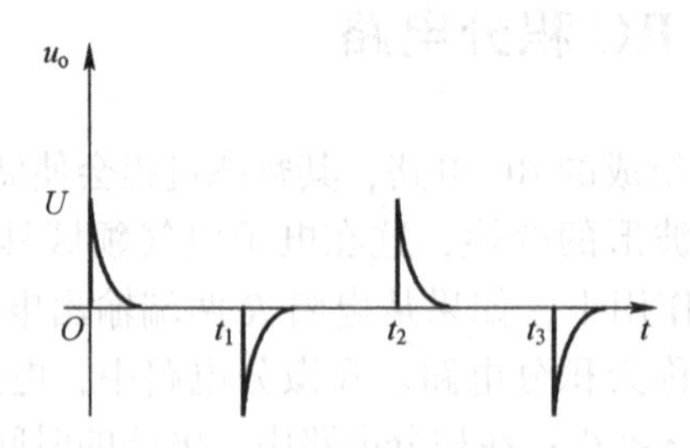

图 4.18　矩形脉冲信号作用下 RC 微分电路输出电压波形图

也可以从另外一个角度来考虑输出电压 u_o 与输入电压 u_i 之间的关系。当时间常数 $\tau \ll T_P$ 时，可以认为电容在很短的时间内就达到了稳态，因为在绝大部分时间内，电容都是处于稳

态，可以认为 $u_C(t)\approx u_i$。又因为输出电压 $u_o(t)=Ri(t)=RC\dfrac{du_C(t)}{dt}\approx RC\dfrac{du_i}{dt}$，所以，可以近似认为输出电压 u_o 与输入电压 u_i 呈微分关系。所以，称时间常数 $\tau\ll T_P$ 时，该 RC 电路为微分电路。

当时间常数 τ 不是远远小于矩形脉冲宽度 T_P，即在时间 T_P 内，输出电压没有达到稳态，由式（4.38）可知，在 $t=0$ 处，即 u_i 的上升沿处，输出电压 u_o 将从 U 开始沿指数 e 的形式向 0 减小，到 t_1 时刻，假设输出电压减小到 $u_o=U_1(>0)$。在 $t=t_1$ 处，即 u_i 的下降沿处，根据 RC 暂态电路的暂态过程可知，输出电压 u_o 将从 $-U_1$ 处沿指数 e 的形式向 0 增加，假设增加到 $u_o=-U_2$ 时，输入电压 u_i 来了一个上升沿，则输出电压 u_o 将从 U_2 向 0 减小。随着时间的增加，输出电压 u_o 将不断重复上述过程，其波形图大致如图 4.19 所示。

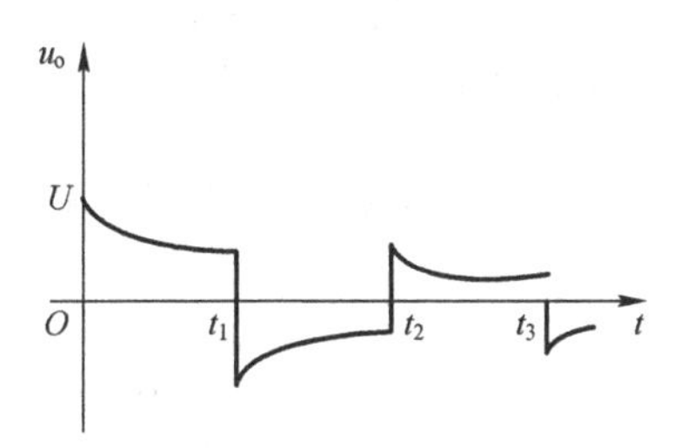

图 4.19　矩形脉冲信号作用下 RC 电路脉冲响应

4.7.2　RC 积分电路

在电阻 R 和电容 C 组成的串联电路中，矩形脉冲信号输入电压记为 u_i，如果从电容 C 两端输出电压 u_o，就构成了一个 RC 积分电路，如图 4.20 所示。这里，输入信号 u_i 是周期为 T、脉冲宽度为 T_P、幅值为 U 的周期性矩形脉冲信号，如图 4.17 所示。

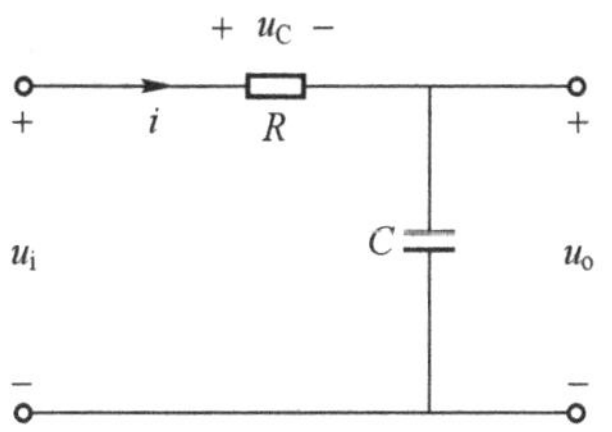

在 $t=0$ 时刻，即矩形信号 u_i 的上升沿处，假设电路在此之前已处于稳态，即 $u_C(0_+)=u_C(0_-)=0$。又因为在 $t=\infty$ 时刻，应该有 $u_C(\infty)=U$。所以，在 $t=0$ 时刻，输出电压 u_o 即为电容两端的电压 u_C：

$$u_o(t)=U(1-e^{-\frac{t}{\tau}}) \tag{4.40}$$

其中，时间常数 $\tau=RC$。

图 4.20　RC 积分电路

当时间常数 τ 很大，即 $\tau\gg T$ 时，如果认为该 RC 电路在 5τ 时间内达到稳态，那将需要很长时间电路才能处于稳态。也即，在 $t=0\sim t_1$ 时间内，电容一直处于充电状态，输出电压 u_o 将一直增大，不断趋近 U。

在 $t=t_1$ 时刻，即矩形信号 u_i 的下降沿处，电容还未达到稳态就开始放电，输出电压 u_o 将从 $u_C(t_1)$ 开始向 0 减小。从 t_1 时刻开始，输出电压 u_o 的方程为

$$u_o(t)=u_C(t_1)e^{-\frac{t-t_1}{\tau}} \tag{4.41}$$

到 t_2 时刻，输出电压 u_o 还未减小到 0，矩形信号 u_i 的上升沿又来了，电容又开始充电，输出电压 u_o 又开始增大。之后，输出电压 u_o 将重复上述过程。经过足够长时间，输入电压的波动将稳定在某个范围之内。

总结一下，当时间常数 $\tau \gg T$ 时，在矩形输入信号的作用下，输出电压 u_o 呈增大、减小、又增大的变化过程，每个暂态过程都没有达到稳态，其波形图如图 4.21 所示。

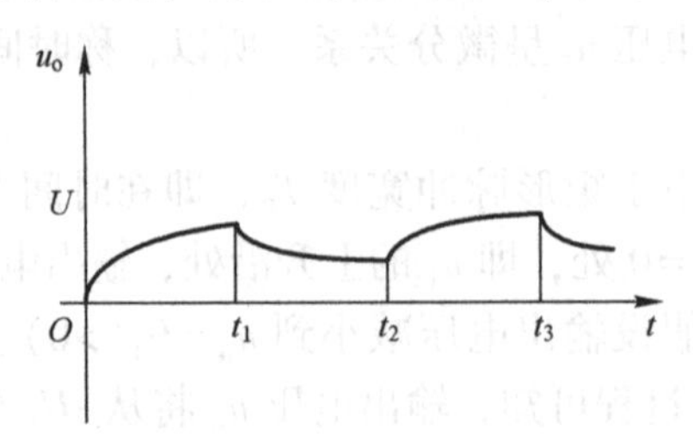

图 4.21　矩形脉冲信号作用下 RC 积分电路输出电压波形图

同样地，可以从另一个角度来分析 u_o 与 u_i 的关系。由于时间常数 $\tau \gg T$，即表明电容的充放电极为缓慢，在矩形信号电压为 0 时，电阻两端电压 u_R 的衰减也极为缓慢。由此可以近似认为，在所有时间上有 $u_R \approx u_i$。根据电容上电压和电流的关系，可得 $i = C\frac{\mathrm{d}u_o}{\mathrm{d}t}$，所以有

$$u_o = \frac{1}{C}\int i\mathrm{d}t = \frac{1}{C}\int \frac{u_R}{R}\mathrm{d}t \approx \frac{1}{RC}\int u_i\mathrm{d}t \tag{4.42}$$

这即表明输出电压 u_o 与输入电压 u_i 近似呈积分关系，这种情况下的 RC 电路称为积分电路。积分电路是一个不完全充放电的过程。

习题 4

第 4 章习题

第 4 章习题参考答案

第 5 章　磁路和变压器

本章知识点

1. 磁场和磁路基本概念;
2. 铁心线圈磁路分析;
3. 变压器工作原理;
4. 变压器电压变换;
5. 变压器电流变换;
6. 变压器阻抗变换;
7. 变压器绕组极性;
8. 常见变压器与变压器铭牌数据。

学习经验

1. 要准确理解电磁相互转换和基本的磁路分析;
2. 要熟练掌握变压器的三个变换：电压变换、电流变换和阻抗变换;
3. 要理解变压器阻抗变换的含义;
4. 能读懂变压器铭牌数据，并进行简单的计算。

5.1　磁场的基本物理量和磁性材料的磁性能

5.1.1　磁场的基本物理量

变压器是常用的电气设备，其利用电感的感应原理进行工作，实现电能到磁场能再转化为电能，以实现电能的传输。磁场能是磁场的具体体现，磁场在导磁物质中的传播就会形成磁路，或者称磁路是局限于固定路径内的磁场问题。为了对变压器的工作原理和工作方式有一个比较清楚的理解，需要对磁场有个基本的认识。

对磁场的描述，有如下一些基本物理量。

1. 磁感应强度

磁感应强度是一个矢量，表示的是磁场中某点的磁场强弱，其大小由垂直穿过单位面积的磁力线条数决定，其方向与励磁电流（产生磁场的电流）方向满足右手法则。磁感应强度又称为磁通密度。磁场的方向就由磁感应强度的方向所定义。

磁感应强度一般用 $\boldsymbol{B}$ 来表示，其单位为特斯拉（T），或为韦伯/平方米（Wb/m^2）。

如果磁场内各点的磁感应强度大小相等，方向相同，则该磁场被称为均匀磁场。

设一检验电荷 q_0 以速度 $\boldsymbol{v}$ 在磁场中运动，该电荷所受的力为 $\boldsymbol{F}$，如果磁感应强度为 $\boldsymbol{B}$，则有如下关系：

$$\boldsymbol{F}=q_0\boldsymbol{v}\times\boldsymbol{B} \tag{5.1}$$

显然，当电荷运动方向或电流方向与磁感应强度方向垂直时，受力达到最大值。通过这个公式，可以建立磁感应强度与力之间的关系，有助于理解磁感应强度这个概念。

2. 磁通

磁场内，穿过某一截面 S 的磁力线的总量，称为磁通，记作 Φ，它是一个标量，它与磁感应强度 $\boldsymbol{B}$ 的关系为

$$\Phi=\int_S \boldsymbol{B}\cdot \mathrm{d}\boldsymbol{S} \tag{5.2}$$

这里，截面 S 是有方向的，其方向与高数中曲面的方向定义相同，即曲面方向为曲面法线的方向。

特别地，在均匀磁场中，当截面 $\boldsymbol{S}$ 与磁感应强度 $\boldsymbol{B}$ 垂直时，有

$$\Phi=\boldsymbol{B}\cdot\boldsymbol{S} \tag{5.3}$$

这也表明磁感应强度 $\boldsymbol{B}=\dfrac{\Phi}{\boldsymbol{S}}$，这也是磁感应强度被称为磁通密度的原因。

磁通 Φ 的国际单位为韦伯（Wb），简称韦。

变化的磁通会在电路中感应出电动势 e，根据法拉第的电磁感应定律有

$$e=-\frac{\mathrm{d}\Phi}{\mathrm{d}t} \tag{5.4}$$

这里，如果磁通取国际单位 Wb，时间 t 取国际单位 s，计算出的感应电动势 e 的单位即为 V。如果电路是一个 N 匝的线圈，则线圈两端的感应电动势 e 为

$$e=-N\frac{\mathrm{d}\Phi}{\mathrm{d}t} \tag{5.5}$$

3. 磁场强度

磁场强度也是一个表征磁场强弱和方向的物理量，是历史上磁荷说引入的一个概念，后来磁荷说被安培的分子电流说所取代，但这个概念却被保留了下来，作为一个辅助量，在公式的推导和表达中继续发挥作用。

磁场强度记作 $\boldsymbol{H}$，其方向与磁感应强度 $\boldsymbol{B}$ 相同。在励磁电流产生的磁场中，磁场强度 $\boldsymbol{H}$ 只与励磁电流有关，其关系由安培环路定理所描述：

$$\oint_l \boldsymbol{H}\cdot \mathrm{d}\boldsymbol{l}=\sum_k I_k \tag{5.6}$$

这里，$\boldsymbol{l}$ 为任意闭合曲线。安培环路定理表达的是磁场强度 $\boldsymbol{H}$ 沿任意闭合曲线 $\boldsymbol{l}$ 的积分等于穿过该闭合曲线所围曲面的电流的代数和。

磁场强度 $\boldsymbol{H}$ 的国际单位是安培/米（A/m）。

励磁电流产生磁场，磁场在介质（包括真空）中传播时，磁场强度会使介质磁化而产生一个磁场，这个磁场与磁场强度的叠加结果就是磁感应强度。可见，磁感应强度与介质密切相关，而磁场强度只与励磁电流有关。

4. 磁导率、相对磁导率与磁性材料

表征磁场介质磁性的物理量就是磁导率，记作μ，其可用磁场中某点的磁感应强度与磁场强度之比来表达，即

$$\mu=\frac{B}{H} \tag{5.7}$$

磁导率越大，表明该物质的导磁能力越强。

磁导率的国际单位是亨/米（H/m）。

真空中的磁导率是一个常数，记作μ_0，实验测得其值为

$$\mu_0=4\pi\times10^{-7}\mathrm{H/m} \tag{5.8}$$

任意一种物质的磁导率μ与真空磁导率μ_0之比，称为该物质的相对磁导率，记作μ_r，即有

$$\mu_r=\frac{\mu}{\mu_0} \tag{5.9}$$

同样地，相对磁导率μ_r也可以用来表示物质的导磁能力，μ_r越大，物质的导磁能力越强。

空气、木头、铝等物质，相对磁导率$\mu_r\approx1$，导磁能力与真空接近，这类物质被统称为非磁性物质。而磁性物质的相对磁导率$\mu_r\gg1$，如铸钢的μ_r约为1000，硅钢片的μ_r为6000~7000，坡莫合金的μ_r约为几万。

5.1.2 磁性材料的磁性能

1. 高导磁性

磁性材料的相对磁导率很高，即$\mu_r\gg1$，高达数百、数千及至数万的量级。这使得磁性材料被磁化后，具有很强的磁场。磁性材料的这种性质就称为高导磁性。

铁是一种相对磁导率很大的材料。给线圈通电，会产生磁场，如果给线圈加上铁心，由于高导磁性，就会在铁心中产生很大的磁感应强度或磁通。在这种具有铁心的线圈中通入不大的励磁电流，就可以产生足够大的磁感应强度和磁通。这就解决了既要求磁通大，又要求励磁电流小的矛盾。所以，铁心线圈在变压器、电动机等电气设备中获得了广泛的应用。

2. 磁饱和性

将磁性材料放在磁场中，其磁感应强度B随磁场强度H变化的特性可用磁化曲线（B-H曲线）来描述，一般磁性物质的磁化曲线如图5.1所示。图中，磁场强度H由产生磁场的励磁电流I决定。可见，刚开始时，随着H增大，B也迅速增大；随着H继续增大，B的增加缓慢下来，最后趋于一个极值。这种性质称为磁性物质的磁饱和性。

磁性物质的磁导率$\mu=\frac{B}{H}$，由图5.1所示的磁化曲线可见，由于B与H不呈线性关系，所以磁导率μ不是一个常数。磁导率μ是随H而变化的一个量，其值为磁化曲线上对应点的斜率。

3. 磁滞性

如果励磁电流为交流电，产生一个交变的磁场强度H，用这个磁场来磁化磁性物

质，则磁性物质中的磁感应强度 B 也会随之变化，会形成如图 5.2 所示曲线，称为磁滞回线。

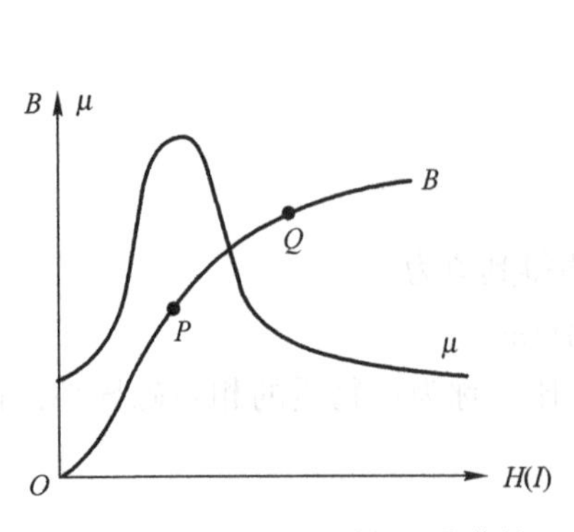

图 5.1　一般磁性物质的磁化曲线

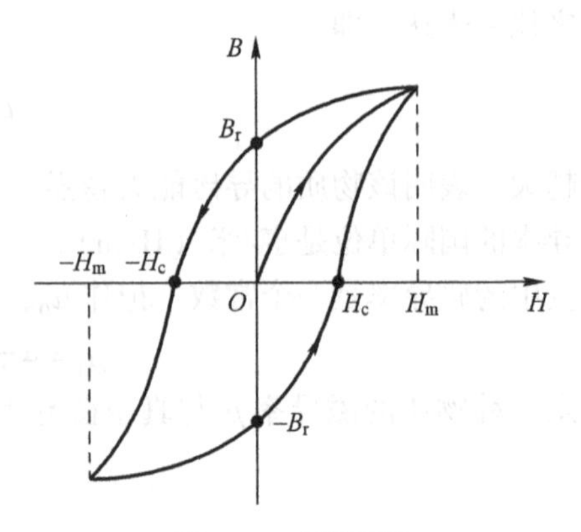

图 5.2　磁滞回线

由图 5.2 可见，当磁场强度 H 从 0 开始正向增加时，磁感应强度 B 也从 0 开始沿磁化曲线增加，直至达到饱和值。当 H 达到最大值 H_m 后，开始较小时，B 不是沿着磁化曲线减小，而是沿着磁滞回线上面的那条线开始缓慢减小。即便当 H 减小到 0 时，B 也并未回到 0。这表明，磁感应强度滞后于磁场强度的变化，这种性质称为磁性物质的磁滞性。当 H 反向增加时，B 继续减小，直至减小到 0；随着 H 继续反向增加，磁性物质被反向磁化，直到 B 达到反向饱和。随后，当 H 从反向最大值开始向正向移动，B 则沿着磁滞回路下面的那条曲线增加，直至达到正向饱和。

在磁滞回线中，磁场强度 H 减小到 0 时，磁感应强度 B 并不减小为 0，此时的磁感应强度称为剩磁感应强度，简称为剩磁，记作 B_r。若要去掉剩磁，应加反向磁场使磁性材料反向磁化，当 $H=-H_c$ 时，可使 $B=0$。这里，称 H_c 为矫顽磁力。

永久磁铁的磁性就是由剩磁产生的。机械加工后的零件上如果有剩磁，要设法去掉，可以采用反向磁化的方法去掉。

不同磁性物质，其磁滞回线也不一样。根据磁滞回线的形状，把磁性物质分为如下三类。

（1）软磁材料

软磁材料的剩磁 B_r 和矫顽磁力 H_c 均较小，磁滞回线较窄，如图 5.3a 所示。软磁材料其磁导率 μ 较高，常用作电动机、变压器等电气设备的铁心。常见的软磁材料有铸铁、硅钢、坡莫合金及铁氧体等。

（2）硬磁材料

硬磁材料的剩磁 B_r 和矫顽磁力 H_c 均较大，磁滞回线较宽，如图 5.3b 所示。其剩磁不易消失，常用来制造永久磁铁。常见的此类材料有碳钢、钴钢及铝镍钴合金等。

（3）矩磁材料

矩磁材料具有较大的剩磁 B_r 和较小的矫顽磁力 H_c，磁滞回线接近矩形，如图 5.3c 所示。矩磁材料常用在电子设备及计算机中作为磁记录材料使用。常见的此类材料有镁锰铁氧体和某些铁镍合金等。

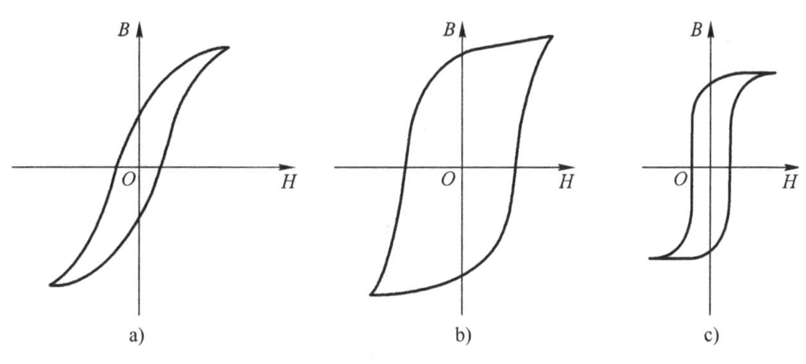

图 5.3　磁性材料的分类

a）软磁材料　b）硬磁材料　c）矩磁材料

5.2　磁路和磁路分析

5.2.1　磁路

通电的线圈会产生磁场，磁力线是一条闭合的曲线，在线圈内部平行于线圈的中轴线，在线圈两端时变成散开的曲线，如图 5.4 所示。如果将一根长的铁心插入通电的线圈中，则磁力线在线圈两端不再立即发散，而是沿着铁心继续前进。如果把铁心延伸成一个闭合的回路，则绝大部分磁力线都会沿铁心传播，形成一个闭合回路，而泄漏到铁心外的磁力线会很少，就称该铁心为磁力线传播的磁路。广义地说，磁力线所通过的磁介质的闭合路径都称为磁路，不管磁介质是铁心，还是空气或真空。

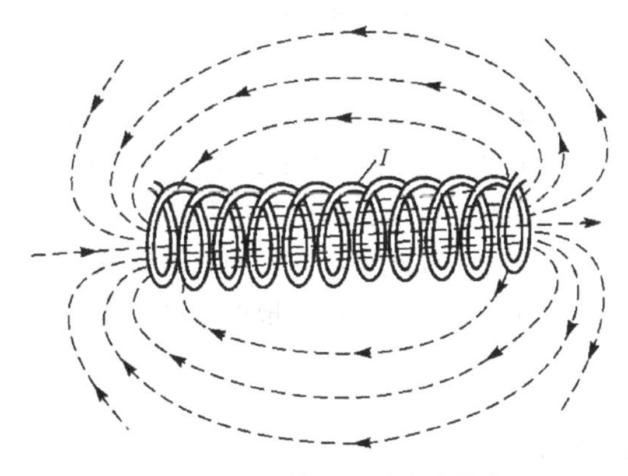

图 5.4　通电线圈的磁力线分布

使用磁性材料后，较小的励磁电流就能产生较大的磁感应强度和磁通，实现电能和磁场能的转换以及传输。

5.2.2　磁路分析

在图 5.5 所示铁心线圈中，磁路即是闭合的铁心。因为漏磁很少，这里忽略不计，只考虑沿铁心传播的磁通。线圈中的电流为直流电，铁心为均匀的矩形，把磁路中的磁场看成是均匀磁场，并设线圈的匝数为 N，平均闭合路径（矩形框中间虚线）的周长为 l，磁路的截面积为 S。根据安培环路定律有

$$\oint H\mathrm{d}l=\sum I \tag{5.10}$$

即有

$$H=\frac{NI}{l} \tag{5.11}$$

于是，磁路中的磁通 Φ 为

$$\Phi=BS=\mu HS=\mu\frac{NI}{l}S=\frac{NI}{\dfrac{l}{\mu S}}=\frac{F}{R_{\mathrm{m}}} \tag{5.12}$$

式中，$F=NI$，称 F 为磁路的磁通势；$R_{\mathrm{m}}=\dfrac{l}{\mu S}$，称 R_{m} 为磁路的磁阻。式（5.12）也被称为磁路的欧姆定律。

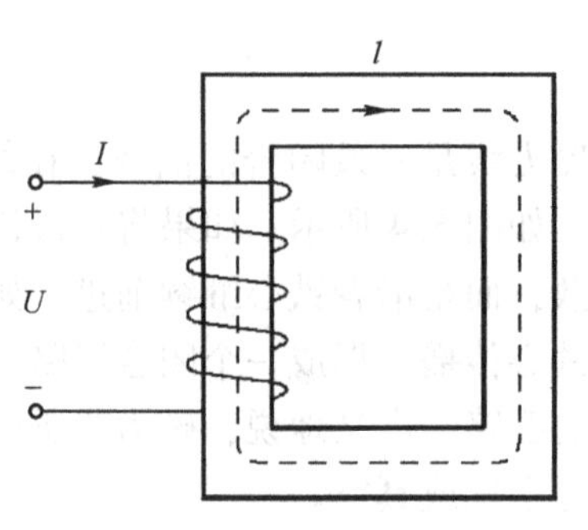

图 5.5　闭合铁心磁路

由磁化曲线可知，磁导率 μ 一般不是一个常量，它随励磁电流的大小而变化，所以磁阻 R_{m} 也不是一个恒定的值。磁路的欧姆定律，在形式上与电路中的欧姆定律一样，但由于磁阻是一个变量，用于具体的计算不太方便，所以一般只用于定性分析中。

当磁路由不同磁性介质组成时，或磁路不同段的截面积不同时，不同段的磁场强度和磁阻会不同，但磁路中的磁通是处处相等的，可以根据安培环路定律来计算不同段的磁场强度和磁阻。

5.3　铁心线圈电路分析

5.3.1　直流铁心线圈电路分析

将铁心线圈接到直流电源上，就形成直流铁心线圈电路，如图 5.6 所示。直流铁心线圈接直流电压时，流过线圈的电流为直流电流。通电的线圈会产生磁场，在矩形铁心磁路中产生磁通。因为线圈中电流是直流电，不随时间变化，直流电激励出的磁通也是恒定的，不随时间变化。磁路中磁通 Φ 的大小由线圈电流 I 和铁心材料的磁导率 μ 决定。

由于磁路中磁通 Φ 恒定不变，根据电磁感应定律可知，线圈上感应电动势为 0，即不会产生感应电动势。如果线圈电阻为 R，则流过线圈的电流 $I=\dfrac{U}{R}$。线圈消耗的功率 P 为线圈的有功功率，即有 $P=UI=I^2R$。

由于线圈的电阻 R 一般都很小，所以直流电的电压不能太大，否则流过线圈的电流将会很大，容易烧坏线圈。

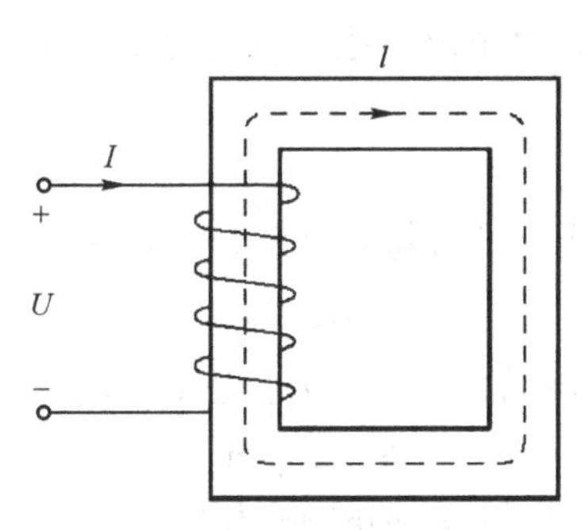

图 5.6　直流铁心线圈电路

5.3.2　交流铁心线圈电路分析

将铁心线圈接到交流电源上，就形成交流铁心线圈电路，如图 5.7 所示。在交流铁心线圈电路中，由于电源是交流电源，会在线圈中产生交流电流 i，交流电流 i 会在磁路上产生交变的磁通。根据电磁感应定律可知，变化的磁通会在线圈上产生感应电动势。

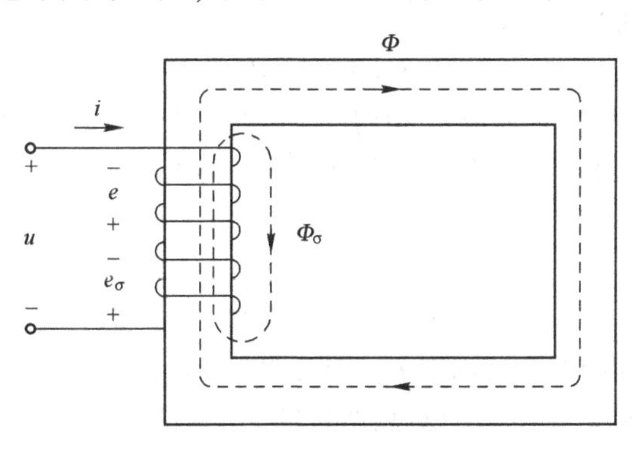

图 5.7　交流铁心线圈电路

1. 基本电磁关系

感应出的磁通分两部分，一部分直接从线圈两端通过非铁心磁路比如空气或其他介质闭合，称为漏磁通，记作 Φ_σ；另一部分在矩形铁心磁路上传播，称为主磁通，记作 Φ。由于铁心的磁导率 μ 很大，所以通过铁心磁路的主磁通很大，漏磁通相比主磁通则很小。根据法拉第电磁感应定律可知，主磁通 Φ 和漏磁通 Φ_σ 会在线圈两端分别感应出感应电动势，分别记作 e 和 e_σ。如图 5.7 所示。

设铁心线圈的匝数为 N，根据电磁感应定律有

$$\begin{cases} e=-N\dfrac{d\Phi}{dt} \\ e_{\sigma}=-N\dfrac{d\Phi_{\sigma}}{dt} \end{cases} \tag{5.13}$$

根据基尔霍夫电压定律，铁心线圈电路上的电压方程为

$$u=iR-e-e_{\sigma} \tag{5.14}$$

由于线圈电阻 R 很小，漏磁通相对主磁通很小，漏磁通产生的感应电动势 e_{σ} 也很小，所以可以近似地认为

$$u\approx -e \tag{5.15}$$

如果电压 u 是正弦交流电压，则可将式（5.15）写成对应的相量形式：

$$\dot{U}\approx -\dot{E} \tag{5.16}$$

u 是正弦交流电压，则感应出的主磁通 Φ 也是正弦量，可令

$$\Phi=\Phi_{m}\sin\omega t \tag{5.17}$$

这里，ω 为角频率，与正弦交流电压 u 的角频率相同。

根据式（5.13）和式（5.17）可得

$$e=-N\frac{d\Phi}{dt}=\omega N\Phi_{m}\sin(\omega t-90°)=2\pi fN\Phi_{m}\sin(\omega t-90°) \tag{5.18}$$

则感应电动势 e 对应的相量为

$$\dot{E}=\frac{2\pi fN\Phi_{m}}{\sqrt{2}}\angle -90°=-\sqrt{2}\pi fN\Phi_{m}j\approx -j4.44fN\Phi_{m} \tag{5.19}$$

可见感应电动势 e 对应的有效值 E 为

$$E=4.44fN\Phi_{m} \tag{5.20}$$

式（5.16）表明，线圈上感应电动势 e 与输入电压大小基本相等，方向相反。式（5.20）表明，感应电动势的有效值与线圈匝数 N、交流电源频率 f 及最大磁通 Φ_{m} 的乘积成正比。

2. 功率损耗

交流铁心线圈的功率损耗包括两种：一种是铜损，另一种是铁损。交流铁心线圈的功率损耗指的就是交流铁心线圈的有功功率 P，即有 $P=UI\cos\varphi$。

铜损指的是线圈电阻 R 在电路中发热产生的功率损耗，称为铜损耗，简称铜损，记作 P_{Cu}。则有 $P_{Cu}=I^{2}R$。

铁损指的是变化的磁通在铁心上产生的功率损耗，称为铁损耗，简称铁损，记作 P_{Fe}。铁损包括磁滞损耗 P_{h} 和涡流损耗 P_{e} 两部分，即 $P_{Fe}=P_{h}+P_{e}$。

当铁心中的磁通不断变化时，由于磁滞的存在，铁心内部会产生功率损耗，使铁心发热，这种损耗称为磁滞损耗，记作 P_{h}。磁滞损耗 P_{h} 的大小与磁滞回线的面积成正比，与励磁电流的频率 f 成正比。为减少磁滞损耗，应选用磁滞回线面积较小的磁性材料作铁心，即软磁材料作铁心，如硅钢片。

铁心中的磁通不断变化时，铁心内部也会感应出感应电动势，由于铁心自身就是导体，感应电动势就会在铁心内部形成感应电流，这种感应电流称为涡流，它在垂直于磁通方向的平面内形成回路，如图 5.8a 所示。涡流会产生功率损耗，使铁心发热，这种功率损耗称为

涡流损耗，用 P_e 表示。为了减小涡流损耗，就要减小涡流的大小。为此，铁心不是由整块硅钢做成的，而是由表面涂有绝缘漆的很多硅钢片叠成的，如图 5.8b 所示。这样，涡流的大小和范围就被限定在了一块块很薄的硅钢片内。此外，硅钢片中含有一定比例的硅，使铁心的电阻率变大，也能显著降低涡流的大小。

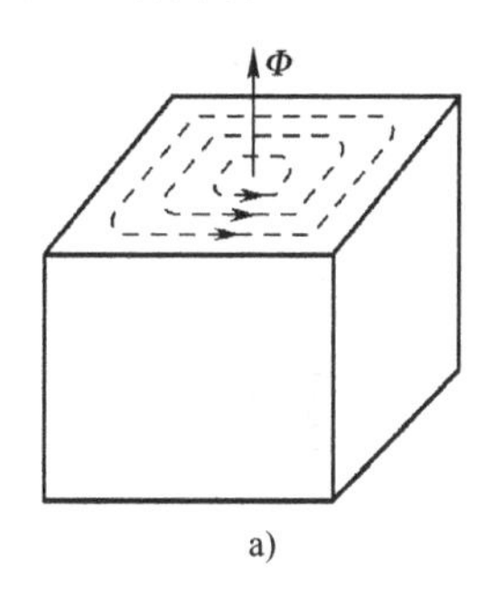

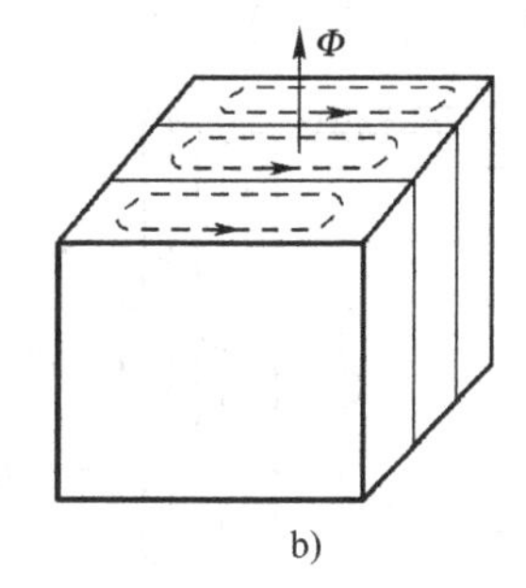

图 5.8　铁心中的涡流

a）整块硅钢制作铁心　b）硅钢片叠成的铁心

总之，铁心线圈电路总的功率损耗可表示为

$$P=UI\cos\varphi=P_{Cu}+P_{Fe}=I^2R+P_h+P_e \tag{5.21}$$

交流铁心线圈的等效电路如图 5.9 所示，其中，R 表示线圈的电阻，铁心中的铁损用电阻 R_0 等效，线圈的漏磁感抗用 X_σ 等效，铁心中磁场能量的储存与释放用感抗 X_0 等效。

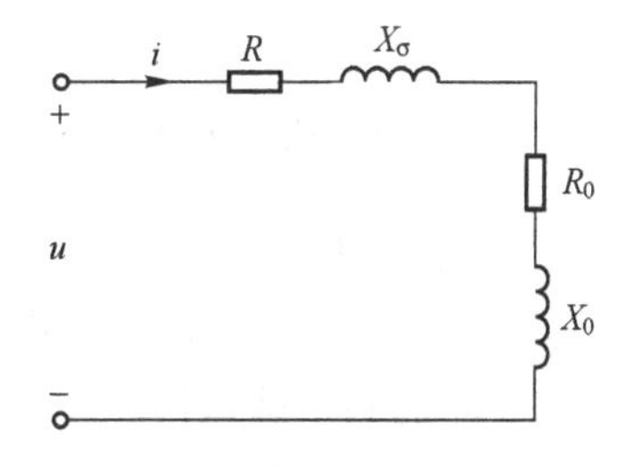

图 5.9　交流铁心线圈的等效电路

5.4　变压器

变压器是基于电磁感应原理利用铁心线圈制成的一种电气设备，具有电压变换、电流变换和阻抗变换的功能，能够进行电能的转换与传递。

变压器在电气领域有广泛的应用。在电力系统中，广泛使用变压器将发电厂输出的电压升高，经输电线传输到用户所在地后，再利用变压器将电压降低到合适的电压供给用户使用。在输电线上采用高电压，是为了减少在传输线路上的损耗。在电子技术领域，变压器用于实现传递信号、阻抗匹配等。

5.4.1　变压器的基本结构

变压器的基本结构是由闭合的铁心和缠绕在铁心上的两个或多个绕组组成。闭合的铁心构成变压器的磁路部分，绕组构成变压器的电路部分。单相变压器的基本结构如图 5.10 所示。

绕组就是缠绕在铁心上的线圈，一般由漆包铜线等圆导线或扁导线绕制而成，以保证绕组与铁心之间是绝缘的。

绕组是变压器电路的主体部分，其作用是输入电能和输出电能。变压器工作时，接电源端的绕组称为一次绕组，并称变压器的这一侧为一次侧；接负载端的绕组称为二次绕组，并称变压器的这一侧为二次侧。一般地，一次绕组的匝数记为 N_1，二次绕组的匝数记为 N_2，并默认所有一次侧的物理量都用下标“1”，所有二次侧的物理量都用下标“2”来进行标注和区别，比如电压 u_1 和 u_2，就分别表示一次绕组两端电压和二次绕组两端电压。

变压器的符号如图 5.11 所示。用铁磁材料做心的变压器称为铁心变压器，其符号如图 5.11 a 所示；用绝缘材料做心的变压器称为空心变压器，其符号如图 5.11b 所示。字母 T 表示变压器，如果有多个变压器，则通过给字母 T 加数字下标来表示不同的变压器。

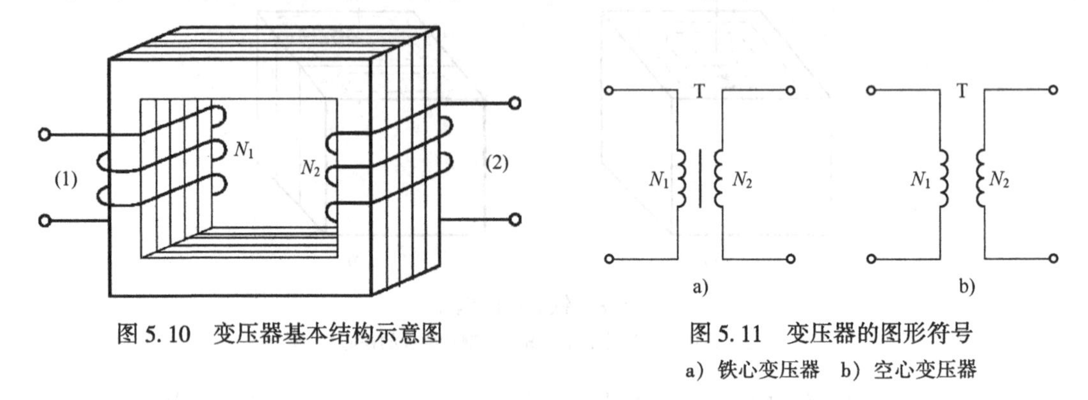

图 5.10　变压器基本结构示意图

图 5.11　变压器的图形符号
a）铁心变压器　b）空心变压器

5.4.2　变压器的工作原理

变压器的工作原理涉及电路、磁路以及电磁相互作用，比较复杂。为了分析的方便，以铁心变压器为例，分空载和有载两种情况讨论变压器的工作原理。

1. 变压器的空载运行

变压器的一次绕组接交流电源，二次绕组不接负载（即二次侧开路）的情况称为变压器的空载运行状态，如图 5.12 所示。

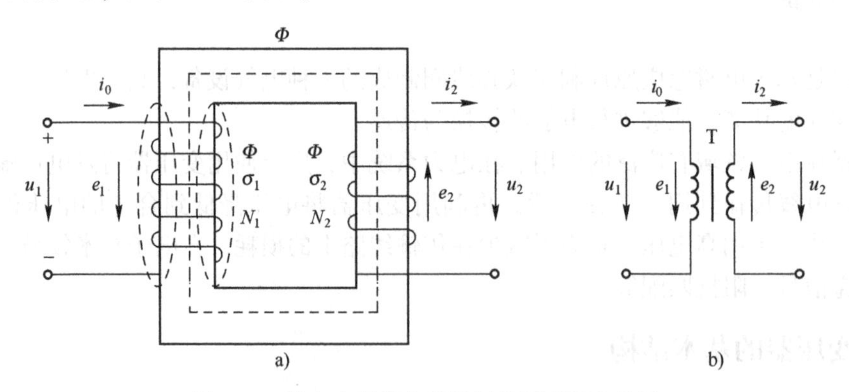

图 5.12　铁心变压器空载运行的原理图和符号

设一次绕组两端所接正弦交流电压为 u_1，一次绕组中流过的电流为 i_0，称 i_0 为空载电流，此时在二次绕组上产生的电压记为 u_{20}，称为空载电压。电流 i_0 流过一次绕组，会产生磁场，在磁路上形成一个交变的磁通，该磁通大部分沿着铁心磁路闭合，叫作主磁通，用 Φ 表示。主磁通 Φ 会分别在一次绕组和二次绕组中产生感应电动势 e_1 和 e_2。由于二次侧是空载，感应电动势 e_2 在二次绕组上不会产生电流，也就不会产生磁场，所以铁心磁路上由一次绕组产生的主磁通 Φ 保持不变。

另外一次绕组和二次绕组附近的空间磁路有少量闭合的漏磁通 $\Phi_{\sigma1}$ 和 $\Phi_{\sigma2}$。漏磁通 $\Phi_{\sigma1}$ 和 $\Phi_{\sigma2}$ 很小，可以忽略不计。由于一次绕组的电阻也很小，也可以忽略不计。那么，根据交流铁心线圈电路的分析可知：$\dot{U}_1 \approx -\dot{E}_1$，即有

$$U_1 = E_1 = 4.44fN_1\Phi_m \tag{5.22}$$

同理可得，对二次绕组有

$$\begin{cases} \dot{U}_{20} = \dot{E}_2 \\ U_{20} = E_2 = 4.44fN_2\Phi_m \end{cases} \tag{5.23}$$

由式（5.22）和式（5.23）可知

$$\frac{U_1}{U_{20}} = \frac{N_1}{N_2} = K \tag{5.24}$$

这里，K 为电压比，或称为匝数比，定义为 $K=\frac{N_1}{N_2}$。式（5.24）表明，在变压器空载运行时，一次电压有效值与二次电压有效值之比等于匝数比。从一次侧与二次侧电压的相量关系可知，经过变压器的磁路传递，一次侧的正弦交流电压转变为二次侧同一频率的正弦交流电压，只不过是电压有效值改变了。

由式（5.24）可知，当 $N_1>N_2$，即 $K>1$ 时，经变压器作用，电压 U_{20} 会比电压 U_1 小，变压器起降压作用，称为降压变压器；反之，当 $N_1<N_2$，即 $K<1$ 时，经变压器作用，电压 U_{20} 会比电压 U_1 大，变压器起升压作用，称为升压变压器。

需要明确的是，变压器的一次绕组和二次绕组之间，在电路上并不连接，电能是从一次绕组输入，转化为磁场能，然后磁场能在二次绕组上又转化为电能。一次侧与二次侧是通过铁心磁路耦合到了一起，而不是电路的直接连接和电能的直接传递。

2. 变压器的有载运行

在变压器一次绕组接上交流电源，二次绕组两端接有负载，并形成回路电流的情况，称为变压器的有载运行。设此时变压器一次绕组上的电流为 i_1，二次绕组上的电流为 i_2，一次侧的所有物理量均以下标“1”表示，二次侧的所有物理量均以下标“2”表示，如图 5.13 所示。

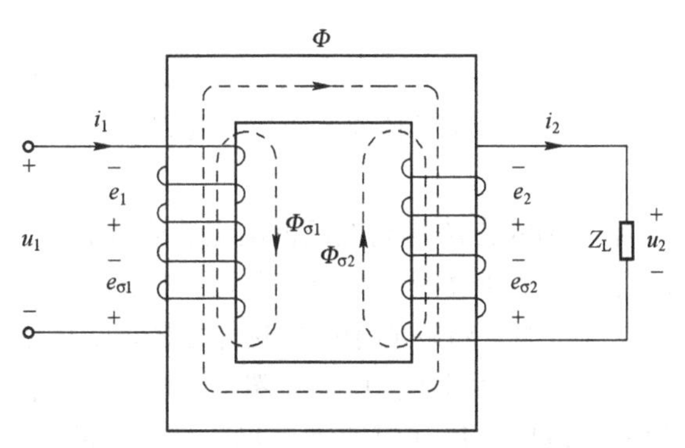

图 5.13　变压器有载运行的原理图和符号

变压器有载运行时，与变压器空载运行相比，磁路中磁通的产生方式有所区别。变压器有载运行时，在一次绕组两端接通正弦交流电压 u_1，就会在一次绕组上产生正弦交流电流

i_1，从而在铁心磁路上感应出磁通（忽略漏磁通）。该磁通是正弦交流电源感应出来的，也是正弦量，在通过一次绕组时，会在一次绕组上感应出感应电动势 e_1，在通过二次绕组时，会在二次绕组上感应出感应电动势 e_2。由于二次绕组两端接了负载，构成了回路，感应电动势 e_2 就会在二次绕组上产生电流 i_2。二次绕组上的正弦交流电流 i_2 又会在铁心磁路上感应出新的磁通（忽略漏磁通），叠加在一次绕组电流 i_1 产生的磁通上。这个磁通又会在一次绕组和二次绕组上感应出感应电动势，在线圈中产生电流 i_1 和 i_2，从而在磁通中又产生新的磁通，如此循环往复。该过程如图 5.14 所示。

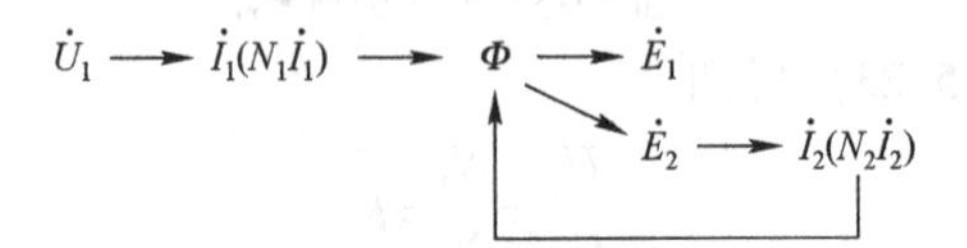

图 5.14　变压器有载运行时磁通的生成

5.4.3　变压器的电压变换

在变压器有载运行时，根据交流铁心线圈电路分析中的式（5.15）和式（5.20），忽略漏磁通和线圈中的电阻可得

$$\begin{cases}\dot{U}_1=-\dot{E}_1\\ U_1=E_1=4.44N_1f\Phi_{\mathrm{m}}\\ \dot{U}_2=\dot{E}_2\\ U_2=E_2=4.44N_2f\Phi_{\mathrm{m}}\end{cases}\tag{5.25}$$

于是可得，变压器一次绕组和二次绕组两端电压有效值的关系为

$$\frac{U_1}{U_2}=\frac{N_1}{N_2}=K\tag{5.26}$$

这即是变压器的电压变换关系。

5.4.4　变压器的电流变换

变压器一次绕组与二次绕组之间的电流变换关系，可以通过两种分析方法得到：一种是通过功率传递与功率平衡的方法，即能量传递与能量平衡的方法；另一种是通过磁通势平衡的方法。

1. 通过功率传递与功率平衡的方法得到变压器的电流变换关系

变压器能实现电压的变换，是通过能量传递的方式：先将一次绕组输入的电能转换为铁心中的磁场能量，然后在二次绕组上将铁心中的磁场能量转换成电能，输出到负载上。变压器在能量变换和能量传递时，有功率损耗，比如线圈电阻的功率消耗、铁心中的铁损和漏磁损耗。若忽略这些功率损耗，根据能量守恒原理可得，变压器的输入功率 U_1I_1 就等于输出功率 U_2I_2，即 $U_1I_1=U_2I_2$。于是可得

$$\frac{I_1}{I_2}=\frac{U_2}{U_1}=\frac{N_2}{N_1}=\frac{1}{K}\tag{5.27}$$

这即是变压器的电流变换关系。这表明一次绕组与二次绕组上电流之比等于匝数比的倒数。

2. 通过磁通势平衡得到变压器的电流变换关系

由式（5.22）可知，变压器铁心中的主磁通 Φ 只与输入电压 U_1、电源频率 f 和一次绕组的匝数 N_1 相关，不管变压器是空载工作还是有载工作，铁心磁路中的主磁通 Φ 都保持不变。因此，变压器空载时，铁心磁路中的磁通势 N_1i_0，等于变压器有载工作时铁心磁路中磁通势 $N_1i_1+N_2i_2$，即有

$$N_1i_0=N_1i_1+N_2i_2 \tag{5.28}$$

由于变压器空载时一次绕组电流 i_0，远小于有载时一次绕组电流 i_1，因此，N_1i_0 与 N_1i_1 相比常可忽略不计，于是式（5.28）可写为

$$0=N_1i_1+N_2i_2 \tag{5.29}$$

写成相量形式即为

$$N_1\dot{I}_1=-N_2\dot{I}_2 \tag{5.30}$$

所以，一次绕组与二次绕组上电流有效值的关系为

$$\frac{I_1}{I_2}=\frac{N_2}{N_1}=\frac{1}{K} \tag{5.31}$$

5.4.5 变压器的阻抗变换

可以把变压器以及二次侧的阻抗 Z_L 电路当成一个整体，等效成一个阻抗 Z_L'，如图 5.15 所示，等效的原则是保证输入电压 u_1 和一次绕组电流 i_1 不变。满足这个等效原则的阻抗 Z_L 和阻抗 Z_L' 的变换关系就称为阻抗变换。

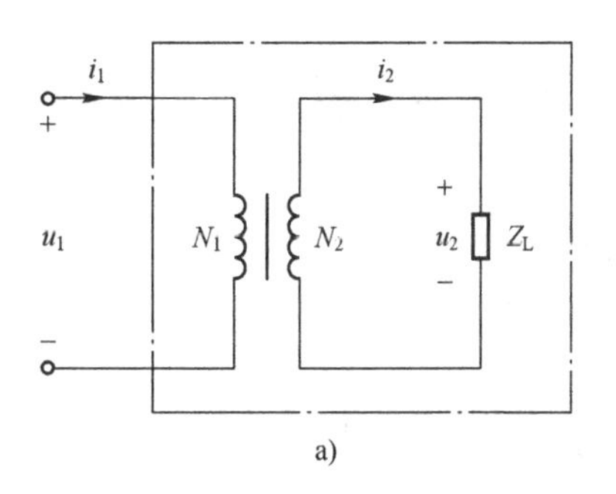

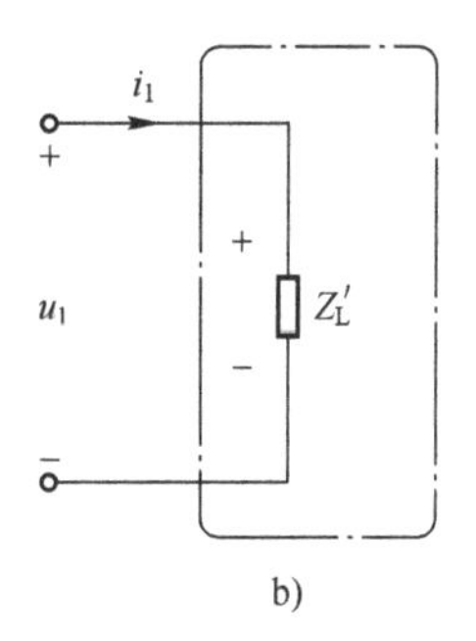

图 5.15 变压器的阻抗变换

a）等效前的电路 b）等效后的电路

根据等效原则，可得等效阻抗 Z_L 和 Z_L' 为

$$\begin{cases} Z_L=\dfrac{\dot{U}_2}{\dot{I}_2} \\ Z_L'=\dfrac{\dot{U}_1}{\dot{I}_1} \end{cases} \tag{5.32}$$

于是有

$$\begin{cases} |Z_L| = \dfrac{U_2}{I_2} \\ |Z'_L| = \dfrac{U_1}{I_1} = \dfrac{\dfrac{N_1}{N_2}U_2}{\dfrac{N_2}{N_1}I_2} = \left(\dfrac{N_1}{N_2}\right)^2 |Z_L| = K^2 |Z_L| \end{cases} \tag{5.33}$$

这即是变压器有载工作时，变压器的阻抗变换关系。

变压器的阻抗变换方法，可以用于分析二次绕组负载对一次侧电源输入的影响，在电子技术中也有广泛的应用，用来实现信号源与负载的阻抗匹配，使负载获得最大输出功率。

【例题 5.1】 在图 5.16 所示正弦交流电路中，已知交流信号源的电动势 $U_S = 200\ \text{V}$，内阻 $R_0 = 200\ \Omega$，负载电阻 $R_L = 8\ \Omega$，变压器为理想变压器。1）当 R_L 变换到一次侧的等效电阻 $R'_L = R_0$ 时，求变压器的匝数比 K 和信号源的输出功率 P；2）如果将负载 R_L 直接与信号源连接，而不是通过变压器转换，则信号源的输出功率 P 为多少？

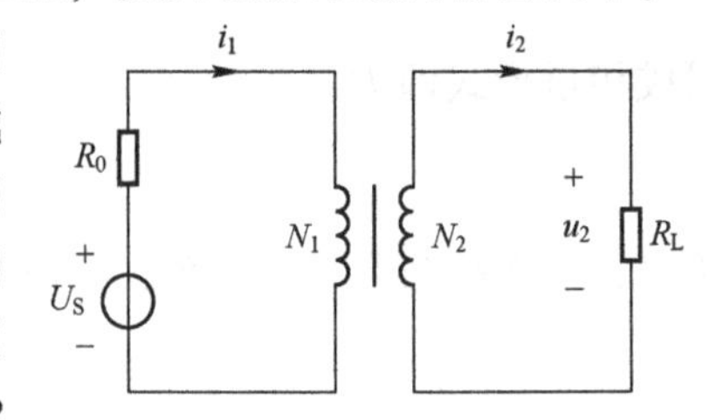

图 5.16　变压器电路分析例题 1

解答：

1）根据变压器阻抗变换关系可知

$$\frac{R'_L}{R_L} = K^2 = \frac{200}{8} \tag{5.34}$$

求得变压器匝数比 $K=5$。

由于变压器是理想变压器，电源的输出功率 P 等于等效阻抗 R'_L消耗的功率，于是有

$$P = \left(\frac{U_S}{R_0 + R'_L}\right)^2 R'_L = 50\ \text{W} \tag{5.35}$$

2）将负载 R_L 直接与信号源连接时，信号源的输出功率 P 为

$$P = \left(\frac{U_S}{R_0 + R_L}\right)^2 R_L = 7.2\ \text{W} \tag{5.36}$$

通过本例的计算可见，通过变压器连接时，负载 R_L 消耗的功率更大，也即电源输出的功率更大。可以证明，**当通过变压器的阻抗变换，使等效阻抗 R'_L 等于电源的内阻 R_0 时，一次侧电源的输出功率最大。**

5.4.6　变压器绕组的极性

变压器绕组的极性是指绕组两端产生的感应电动势的瞬时极性，是从绕组的瞬时感应电动势的低电位端（“−”）指向高电位端（“+”）。变压器绕组的极性与其绕向有关，绕组的绕向不同，在电流方向不变的情况下，在铁心中产生的磁通的方向会不同，一般通过磁通方向来确定绕组的极性。两个绕组都从始端流入电流，若它们在铁心中产生的磁通方向相同，则这两个始端就称为同极性端（或称同名端），否则就称为异极性端（或称异名端）。在电路图中，同极性端常标注符号“·”或“*”，以便于识别。

在图5.17a中，有1-2、3-4、5-6共3个绕组，电流从1、3、5端流入时，产生的磁通方向相同，因此1、3、5端是同极性端。在判断同极性端时，可以先假设一个绕组的电流流入方向，然后根据这个绕组的电流方向确定磁路中的磁通方向，接着根据这个磁通方向，用右手定则确定其他绕组的电流流入方向，最后确定每个绕组的同极性端，并标注符号，如图5.17b、c所示。

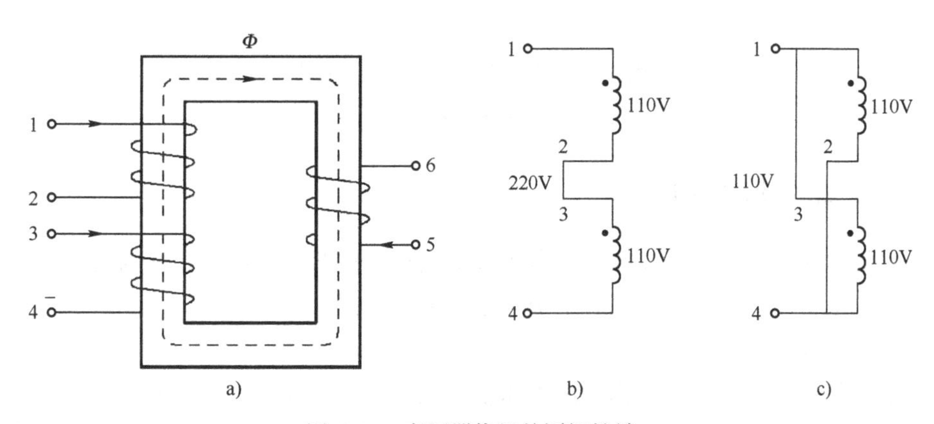

图5.17　变压器绕组的同极性端

a）变压器结构示意图　b）两个绕组串联　c）两个绕组并联

变压器可以通过改变绕组的接法以适应不同的电源电压。在图5.17a中，若绕组1-2、3-4的额定电压都是110V，将这两个绕组串联，可接到220V交流电源上作为一次绕组，如图5.17b所示；将这两个绕组并联，可接到110V的交流电源上作为一次绕组，如图5.17c所示。在将两个绕组串联或并联连接时，一定要先准确判断绕组的同极性端，同极性端的确定就确定了每个绕组的首端和尾端，串联就是各绕组首尾相连，并联就是各绕组首端和首端连接在一起，尾端和尾端连接在一起。

如果变压器绕组连接错误，比如在图5.17a中，串联时将2和4两端连接在一起，将1和3两端接电源，这样，两个绕组的磁通势就相互抵消，铁心中便不再产生磁通，绕组中也就没有感应电动势。由于绕组线圈电阻很小，此时，绕组中将有很大的电流流过，容易把变压器烧坏。

绕组的极性与绕组的绕向有关，如果不知道绕向，则需要通过实验来确定。对图5.17a所示的绕组1-2和3-4，如果不知道绕组绕向，可以通过实验，采用直流法或交流法来测定。

1. 直流法

直流法的接线如图5.18a所示，在绕组1-2两端接上电压较小的直流电源，且1接在电源正极，2接在电源负极。在绕组3-4两端接一个直流毫安表。若直流毫安表的指针正向偏转，则1和3是同名端；反向偏转，则1和4是同名端。

2. 交流法

交流法的接线如图5.18b所示，电压较小的交流电源接在绕组1-2两端，并将2接到4

上。用交流电压表分别测量电压 U_{12}、U_{34}和 U_{13}。如果 $U_{13}=|U_{12}-U_{34}|$，则 1 和 3 是同名端；如果 $U_{13}=U_{12}+U_{34}$，则 1 和 4 是同名端。

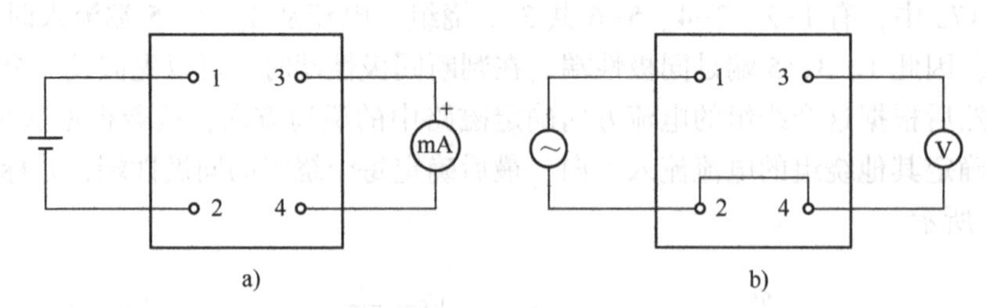

图 5.18 测定变压器绕组的同名端

a）直流法 b）交流法

5.4.7 变压器的铭牌数据

变压器的铭牌数据给出了变压器的各项性能指标，按照这些性能指标的要求，变压器才能长期而安全地工作。变压器的铭牌一般会给出如下数据。

1. 额定电压 U_{1N}/U_{2N}

额定电压是指变压器正常工作时的电压值，以 V 或 kV 为单位。变压器的额定电压用下标“N”来表示，有一次侧额定电压 U_{1N}和二次侧额定电压 U_{2N}。一次侧额定电压指的是，变压器正常工作时一次绕组两端的电压；二次侧额定电压指的是，变压器正常工作时二次绕组两端的电压。

变压器额定电压之比为变压器的匝数比，即有$\frac{U_{1N}}{U_{2N}}=K$。

使用变压器时，一次侧和二次侧的电压不允许超过其额定电压。

2. 额定电流 I_{1N}/I_{2N}

额定电流是指变压器正常工作，一次绕组和二次绕组上允许通过的最大电流，以 A 或 kA 为单位。一次绕组的额定电流记作 I_{1N}，二次绕组的额定电流记作 I_{2N}，并且有$\frac{I_{1N}}{I_{2N}}=\frac{1}{K}$。

使用变压器时，一次绕组和二次绕组上的电流不要超过其额定电流值。

3. 额定容量 S_N

额定容量是指变压器正常工作时变压器输出的视在功率，记作 S_N，其单位为 V·A 或 kV·A。

额定功率 S_N 可以表达为 $S_N=U_{2N}I_{2N}$。如果忽略变压器上功率的损耗，根据变压器的电压变换关系和电流变换关系，则有 $S_N=U_{2N}I_{2N}=U_{1N}I_{1N}$。

4. 额定频率 f_N

额定频率指的是变压器正常工作时变压器一次侧交流电源的频率。我国规定标准工频频率为 50 Hz，有些国家规定是 60 Hz，使用时应注意区分。改变使用频率会导致变压器的某些电磁参数、损耗和效率发生变化，会影响变压器的正常工作。

习题 5

第 5 章习题

第 5 章习题参考答案

第6章　交流电动机

本章知识点

1. 电动机的基本结构；
2. 电动转动的基本原理；
3. 三相异步电动机的同步转速、转速和转差率；
4. 三相异步电动机的电路分析；
5. 三相异步电动机的电磁转矩；
6. 三相异步电动机的机械特性；
7. 三相异步电动机的铭牌数据；
8. 三相异步电动机的起动、调速和制动。

学习经验

1. 要准确理解三相异步电动机的转动原理；
2. 要理解三相正弦交流电产生旋转磁场的原理；
3. 熟练掌握转差率的计算，并判断三相异步电动机的极对数；
4. 能熟练计算三相异步电动机的三个电磁转矩：额定转矩、最大转矩和起动转矩，并理解其含义；
5. 能根据三相异步电动机的机械特性曲线，分析电动机的自适应工作特点；
6. 能读懂三相异步电动机的铭牌数据，并进行简单的计算。

6.1　电动机概述

电动机是根据电磁感应原理，将电能转换为机械能，即利用电能来实现机械转动的设备。反过来，将机械能转化为电能的设备就是发电机。

电动机通常可分为直流电动机和交流电动机两类。直流电动机采用直流电源供电，交流电动机采用交流电源供电。直流电动机具有优良的起动性能和调速性能，缺点是结构复杂、维护麻烦、价格较贵。异步电动机则结构简单、运行可靠、维护方便且价格低廉，因而在日常生活中有更广泛的应用。异步电动机的缺点是起动和调速性能差。

交流电动机又分为异步电动机和同步电动机两种。异步电动机的转速与电源频率不一致，而同步电动机的转速与电源频率则保持一致，这是两者的主要区别。根据转子结构的不同，异步电动机可分为笼型异步电动机和绕线转子异步电动机。

本章主要介绍三相异步电动机的基本结构、工作原理、机械特性及其起动、调速、制动等性能。

6.2 三相异步电动机的基本结构

三相异步电动机主要由两个部分组成：定子和转子。定子是指电动机工作时不动的部分，如定子绕组、定子铁心、机座、轴承、端盖等部件；转子是指电动机工作时转动的部分，如转子铁心、转子绕组、风扇、转轴等部件。如图 6.1 所示。

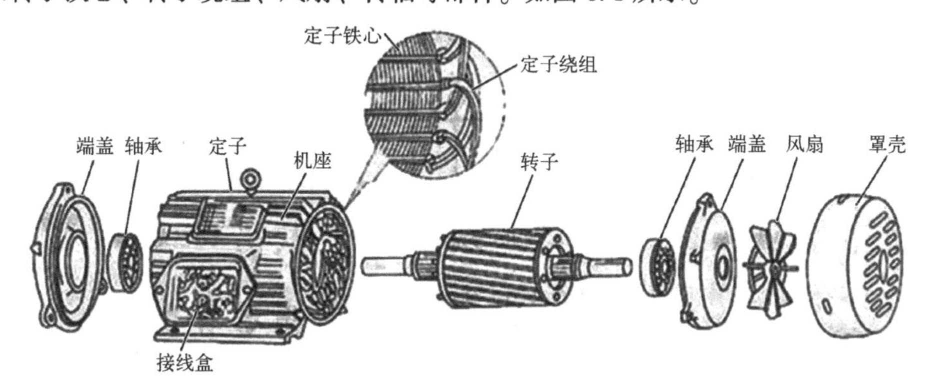

图 6.1　三相异步电动机的基本构造

1. 定子

定子主要由定子铁心、定子绕组和机座等组成。

(1) 定子铁心

定子铁心安放在机座内，由彼此绝缘的硅钢片叠成圆筒形，内壁有许多均匀分布的槽，槽内可嵌放定子绕组，如图 6.2 所示。

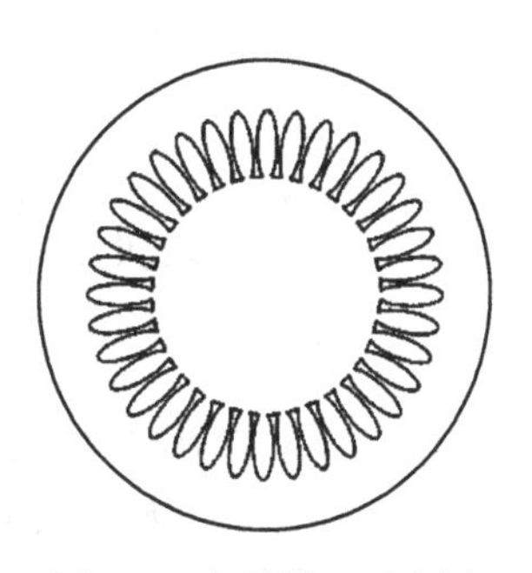

图 6.2　定子铁心示意图

(2) 定子绕组

定子绕组是对称的三相绕组，按一定规则均匀嵌放在定子铁心槽内，通入三相电流，可以产生旋转磁场。三相绕组分别为 U_1U_2、V_1V_2 和 W_1W_2（首端为 U_1、V_1、W_1，尾端为 U_2、V_2、W_2），这 6 个出线端通过机座上的接线盒连接到外部的三相电源上。定子三相绕组可以星形联结，如图 6.3a 所示，也可以三角形联结，如图 6.3b 所示，由电动机工作的额定电压和外部三相电源的线电压决定。

2. 转子

转子由转子铁心、转子绕组和转轴等组成。

(1) 转子铁心

转子铁心呈圆柱形，由彼此绝缘的硅钢片叠加而成，圆柱形表面有许多均匀分布的槽，槽内可以嵌放转子绕组，如图 6.4 所示。整个转子放置在定子铁心和定子绕组内。

(2) 转子绕组

转子绕组嵌放在转子铁心槽内。按转子绕组的构造不同，三相异步电动机又分为笼型异步电动机和绕线转子异步电动机两种。

笼型转子是在转子铁心槽内嵌放铜条或铝条导线，导线的两端焊接到两端的圆环导体上，形成闭合回路，如图 6.5 所示。这种转子的电动机称为笼型异步电动机。

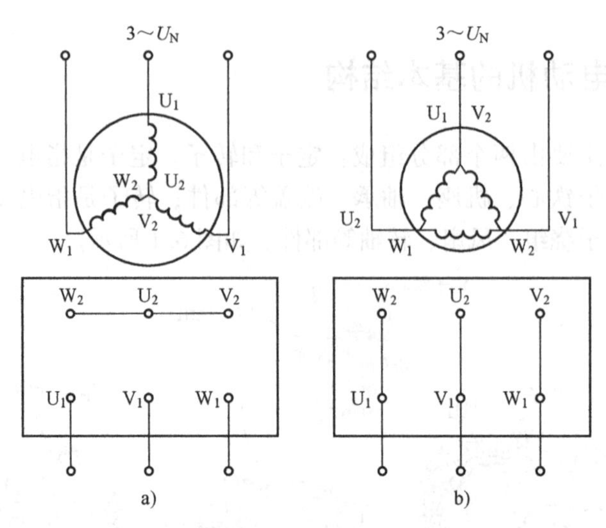

图 6.3 定子绕组的星形联结和三角形联结

a）星形联结 b）三角形联结

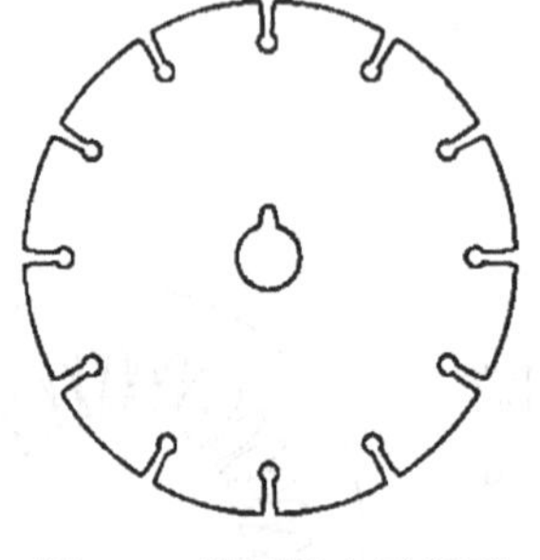

图 6.4 转子铁心示意图

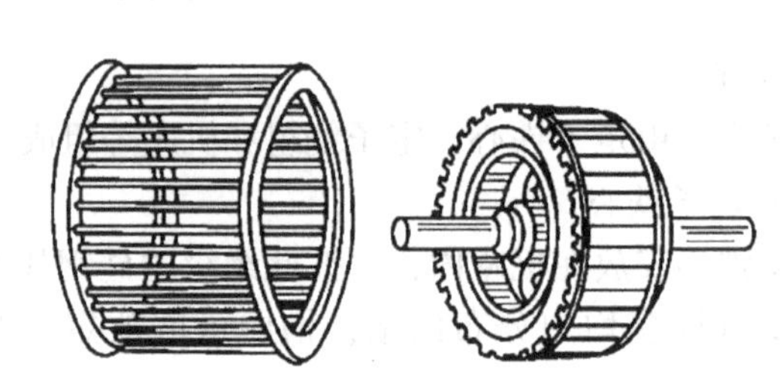

图 6.5 笼型转子结构图

绕线转子是在转子铁心槽内嵌放由漆包线绕成的三相对称绕组，三相绕组的末端连接在一起形成星形联结，始端分别连接到 3 个铜制的集电环上。3 个集电环固定在转轴上，通过电刷与外部电源连接，构成转子电路，如图 6.6 所示。

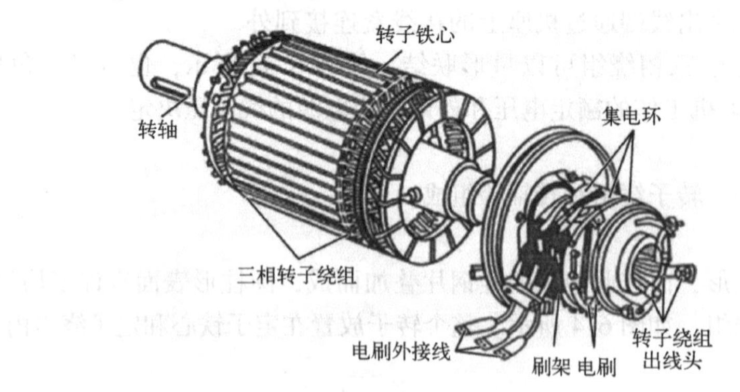

图 6.6 绕线转子结构图

绕线转子的特点是，可以在转子电路中外接电阻，从而改变电动机的起动、调速和制动性能。

6.3 三相异步电动机的转动原理

很容易做这样一个实验，在一个马蹄形的磁铁中，平行放置一个固定在转轴上的笼型转子。当转动磁铁时，中间的笼型转子也会跟着磁铁转动。转子转动的基本原理是，磁铁旋转，磁力线会切割笼型转子的线圈，根据电磁感应定理可知，线圈中会产生感应电动势，感应电动势的方向可以根据右手定则判断。由于转子的线圈构成了闭合回路，在感应电动势的作用下，线圈中会有电流流过。根据洛伦兹定律可知，通电的导体在磁场中会受到力的作用，这个力就是洛伦兹力，其方向可以用左手定则来确定。在洛伦兹力的作用下，笼型转子就会跟随磁铁旋转。

这个实验形象地演示了电动机的工作原理。这表明，转子的转动需要一个旋转的磁场，而且转子的转动是跟随磁场的旋转方向的。

问题的关键在于，在电动机的定子绕组中接入三相正弦交流电，如何产生一个旋转的磁场。

实践和理论表明，电动机定子绕组以特定的方式排列，就可以在定子绕组内部产生一个旋转的磁场，从而驱动转子转动。三相定子绕组的排列并不复杂，三相正弦交流电的特性使得三相定子绕组很容易产生一个旋转的磁场。这应该是三相正弦交流电供电方式能够战胜直流电供电方式，在全球得到普遍应用的一个重要原因。

6.3.1 旋转磁场的产生

三相异步电动机的定子铁心中放有三相对称定子绕组。这里以三相定子绕组星形联结为例，分析三相定子绕组接入正弦交流电，其内部是如何产生旋转磁场的。

1. 两极旋转磁场的产生

三相定子绕组星形联结，每一相只有一个绕组，分别为 U_1U_2、V_1V_2、W_1W_2，如图 6.7b 所示。然后将这个三个绕组嵌入在电动机的定子铁心内，三个首端依次相差 120°，每个绕组的尾端和首端相差 180°，如图 6.7a 所示。

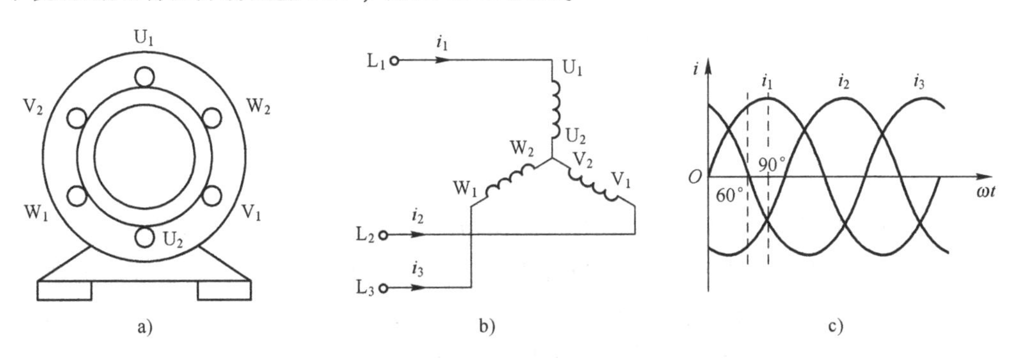

图 6.7 两极磁场三相电子绕组的放置、连接和电流

a）三相绕组的放置 b）三绕组的星形联结 c）三相对称电流

由于三相定子绕组是对称的，可知三相定子绕组上的电流也是对称的，它们的幅值相等、角度依次滞后 120°，如图 6.7c 所示，即有

$$\begin{cases}i_1=I_m\sin\omega t\\i_2=I_m\sin(\omega t-120°)\\i_3=I_m\sin(\omega t+120°)\end{cases}\tag{6.1}$$

下面定性地描述定子绕组是如何产生旋转磁场的。

（1）当 $\omega t=0°$时，即 $t=0$

可知三相定子绕组上的电流分别为

$$\begin{cases}i_1=0\\i_2<0\\i_3>0\end{cases}\tag{6.2}$$

再根据电流参考方向的定义可知，绕组 U_1U_2 上没有电流流过；绕组 V_1V_2 上的电流，是从 V_2 流入，从 V_1 流出；绕组 W_1W_2 上的电流，是从 W_1 流入，从 W_2 流出。根据右手螺旋定则可知，通电的导线会产生旋转磁场，合成的磁场具有两个磁极，其方向如图 6.8a 所示。此时，合成磁场的 N 极在 U_1 处，合成磁场的 S 极在 U_2 处，因为外部磁场总是从 N 极出发流向 S 极。

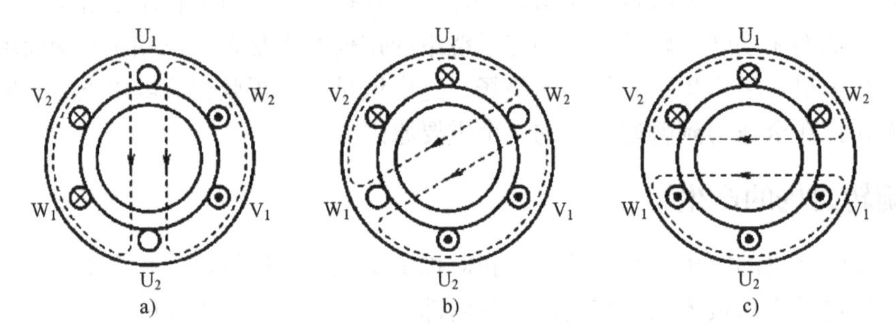

图 6.8　两极旋转磁场

a）$\omega t=0°$　b）$\omega t=60°$　c）$\omega t=90°$

（2）当 $\omega t=60°$时，即 $t=\frac{T}{6}$

可知三相定子绕组上的电流分别为

$$\begin{cases}i_1>0\\i_2<0\\i_3=0\end{cases}\tag{6.3}$$

定子绕组上各电流的流向：绕组 U_1U_2 上的电流，是从 U_1 流入，从 U_2 流出；绕组 V_1V_2 上的电流，是从 V_2 流入，从 V_1 流出；绕组 W_1W_2 上的电流为零。根据右手螺旋定则可知，通电的导线会产生旋转磁场，合成的磁场具有两个磁极，其方向如图 6.8b 所示。此时，合成磁场的 N 极在 W_2 处，合成磁场的 S 极在 W_1 处，即这一对磁极相对于 $t=0$ 时刻，顺时针旋转了 60°。

（3）当 $\omega t=90°$时，即 $t=\frac{T}{4}$

可知三相定子绕组上的电流分别为

$$\begin{cases} i_1>0 \\ i_2<0 \\ i_3<0 \end{cases} \tag{6.4}$$

定子绕组上各电流的流向：绕组 U_1U_2 上的电流，是从 U_1 流入，从 U_2 流出；绕组 V_1V_2 上的电流，是从 V_2 流入，从 V_1 流出；绕组 W_1W_2 上的电流，是从 W_2 流入，从 W_1 流出。根据右手螺旋定则可知，通电的导线会产生旋转磁场，合成的磁场具有两个磁极，其方向如图 6.8c 所示。此时，合成磁场的 N 极在 W_2 和 V_1 中间，合成磁场的 S 极在 W_1 和 V_2 中间，即这一对磁极相对于 $t=0$ 时刻，顺时针旋转了 90°。

依照这种方法继续分析下去可知，当 $\omega t=120°$，即 $t=\frac{T}{3}$时，发现这一对磁极相对于 $t=0$ 时刻，顺时针旋转了 120°；当 $\omega t=180°$，即 $t=\frac{T}{2}$时，发现这一对磁极相对于 $t=0$ 时刻，顺时针旋转了 180°；当 $\omega t=270°$，即 $t=\frac{3}{4}T$ 时，发现这一对磁极相对于 $t=0$ 时刻，顺时针旋转了 270°；当 $\omega t=300°$，即 $t=\frac{5}{6}T$ 时，发现这一对磁极相对于 $t=0$ 时刻，顺时针旋转了 300°；当 $\omega t=360°$，即 $t=T$ 时，发现这一对磁极相对于 $t=0$ 时刻，顺时针旋转了 360°。

一个磁极 N 和一个磁极 S 构成一对磁极。磁极对的个数称为磁极对数，简称极对数，记作 p。显然，此处定子绕组产生的磁场，其极对数 $p=1$。这一对磁极的旋转，即表明磁场的旋转。

以上分析表明，在三相定子绕组中接入三相正弦交流电，会产生旋转的磁场，而且在相同的时间内，磁场旋转的角度与交流电相位的变化相等，这即表明，旋转磁场的周期与交流电的周期相同。

2. 四极旋转磁场的产生

三相定子绕组星形联结，每一相有两个绕组，分别为 U_1U_2 和 U_3U_4、V_1V_2 和 V_3V_4、W_1W_2 和 W_3W_4，如图 6.9b 所示。对每个绕组，其编号表示前面一个字母为首端，后面一个字母为尾端，这即表明，这 6 个绕组的首端分别为 U_1、U_3、V_1、V_3、W_1、W_3，尾端分别为 U_2、U_4、V_2、V_4、W_2、W_4。然后将这 6 个绕组嵌入在电动机的定子铁心内，让首端 U_1、V_1、W_1、U_3、V_3、W_3 依次相差 60°，每个绕组的尾端和首端相差 90°，如图 6.9a 所示。

由于这 6 个绕组是完全相同的，可知三相定子绕组是对称的。由于每相上的两个绕组是串联关系，所以流过这两个绕组的电流是相等的。于是，可令三相定子绕组上的三相对称电流为

$$\begin{cases} i_1=I_m\sin\omega t \\ i_2=I_m\sin(\omega t-120°) \\ i_3=I_m\sin(\omega t+120°) \end{cases} \tag{6.5}$$

下面分析旋转磁场是如何产生的。

(1) 当 $\omega t=0°$时，即 $t=0$

三相定子绕组上的三相电流为

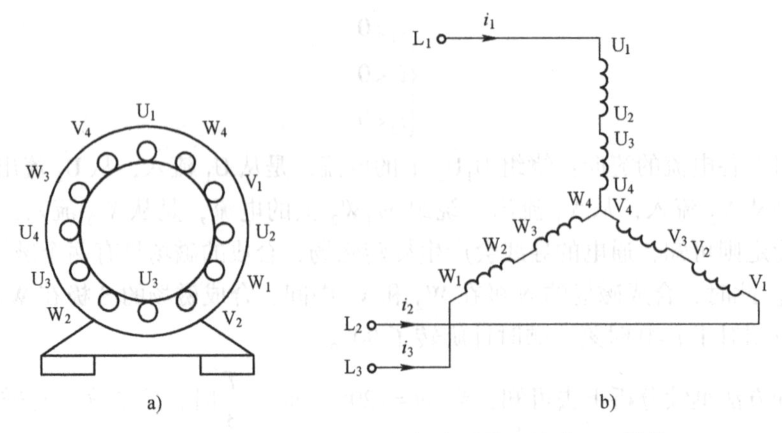

图 6.9　四极磁场星形联结三相定子绕组的放置和结构

a）定子绕组的放置　b）定子绕组的结构

$$\begin{cases} i_1=0 \\ i_2<0 \\ i_3>0 \end{cases} \tag{6.6}$$

这即表明，绕组 U_1U_2 和 U_3U_4 上的电流为 0；绕组 V_1V_2 和 V_3V_4 都是从尾端流入，首端流出；绕组 W_1W_2 和 W_3W_4 都是从首端流入，尾端流出。通电的导线会产生磁场，根据右手螺旋定则，可知这 12 根导线产生的合成磁场方向，如图 6.10a 所示。合成磁场共有四个磁极，两个 N 极分别在 U_1 和 U_3 处，两个 S 极分别在 U_2 和 U_4 处。因为这样形成的合成磁场有四个磁极，所以称为四极磁场，显然，其极对数 $p=2$。

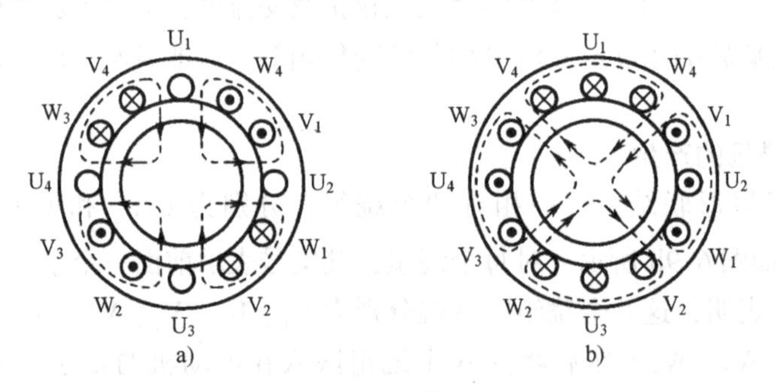

图 6.10　四极旋转磁场

a）$\omega t=0°$　b）$\omega t=90°$

（2）当 $\omega t=90°$时，即 $t=\dfrac{T}{4}$

三相定子绕组上的三相电流为

$$\begin{cases} i_1>0 \\ i_2<0 \\ i_3<0 \end{cases} \tag{6.7}$$

分析可得，12 根导线上的电流和合成磁场的方向如图 6.10b 所示。合成磁场的两个 N 极分别在 W_4、V_1 中间和 W_2、V_3 中间，两个 S 极分别在 W_1、V_2 中间和 W_3、V_4 中间。这即表明，此时的四个磁极相对于 $t=0$ 时的四个磁极，顺时针旋转了 45°。

依照这种方法继续分析可知，当 $\omega t=180°$，即 $t=\frac{T}{2}$时，发现这四个磁极相对于 $t=0$ 时刻，顺时针旋转了 90°；当 $\omega t=270°$，即 $t=\frac{3}{4}T$ 时，发现这四个磁极相对于 $t=0$ 时刻，顺时针旋转了 135°；当 $\omega t=360°$，即 $t=T$ 时，发现这四个磁极相对于 $t=0$ 时刻，顺时针旋转了 180°。

以上分析表明，三相定子绕组每相有两个绕组，星形联结，按特定的方式放置在电动机定子铁心内，接入三相正弦交流电后，也会产生旋转的磁场，且旋转磁场的极对数 $p=2$。分析还表明，在相同时间内，合成磁场旋转的角度是交流电相位变化的一半，这即表明，旋转磁场的周期是正弦交流电周期的 2 倍。

3. 旋转磁场的转速和方向

按照以上方法继续分析下去可知，三相定子绕组每相有 p 个绕组，按特定的方式放置在电动机定子铁心内，也会产生旋转磁场，其磁极对数为 p，旋转磁场的周期是正弦交流电周期的 p 倍。

以上分析表明，当三相定子绕组每相上有 p 个绕组，按特定的方式嵌入在电动机定子铁心内，当接入正弦交流电时：①会在定子绕组内产生旋转磁场，其磁极对数为 p，就是定子绕组每相上绕组的个数；②旋转磁场的周期是正弦交流电周期的 p 倍；③旋转磁场的旋转方向跟随定子绕组中正弦交流电相序的方向。

设正弦交流电的频率为 f_1，电动机定子绕组产生的旋转磁场的磁极对数为 p，旋转磁场的转速为 n_0。根据周期和频率的关系，由分析可知，旋转磁场的周期为$\frac{p}{f_1}$，则旋转磁场的转速 n_0 为

$$n_0=\frac{60f_1}{p} \tag{6.8}$$

需要注意的是，旋转磁场转速 n_0 的常见单位为转/分钟（r/min）。一般地，称电动机定子绕组内旋转磁场的转速为同步转速，用 n_0 表示。

由式（6.8）可知，同步转速 n_0 由电源频率 f_1 和磁极对数 p 决定。在 50 Hz 工频交流电源作用下，电动机的磁极对数 p 与同步转速 n_0 之间的关系见表 6.1。

表 6.1　同步转速 n_0 与磁极对数 p 的关系

磁极对数 p	1	2	3	4	5
同步转速 n_0（r/min）	3000	1500	1000	750	600

旋转磁场的旋转方向与电动机定子绕组中电流的相序方向一致。在图 6.7a 中，如果电源相线 L_1、L_2、L_3 分别接到 U_1、V_1、W_1 上，则定子绕组中电流的相序为 $i_1 \to i_2 \to i_3$，所以旋转磁场的旋转方向为 $U_1 \to V_1 \to W_1$，即顺时针方向旋转。**如果将三相电源线的任意两根相线交换一次接到三相定子绕组上，则旋转磁场的旋转方向就会与交换前的旋转方向相反**。比如，将电源相线 L_1、L_3、L_2 分别接到 U_1、V_1、W_1 上，则定子绕组中电流的相序为 $i_1 \to i_2 \to i_3$，所以旋转磁场的旋转方向为 $U_1 \to W_1 \to V_1$，即旋转磁场逆时针方向旋转。

6.3.2 三相异步电动机的转动原理与转速、转差率

三相异步电动机的转动原理大致分三步：①定子绕组产生旋转磁场；②转子导体切割磁力线产生感应电动势和感应电流；③通电的导体在磁场中受到洛伦兹力的作用跟随旋转磁场转动。

根据前面的分析可知，定子绕组按一定的方式嵌入在定子铁心内，接入三相正弦交流电后，在定子绕组内部会产生旋转磁场。如图 6.11 所示，用 N、S 表示旋转磁场的一对磁极，转子用闭合的两根导体（铜条或铝条）表示。当旋转磁场顺时针方向旋转时，两根导体与磁场产生相对运动，相当于磁场不动，导体沿逆时针方向切割磁力线。根据法拉第电磁感应定律，导体中会产生感应电动势，由于两根导体连接成了闭合回路，因此在导体中会产生感应电流，感应电流的方向由右手定则确定，用符号“·”表示垂直于纸面流出，用符号“×”表示垂直于纸面流入，其方向如图 6.11 所示。根据洛伦兹定律，有电流流过的导体在磁场中会受到电磁力 F 的作用，电磁力的方向可以通过左手定则确定。电磁力 F 作用在转子导体上，会产生电磁转矩，方向也是顺时针的。在电磁转矩作用下，转子跟随磁场旋转。若改变旋转磁场的旋转方向，转子的转动方向也将随之改变。

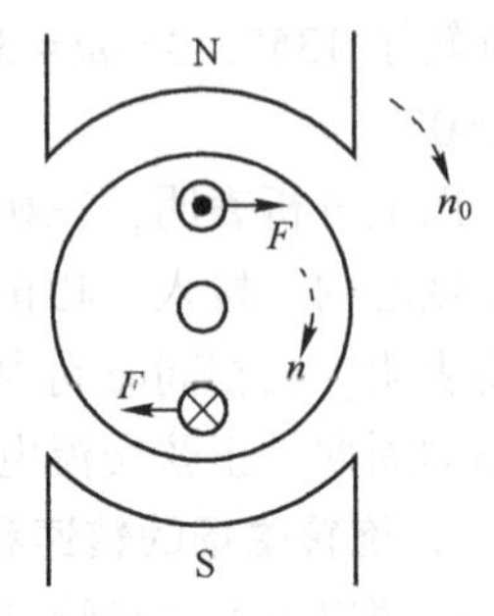

图 6.11 三相异步电动机的转动原理示意图

一般地，记电动机转子的转速为 n，其单位为 r/min。因为转子是跟随旋转磁场旋转，故转子的转速 n 必小于磁场的旋转速度（即同步转速）n_0，可以无限接近，但不能相等。如果 $n=n_0$，那么转子与旋转磁场之间没有相对运动，转子上的导体就不能切割磁力线，就不能产生感应电流和电磁转矩，转子就会减速。因此，转子的转速 n 总是小于同步转速 n_0，故称这种电动机为异步电动机。

通常用转差率 s 来表示转子转速 n 与同步转速 n_0 之间相差的程度。转差率 s 的定义为

$$s=\frac{n_0-n}{n_0}\times100\% \tag{6.9}$$

由转差率定义公式可见，当电动机刚起动时，由于转子转速 $n=0$，可知此时转差率 $s=1$。随着转速 n 的提高，转差率 s 会越来越小，不停地向 0 趋近。

转差率 s 是异步电动机一个非常重要的参数，一般要求电动机正常工作时，其转差率为 1%~9%。

【例题 6.1】 已知三相异步电动机的参数：额定频率 $f_1=50\,\text{Hz}$，额定功率 $P_N=57\,\text{kW}$，额定电压 $U_{1N}=380\,\text{V}$，额定电流 $I_{1N}=120\,\text{A}$，额定转速 $n_N=990\,\text{r/min}$，额定功率因数 $\cos\varphi_N=0.8$。求该电动机的同步转速 n_0、极对数 p、转差率 s 和额定负载时的效率 η。

解答：根据三相异步电动机同步转速公式可知，同步转速 n_0 为

$$n_0=\frac{60f_1}{p}=\frac{3000}{p}\,\text{r/min} \tag{6.10}$$

现已知额定转速 $n_N=990\,\text{r/min}$，因额定转速 n_N 总是略小于同步转速 n_0，极对数 p 为自然数，所以可以判断出，当极对数 $p=3$ 时，n_0 是大于额定转速且最接近额定转速的同步转速，所以有

$$\begin{cases} p=3 \\ n_0=\dfrac{3000}{p}=1000\ \text{r/min} \\ s=\dfrac{n_0-n_\text{N}}{n_0}=\dfrac{1000-990}{1000}\times 100\%=1\% \end{cases} \tag{6.11}$$

电动机的额定功率 P_N 指的是，电动机在额定转速下转子的输出功率。电动机的三相定子绕组会消耗电能，用有功功率 $P_{1\text{N}}$来表示，称为电动机的输入功率。输出功率 P_N 与输入功率 $P_{1\text{N}}$之比称为电动机的效率 η，所以有

$$\eta=\frac{P_\text{N}}{P_{1\text{N}}}\times 100\%=\frac{57\times 10^3}{\sqrt{3}U_{1\text{N}}I_{1\text{N}}\cos\varphi_\text{N}}\times 100\%=\frac{57\times 10^3}{63.185\times 10^3}\times 100\%=90.2\% \tag{6.12}$$

需要注意的是，参数中的额定电压 $U_{1\text{N}}$和额定电流 $I_{1\text{N}}$指的是转子在额定转速下，三相定子绕组上的线电压和线电流，所以在计算三相对称定子绕组负载的有功功率时，应采用有功功率线电压、线电流的计算公式，即 $P=\sqrt{3}U_1I_1\cos\varphi$。

6.4 三相异步电动机的电路分析

三相异步电动机中的电磁关系与变压器类似，定子绕组相当于变压器的一次绕组，转子绕组（对笼型转子，每根导线都相当于一相绕组）相当于变压器的二次绕组。定子绕组和转子绕组之间通过磁路传递能量，并将电能转换为机械能。不同的是，三相异步电动机定子绕组和转子绕组之间的磁路有空气隙，不像变压器那样有一个完整闭合的铁心磁路；而且电动机转子绕组不用像变压器二次侧那样需要带负载，而是直接短接的，从而将电能转化为机械能。

定子绕组通电后产生的旋转磁场，会通过主磁路（通过定子铁心和转子铁心闭合的磁力线路径）在定子绕组和转子绕组上分别感应出感应电动势 e_1 和 e_2，不在主磁路上的漏磁通则会在定子绕组和转子绕组上分别感应出漏磁感应电动势 $e_{\sigma1}$和 $e_{\sigma2}$。考虑到定子绕组和转子绕组是铜线或铝线制作而成的，存在一定的电阻，分别用电阻 R_1 和电阻 R_2 来表示。三相异步电动机定子绕组和转子绕组的等效电路图如图 6.12 所示。

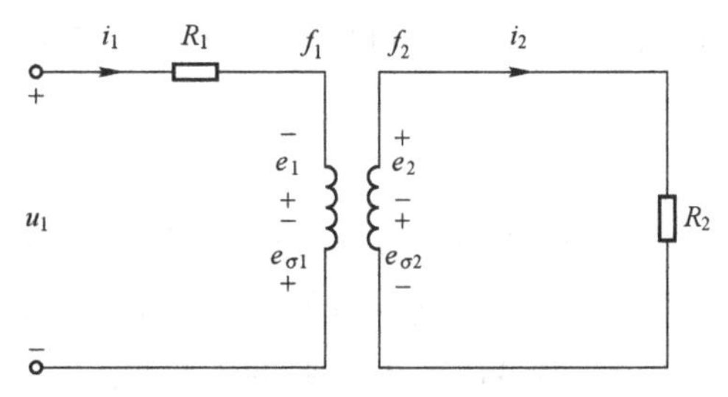

图 6.12　三相异步电动机定子绕组和转子绕组的等效电路

与变压器电路中物理量的表示方法类似，将定子绕组端的所有物理量加下标“1”，将转子绕组端的所有物理量加下标“2”以示区别。并设每相定子绕组的匝数为 N_1，每相转子绕组的匝数为 N_2。

6.4.1 定子电路

由于漏磁通很小，漏磁感应电动势 $e_{\sigma1}$ 也很小，可忽略不计；由于定子绕组的电阻 R_1 也很小，也可忽略不计。根据变压器电路分析可知，对定子电路有

$$U_1=E_1=4.44f_1N_1\Phi_m \tag{6.13}$$

式中，f_1 为定子绕组上正弦交流电流的频率；Φ_m 为一相定子绕组上正弦量主磁通的幅值；U_1 为定子绕组的相电压。

根据同步转速的计算公式，见式（6.8），可得电源频率 f_1 与同步转速 n_0 的关系为

$$f_1=\frac{pn_0}{60} \tag{6.14}$$

6.4.2 转子电路

1. 转子电流的频率 f_2

电动机转子的转速是 n，旋转磁场的转速即同步转速为 n_0，从相对运动的角度来看，转子相对于旋转磁场的转速为 n_0-n，方向与旋转磁场旋转的方向相反。相对转速 n_0-n 的单位为 r/min，如果将单位换算为 r/s，则相对转速为$\frac{n_0-n}{60}$。设旋转磁场有 p 对磁极，那么转子旋转一周，转子上每条导线的感应电流就变化 p 次。所以转子电流的频率 f_2 为

$$f_2=p\,\frac{n_0-n}{60} \tag{6.15}$$

为了建立频率 f_2 与频率 f_1 的关系，将式（6.15）除以式（6.14）可得

$$\frac{f_2}{f_1}=\frac{n_0-n}{n_0} \tag{6.16}$$

又因为电动机转差率 $s=\frac{n_0-n}{n_0}$，所以转子电流频率 f_2 为

$$f_2=sf_1 \tag{6.17}$$

显然，转子电流频率 f_2 随转差率 s 而变化。

因为转差率 s 的取值范围是 $s\in(0,1]$，可知当 $s=1$ 时，转子电流频率 f_2 有最大值，且最大值为 f_1。

2. 转子电动势 E_2

同样地，忽略电阻 R_2 上的电压降和漏磁感应电动势 $e_{\sigma2}$ 可得，转子上的电动势即为主磁通感应电动势 e_2。与定子电路的分析相同，可得转子电路的电动势 E_2 为

$$E_2=4.44f_2N_2\Phi_m=4.44sf_1N_2\Phi_m \tag{6.18}$$

如果记电动机刚起动时，即 $n=0$ 或 $s=1$ 时，转子上的感应电动势为 E_{20}，则有

$$E_{20}=4.44f_1N_2\Phi_m \tag{6.19}$$

那么可以将转子电动势 E_2 表达为

$$E_2=sE_{20} \tag{6.20}$$

显然，转子电动势 E_2 随转差率 s 而变化。

考虑到 $s \in (0,1]$，可知当 $s=1$ 时，转子电动势 E_2 取最大值，即 E_{20}是转子最大电动势。

3. 转子感抗 X_2

根据正弦交流电路感抗的公式，转子感抗 X_2 为

$$X_2 = \omega L = 2\pi f_2 L = 2\pi s f_1 L = sX_{20} \tag{6.21}$$

这里，X_{20}为电动机刚起动（$n=0$，$s=1$）时转子的感抗，即有 $X_{20}=2\pi f_1 L$。显然，转子感抗 X_2 随转差率 s 而变化。

这里，当电动机刚起动时，即 $s=1$ 时，转子感抗 X_2 取最大值 X_{20}，随着电动机转速越来越大，转差率 s 越来越小，转子感抗 X_2 也会越来越小。

4. 转子电流 I_2

考虑转子电流时，不能忽略转子的等效电阻 R_2。转子绕组可以看成是转子电阻 R_2 和转子感抗 X_2 的串联电路。因为转子电动势为 E_2，所以转子上的电流 I_2 为

$$I_2 = \frac{E_2}{\sqrt{R_2^2 + X_2^2}} = \frac{sE_{20}}{\sqrt{R_2^2 + (sX_{20})^2}} \tag{6.22}$$

显然，转子电流 I_2 随转差率 s 而变化。

由式（6.22）可得

$$I_2 = \frac{E_{20}}{\sqrt{\dfrac{R_2^2}{s^2} + X_{20}^2}} \tag{6.23}$$

这里，E_{20}、X_{20}和 R_2 都为常数。在转差率的取值范围内即 $s \in (0,1]$，转子电流 I_2 与转差率 s 呈单调递增关系。当转差率 $s=1$ 时，转子电流 I_2 最大，这即表明，当电动机刚起动时，转子上的电流最大。电动机起动后，随着转子转速 n 越来越大，转差率 s 会越来越小，转子电流 I_2 也会越来越小。如果转子转速 n 接近同步转速 n_0，则转子上的电流 I_2 也会接近 0。

5. 转子电路的功率因数 $\cos\varphi_2$

因为转子电路可以看成是转子电阻 R_2 和转子感抗 X_2 的串联电路，所以转子电路的功率因数 $\cos\varphi_2$ 为

$$\cos\varphi_2 = \frac{R_2}{\sqrt{R_2^2 + X_2^2}} = \frac{R_2}{\sqrt{R_2^2 + (sX_{20})^2}} \tag{6.24}$$

显然，转子电路的功率因数 $\cos\varphi_2$ 随转差率 s 而变化。

由式（6.24）可见，在转差率的取值范围内即 $s \in (0,1]$，功率因数 $\cos\varphi_2$ 与转差率 s 呈单调递减关系。在电动机刚起动时，转差率 s 有最大值 1，此时功率因数 $\cos\varphi_2$ 最小；随着电动机转速 n 越来越大，转差率 s 越来越小，转子电路的功率因数 $\cos\varphi_2$ 则会越来越大。

以上分析表明，转子电路上的物理量，如转子电流频率 f_2、转子电动势 E_2、转子感抗 X_2、转子电流 I_2 和转子电路的功率因数 $\cos\varphi_2$，都与转差率 s 相关，即都与转子的转速相关，它们都不是恒定量。

6.5 三相异步电动机的电磁转矩与机械特性

三相异步电动机的定子绕组接通三相正弦交流电后，转子上的导线会受到电磁力的作

用，电磁力相对转子的转轴就形成一个力矩，这个力矩称为电磁转矩。正是在电磁转矩的作用下，转子才跟随旋转磁场旋转。

三相异步电动机的电磁转矩与转子转速之间的关系，称为该电动机的机械特性，它反映了一台电动机的运行特征，是电动机的重要性能指标。

6.5.1 电磁转矩

三相异步电动机的电磁转矩是由转子所受电磁力与力臂点乘计算得到的。电磁力由旋转磁场与转子电流相互作用而产生。旋转磁场是正弦量，其大小可以用幅值 Φ_m 来表示；转子电流是正弦量，用作有功功率的电流分量为 $I_2\cos\varphi_2$，这个有功功率即是将电能转化为机械能。对一个现实存在的电动机，其转子导体与转轴的力臂是固定的。经分析可知，电磁转矩 T 与 Φ_m、$I_2\cos\varphi_2$ 成比例关系，即有

$$T=K_T\Phi_m I_2\cos\varphi_2 \tag{6.25}$$

其中 K_T 为比例常数，由电动机机械机构决定。

由式（6.13）可得

$$\Phi_m=\frac{U_1}{4.44f_1N_1} \tag{6.26}$$

将式（6.19）、式（6.22）、式（6.24）和式（6.26）代入式（6.25）可得

$$T=\frac{K_TN_2}{4.44f_1N_1^2}\frac{sR_2U_1^2}{R_2^2+(sX_{20})^2} \tag{6.27}$$

由于$\frac{K_TN_2}{4.44f_1N_1^2}$为一常数，可令 $K=\frac{K_TN_2}{4.44f_1N_1^2}$，于是可将电磁转矩 T 表达为

$$T=K\frac{sR_2U_1^2}{R_2^2+(sX_{20})^2} \tag{6.28}$$

这里，K 为常数，与电动机的构造和交流电源的频率相关。

由式（6.28）可见，三相异步电动机的电磁转矩 T，与三相定子绕组的相电压 U_1 的二次方成正比，所以当外部电源电压变化时，电磁转矩会有较大变化。此外，电磁转矩 T 的大小还受转差率 s 或转速 n 的影响，以及受转子等效电阻 R_2 和感抗 X_{20}的影响。

6.5.2 机械特性

当电源电压 U_1 不变，而且转子的等效电阻 R_2 和感抗 X_{20}是常数时，电磁转矩 T 就只是转差率 s 的函数，可以表达为 $T=f(s)$。

函数 $T=f(s)$ 曲线大致如图 6.13 所示，图中，T_N 表示额定电磁转矩，T_{st}表示起动电磁转矩，T_{max}表示最大电磁转矩。

由转差率 s 的定义 $s=\frac{n_0-n}{n_0}$ 可知，当转速最大时，转差率 s 最小，等于 0，当转速为 0 时，转差率 s 最大，为 1，如图 6.13 所示。

由于转差率 s 与转速 n 有明确函数关系，且通过转差率来表示电磁转矩的变化，不如用转速 n 表示电磁转矩的变化直观，所以这里将 $s=1-\frac{n}{n_0}$（同步转速 n_0 为常数）代入函数关系

$T=f(s)$中，可以得到转速 n 与电磁转矩 T 的函数关系 $n=f(T)$。

函数 $n=f(T)$确定的是一条曲线，称其为三相异步电动机的机械特性曲线，其形状大致如图 6.14 所示。

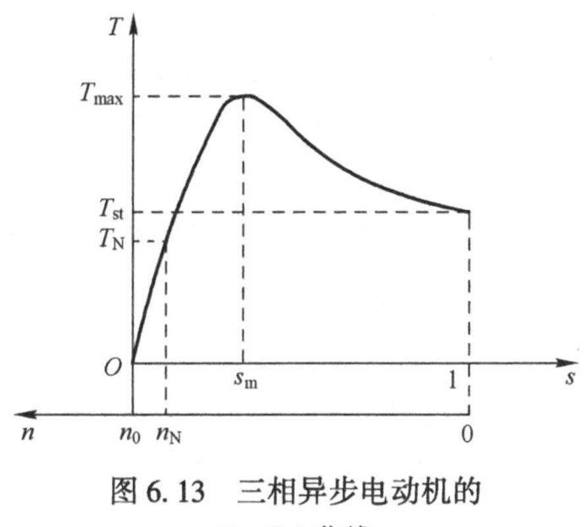

图 6.13　三相异步电动机的 $T=f(s)$曲线

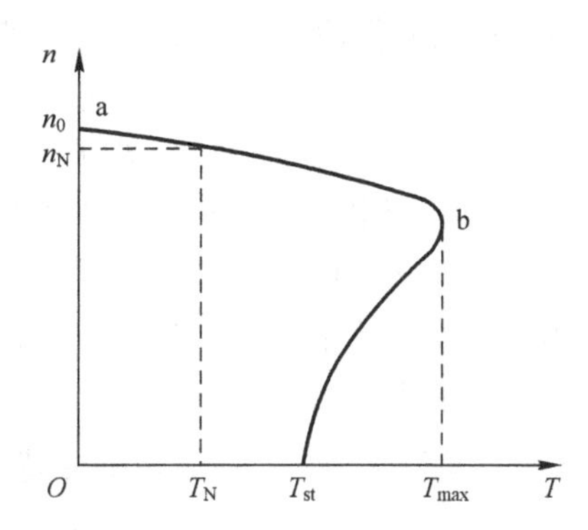

图 6.14　三相异步电动机的机械特性曲线 $n=f(T)$

电动机的机械特性曲线反映了电动机的转速与电磁转矩之间的关系。电动机接通交流电源后，刚起动时，转速 $n=0$，此时电动机就有了一个不为零的电磁转矩 T_{st}，随着电动机转速提高，电动机电磁转矩会快速增加到最大值 T_{max}；随后，随着转速 n 的继续增加，电磁转矩 T 不是继续增加，而是开始减小，直至减小为 0，如图 6.14 中 ab 段所示。

一般来说，机械特性曲线中的 ab 段大致呈直线，称其为稳定工作区，也就是电动机稳定工作时，转速和电磁转矩所在的区间。其他区域则为非稳定工作区。

在机械特性曲线中，如果 ab 段很平坦，即电磁转矩 T 变化时，转速 n 的变化不大，则称该电动机具有硬机械特性。反之，如果 ab 段倾斜较大，即电磁转矩 T 变化时，转速 n 的变化较大，则称该电动机具有软机械特性。

6.5.3　电动机的各种转矩与转动

作用在电动机转动轴上的力矩，除了电磁转矩 T，还有：①空载转矩，即电动机不带负载时空气阻力和转轴摩擦力产生的力矩，记作 T_0；②输出转矩，即电动机转轴上输出的力矩，记作 T_2；③负载转矩，即电动机带负载时，负载对转轴产生的力矩，记作 T_L。

显然，电动机转轴的输出转矩 T_2 等于电磁转矩 T 减去空载转矩 T_0，即 $T_2=T-T_0$。一般地，电动机的空载转矩 T_0 很小，如果忽略不计，则电动机的输出转矩 T_2 就等于电磁转矩 T。

电动机正常工作时，电动机的转动特征如下：①当 $T_2=T_L$ 时，电动机的转速 n 保持不变，即电动机匀速转动；②当 $T_2>T_L$ 时，电动机转速 n 会不断增加，即电动机加速转动；③当$T_2<T_L$ 时，电动机转速 n 会不断减小，即电动机减速转动。

在图 6.14 中，假设电动机以额定转速 n_N 正常工作，此时有 $T_2=T_L$。如果负载转矩 T_L 增大，那么根据电动机的转动特征可知，电动机的转速 n 会减小，根据电动机的机械特性曲线可知，转速 n 减小，电磁转矩 T 会增大，从而使得输出转矩 T_2 增大，直到 $T_2=T_L$，使电动机转速再次达到稳态，即电动机再次匀速转动；如果转速 n 减小使电磁转矩 T 增大到了最大值 T_{max}，还不能使输出转矩 T_2 等于负载转矩 T_L，则电动机转速 n 会继续减小，之后电动机的电磁转矩 T 会随着转速 n 的减小而迅速地减小，使得输出转矩 T_2 更加小于负载转矩

T_L，从而使得电动机迅速停车。

在电动机以额定转速 n_N 正常工作时，如果负载转矩 T_L 减小，那么根据电动机的转动特征可知，电动机的转速 n 会增加，根据电动机的机械特性曲线可知，转速 n 增加，电磁转矩 T 会减小，从而使得输出转矩 T_2 减小，直到再次出现 $T_2=T_L$，使电动机再次达到匀速转动。

正是因为电动机电磁转矩 T 具有随转速 n 变化的特征，使得电动机带负载工作时具有一定的自我调节能力，即负载转矩 T_L 在一定范围内变化时，电动机可以自动使输出转矩 T_2 等于 T_L，从而使电动机在新的转速水平上匀速转动。

在电动机的运行中，有三个重要的电磁转矩：额定电磁转矩 T_N、最大电磁转矩 T_{max} 和起动电磁转矩 T_{st}，如图 6.14 所示。下面分别介绍这三个重要的电磁转矩。

1. 额定电磁转矩 T_N

电动机的额定转速 n_N 均选在机械特性曲线的直线段，即图 6.14 中的 ab 段，一般是略低于同步转速 n_0。电动机以额定转速 n_N 转动时，产生的电磁转矩就称为额定电磁转矩，记作 T_N。

忽略空载转矩 T_0，可得电动机输出转矩 $T_2 \approx T_N$。又因为电动机转轴上输出的额定功率 P_N 与转轴上的额定转速 n 和额定电磁转矩 T_N 有如下关系：

$$P_N=\frac{2\pi n_N}{60}T_N \tag{6.29}$$

这里，额定功率 P_N 的单位为 W，额定转速 n_N 的单位为 r/min，额定电磁转矩 T_N 的单位为 N · m。电动机的额定输出功率 P_N 是电动机的重要参数，会在电动机的铭牌数据中给出，于是根据式（6.29），可得额定电磁转矩 T_N 的估算公式：

$$T_N=\frac{60}{2\pi}\frac{P_N}{n_N}\approx 9.55\frac{P_N}{n_N} \tag{6.30}$$

应用该式计算额定电磁转矩 T_N 时，一定要注意各量的单位，T_N 的单位为 N · m，P_N 的单位为 W，n_N 的单位为 r/min。

额定转矩 T_N 用来衡量电动机是否可以长时间工作，如果负载转矩 T_L 小于等于 T_N，则该电动机可以带负载长时间工作。

【例题 6.2】 某型号三相异步电动额定功率 $P_N=15$ kW，额定转速 $n_N=980$ r/min，三相正弦交流电源额定频率 $f_N=50$ Hz。求该电动机的额定电磁转矩 T_N。

解答： 根据三相异步电动机额定转矩的计算公式（6.30）可得，额定电磁转矩 T_N 为

$$T_N=9.55\frac{P_N}{n_N}=9.55\times\frac{15\times10^3}{980}\text{ N}\cdot\text{m}\approx 146.2\text{ N}\cdot\text{m} \tag{6.31}$$

2. 最大电磁转矩 T_{max}

电动机所能提供的最大电磁力矩，称为最大电磁转矩，记作 T_{max}。

根据式（6.28），电磁转矩 T 为

$$T=K\frac{sR_2U_1^2}{R_2^2+(sX_{20})^2} \tag{6.32}$$

这里只考虑转差率 s 变化时，电磁转矩 T 如何变化，把其他量（如 R_2、U_1 和 X_{20}）当成常数。将式（6.32）右边的分子和分母同除以转差率 s 可得

$$T=K\frac{R_2U_1^2}{\frac{R_2^2}{s}+sX_{20}^2} \tag{6.33}$$

这里，转差率 $s\in(0,1]$。式（6.33）的分母$\frac{R_2^2}{s}+sX_{20}^2\geqslant 2\sqrt{\frac{R_2^2}{s}\cdot sX_{20}^2}=2R_2X_{20}$，当且仅当$\frac{R_2^2}{s}=sX_{20}^2$。这即表明，当 $s=\frac{R_2}{X_{20}}$时，式（6.33）的分母有极小值，即电磁转矩 T 有极大值，于是最大电磁转矩 T_{max}为

$$T_{max}=K\frac{U_1^2}{2X_{20}} \tag{6.34}$$

为了衡量电动机正常工作时带负载的能力，定义电动机的过载系数 λ_{max}，为最大电磁转矩 T_{max}与额定电磁转矩 T_N 之比，即

$$\lambda_{max}=\frac{T_{max}}{T_N} \tag{6.35}$$

电动机过载系数越大，电动机带负载工作能力越强。

一般三相异步电动机的过载系数 λ_{max}为 1.8~2.2，在冶金、起重等特殊领域的电动机，其过载系数 λ_{max}一般为 2.2~3。

电动机的最大电磁力矩 T_{max}表明了电动机带负载工作的能力。当负载转矩 T_L 大于额定转矩 T_N，又小于最大转矩 T_{max}时，电动机可以工作，但只能短时工作，因为转子绕组中电流较大，时间长了温度会很高。如果负载转矩 T_L 大于最大电磁转矩 T_{max}，则电动机会迅速进入非稳定工作区而停车，即不能工作。

3. 起动电磁转矩 T_{st}

电动机刚起动时的电磁力矩称为起动电磁转矩，记作 T_{st}。

三相异步电动机刚起动时，转速 $n=0$，对应的转差率 $s=1$，根据方程（6.28）可得，起动电磁转矩 T_{st}为

$$T_{st}=K\frac{R_2U_1^2}{R_2^2+X_{20}^2} \tag{6.36}$$

起动电磁转矩 T_{st}表明了电动机带负载的能力。如果电动机起动时所加的负载转矩超过了 T_{st}，则电动机不能转动，此时转子绕组上的电流 I_2 最大。如果电动机长时间通电而不能起动，则转子绕组会因为其上的电流过大而容易发热烧毁。

为了衡量电动机的起动能力，定义电动机的起动系数 λ_{st}，为起动电磁转矩 T_{st}与额定电磁转矩 T_N 之比，即

$$\lambda_{st}=\frac{T_{st}}{T_N} \tag{6.37}$$

电动机起动系数越大，电动机带负载起动能力越强。

电动机的起动电磁力矩 T_{st}表明了电动机带负载起动的能力。如果负载转矩 T_L 大于或等于起动电磁转矩 T_{st}，则电动机不能起动，只有 $T_L<T_{st}$时，电动机才能起动。

【例题 6.3】 有一台 Y250M-4 型三相异步电动机，额定功率 $P_N=32\ \text{kW}$，额定转速 $N_N=$

1470 r/min，过载系数 $\lambda_{max}=2.2$，起动系数 $\lambda_{st}=2.0$。若负载转矩 $T_L=300$ N · m，试问此电动机能否带此负载：1）长期运行；2）短时运行；3）直接起动。

解答：

1）先求此电动机的额定转矩 T_N：

$$T_N=9.55\frac{P_N}{n_N}=9.55\times\frac{32\times10^3}{1470}\text{ N}\cdot\text{m}=207.9\text{ N}\cdot\text{m} \tag{6.38}$$

因为负载转矩 $T_L>T_N$，所以电动机带此负载不能长期运行。

2）根据过载系数 λ_{max}，求出此电动机的最大电磁转矩 T_{max}：

$$T_{max}=\lambda_{max}T_N=2.2\times207.9\text{ N}\cdot\text{m}=457.4\text{ N}\cdot\text{m} \tag{6.39}$$

因为 $T_L>T_N$，且 $T_L<T_{max}$，所以电动机带此负载能够短时运行。

3）根据起动系数 λ_{st}，计算此电动机的起动电磁转矩 T_{st}：

$$T_{st}=\lambda_{st}T_N=2.0\times207.9\text{ N}\cdot\text{m}=415.8\text{ N}\cdot\text{m} \tag{6.40}$$

因为 $T_{st}>T_L$，所以电动机带此负载能够直接起动。

6.6 三相异步电动机的铭牌数据

电动机的外壳上都附有一块铭牌，用于标注电动机的型号、额定功率、额定电压、额定电流、额定频率、额定功率因数、连接方式、生产厂家及出厂日期等参数。要正确使用电动机，必须看懂铭牌，正确理解各项参数的意义。下面以 Y132S-4 型三相异步电动机为例，说明铭牌上各个参数的意义，见表 6.2。

表 6.2 三相异步电动机 Y132S-4 的铭牌数据

三相异步电动机					
型号	Y132S-4	功率	3 kW	频率	50 Hz
电压	380 V	电流	7.2 A	连接	Y
转速	1450 r/min	功率因数	0.76	效率	0.88
温升	75℃	绝缘等级	E	工作方式	S1
编号	××××	年　月　日		××电机厂	

需要说明的是，电动机铭牌上的功率、频率、电压及电流等参数值，都是指额定值。

1. 型号

电动机型号 Y132S-4 的含义如图 6.15 所示。

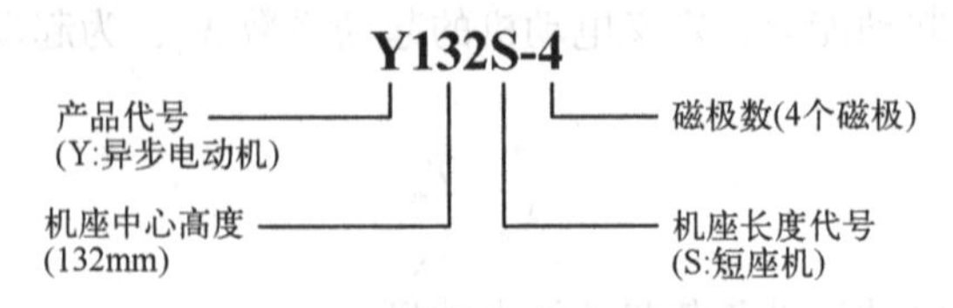

图 6.15 电动机型号含义说明图

产品代号表示的是电动机的种类，如 Y 表示的是异步电动机。中国产电动机有统一的编号和含义，见表 6.3。

表 6.3　中国产异步电动机产品名称与代号

产品名称	产品代号	含　义
异步电动机	Y	异
绕线转子异步电动机	YR	异绕
防爆型异步电动机	YB	异爆
多速异步电动机	YD	异多

磁极数表示的是电动机定子绕组通电后，在定子绕组内部产生的旋转磁场的磁极数，磁极数除以 2 就得到磁极对数。如图 6.15 中的 4，表示旋转磁场有 4 个磁极，磁极对数 $p=2$。

机座长度代号表示的是电动机机座的长度，S 表示短机座，M 表示中机座，L 表示长机座。每种机座都有规定的长度。

2. 额定数据

（1）额定功率 P_N

额定功率 P_N 是指电动机在额定转速下工作时，电动机转子上的输出功率，单位为 kW。表 6.2 中的功率表示的就是额定功率，其值为 $P_N=3\,\text{kW}$。

（2）额定频率 f_N

额定频率 f_N 指的是电动机正常工作时，定子绕组所接正弦交流电的额定频率，单位为 Hz。表 6.2 中的额定频率 $f_N=50\,\text{Hz}$。

（3）额定电压 U_N

额定电压 U_N 是指电动机在额定转速下工作时，三相定子绕组上所接三相电源的线电压。表 6.2 中，额定电压 $U_N=380\,\text{V}$。

额定电压与电动机三相定子绕组的连接方式有关，如有些电动机铭牌上标有两种额定电压：220/380 V，并标注连接方式：△/Y，表示当线电压为 220 V 时，电动机应采用三角形联结，当线电压为 380 V 时，电动机应采用星形联结，也即以符号“/”为界，额定电压和连接方式是前后一一对应的。

一般规定电动机工作时的电压不高于或低于额定电压值的 5%。电压过高或过低，都不利于电动机的正常工作。

（4）额定电流 I_N

额定电流 I_N 是指电动机在额定转速下工作时，三相定子绕组上的线电流。表 6.2 中，额定电流 $I_N=7.2\,\text{A}$。

与额定电压标注方式相同，若定子绕组有两种接法，则对应两个额定电流。

（5）额定转速 n_N

额定转速 n_N 是指电动机正常工作时，所规定的电动机转子的转速。表 6.2 中，额定转速 $n_N=1450\,\text{r/min}$。

（6）额定功率因数 $\cos\varphi_N$

额定功率因数 $\cos\varphi_N$ 是指电动机在额定状态下运行时，三相对称定子绕组中每相绕组的功率因数。表 6.2 中，额定功率因数 $\cos\varphi_N=0.76$。

三相异步电动机的功率因数，在额定工作状态下为 0.7~0.9，在空载时为 0.2~0.3。可见，电动机在空载时，功率因数很低，定子电路中电流会很大。

（7）额定效率 η_N

电动机运行时会产生功率损耗，包括空载转矩功率损耗、定子绕组和转子绕组电阻上的铜损和铁损等。为了衡量电动机将电能转化为机械能的效率，定义电动机的效率，用电动机输出功率 P_2 与电动机三相定子绕组上输入有功功率 P_1 之比来表示。

额定效率 η_N 是指电动机在额定状态下工作时，电动机的额定功率 P_N（即输出功率）与三相定子绕组的额定有功功率 P_{1N} 的比值，即有

$$\eta_N=\frac{P_N}{P_{1N}} \tag{6.41}$$

这里，额定功率 P_N 会在电动机铭牌数据中给出，额定有功功率 P_{1N} 可以通过铭牌数据中参数计算得到，有 $P_{1N}=\sqrt{3}U_NI_N\cos\varphi_N$。在表 6.2 中，额定效率 $\eta_N=0.88$。

（8）绝缘等级

绝缘等级是指电动机中所用绝缘材料的耐热等级，它决定电动机所允许的最高工作温度。电动机的绝缘等级和对应的最高工作温度见表 6.4。

表 6.4　电动机的绝缘等级和最高工作温度

绝 缘 等 级	A	E	B	F	H
最高工作温度/(℃)	105	120	130	155	180

（9）工作方式

电动机的工作方式表明电动机在不同负载下允许的工作时间，以保证电动机的温升不超过允许值。电动机的工作方式是按照所带负载的种类来分类的，包括起动持续时间、空载持续时间、额定负载持续时间、电制动及停车等情况。电动机的工作方式分为 S1～S10 共 10 类。其中，S1 表示连续工作，S2 表示短时工作，S3 表示断续周期工作。在表 6.2 中，电动机工作方式为 S1，表示连续工作。

【例题 6.4】 有型号为 Y180L-6 型三相异步电动机，铭牌数据显示额定功率 $P_N=15\,\text{kW}$，额定电压 $U_N=380\,\text{V}$，连接方式为△，额定效率 $\eta_N=0.88$，额定功率因数为 $\cos\varphi_N=0.85$，额定频率 $f_N=50\,\text{Hz}$，额定转速 $n_N=970\,\text{r/min}$。当电动机在额定状态下运行时，求：1）额定转差率 s_N；2）额定输入功率 P_{1N}；3）额定电流 I_N 和三相定子绕组每相的相电流 I_{1p}；4）额定电磁转矩 T_N。

解答：

1）根据电动机的型号可知，该电动机的极对数 $p=3$，所以同步转速 n_0 为

$$n_0=\frac{60f_1}{p}=\frac{3000}{3}\,\text{r/min}=1000\,\text{r/min} \tag{6.42}$$

于是，额定转差率 s_N 为

$$s_N=\frac{n_0-n}{n_0}\times100\%=\frac{1000-970}{1000}\times100\%=3\% \tag{6.43}$$

2）根据电动机效率的定义可知，电动机的额定输入功率 P_{1N} 为

$$P_{1N}=\frac{P_N}{\eta}=\frac{15\times10^3}{0.88}\,\text{W}=17\,\text{kW} \tag{6.44}$$

3）根据三相负载有功功率公式可得

$$P_{1N}=17\times10^3\ \mathrm{W}=\sqrt{3}U_N I_N\cos\varphi_N \tag{6.45}$$

于是，额定电流 I_N 为

$$I_N=\frac{P_{1N}}{\sqrt{3}U_N\cos\varphi_N}=\frac{17\times10^3}{\sqrt{3}\times380\times0.85}\ \mathrm{A}=30.4\ \mathrm{A} \tag{6.46}$$

因为定子绕组是三相对称的且是三角形联结，所以 I_{1p} 为

$$I_{1p}=\frac{I_N}{\sqrt{3}}=17.5\ \mathrm{A} \tag{6.47}$$

4）根据额定电磁转矩与额定功率的公式可得，额定转矩 T_N 为

$$T_N=9.55\frac{P_N}{n_N}=9.55\times\frac{15\times10^3}{970}\ \mathrm{N\cdot m}=147.7\ \mathrm{N\cdot m} \tag{6.48}$$

6.7 三相异步电动机的起动、调速和制动

6.7.1 三相异步电动机的起动

三相异步电动机的起动主要需要考虑两个因素：起动电流和起动电磁转矩。

笼型三相异步电动机的起动电流很大，一般是额定电流的 5~7 倍。起动电流很大，会使供电线路上产生较大的电压降，影响线路上其他电气设备的正常运行。另外，很大的起动电流也会使电动机自身发热严重，当起动时间较短或不频繁起动时，热量积累时间短，电动机温升不会很高，影响不大；当起动时间较长或频繁起动时，起动电流过大引起的发热问题就可能对电动机造成损害。

电动机起动电磁转矩必须大于负载转矩，异步电动机才能起动。若起动转矩过小，异步电动机不能起动，或使起动时间延长；若起动电磁转矩过大，又会使电动机机械传动机构受到过大的冲击，容易损坏。

总之，异步电动机的起动，应根据是空载起动还是带额定负载起动，以及供电线路的容量，选择合适的起动方法，以满足对起动电流和起动电磁转矩的要求。三相异步电动机常用的起动方法有直接起动、减压起动和转子电路串联电阻起动。

1. 直接起动

直接起动又称为全压起动，是指利用开关或交流接触器，将电动机定子绕组直接接通电源，使电动机起动的方法。直接起动的优点是，起动设备简单，操作方便，不需要额外的线路和设备。直接起动的缺点是，起动电流大，并且起动电流和起动电磁转矩是固定不变的，不能调整。

一台电动机能否直接起动，要根据电力管理部门的相关规定来确定。一般小容量（容量小于 7.5 kW）的电动机，常采用直接起动的方法起动。

2. 减压起动

容量较大的电动机，直接起动会导致线路上产生较大的电压降，所以一般不能直接起

动。对容量较大的电动机，常采取的起动措施是减压起动。减压起动就是在起动时，降低加在电动机定子绕组上的电压，等电动机的转速上升到接近额定转速时，再给定子绕组接通额定电压。减压起动常用的方法有星形-三角形减压起动和自耦减压起动。

(1) 星形-三角形减压起动（简称Y-Δ起动）

Y-Δ起动只适用于正常工作时定子绕组三角形联结的电动机，并且电动机采用星形联结时的起动电磁转矩要能够使电动机起动。

Y-Δ起动时，将三相定子绕组连接成星形，等转速接近额定转速时，再将三相定子绕组连接成三角形。在外部电源线电压一定的情况下，电动机星形联结时，电动机每相绕组的相电压为外部电源线电压的$\frac{1}{\sqrt{3}}$，而电动机三角形联结时，电动机每相绕组的相电压等于外部电源的线电压。这表明，Y-Δ起动实质上是将电源电压降低为最初的$\frac{1}{\sqrt{3}}$来作为电动机的起动电压。

Y-Δ起动的原理电路如图6.16所示。起动前，先将开关Q_2闭合到“Y起动”端，即将三相定子绕组的尾端连接在一起，然后合上电源开关Q_1，电动机在三相定子绕组星形联结下起动。待转速上升到接近额定转速时，再将开关Q_2从“Y起动”端切换到“Δ运行”端，即将三相定子绕组首尾相连，使电动机在三角形联结下正常工作。

采用Y-Δ起动时，相比直接起动，由于起动电压降为直接起动电压的$\frac{1}{\sqrt{3}}$，则起动电流降低为直接起动电流的$\frac{1}{3}$，所以起动电磁转矩也降为直接起动的$\frac{1}{3}$。因此，Y-Δ起动只适用于空载起动或轻载下的起动。

(2) 自耦减压起动

自耦减压起动是把电动机的三相定子绕组接在三相自耦变压器的低压绕组上，通过变压器降低电动机起动时的输入电压，以达到降低起动电压和降低起动电流的目的，当电动机转速接近额定转速时，再通过手动或继电器控制等方法，将电动机定子绕组的供电切换到额定电压上。由于自耦变压器可以根据二次绕组的匝数方便地改变输出电压，所以可以设置多组触点，比如使输出电压分别为$0.4U_N$、$0.6U_N$、$0.8U_N$，或者是特定的电压，根据需要将电动机接在不同组的触点上，以达到减压起动的目的。

自耦减压起动的原理电路如图6.17所示。起动前，选择自耦变压器上合适的触点，将开关Q_2合到自耦变压器的“起动”位置，然后合上电源开关Q_1。当电动机转速接近额定转速后，再将Q_2切换到“运行”位置，切除自耦变压器，电动机直接连接到三相电源上运行。

自耦减压起动方法既适用于三角形联结的电动机，也适用于星形联结的电动机。

自耦减压起动与星形-三角形减压起动一样，因为电动机起动电压降低，也会降低起动电磁转矩，所以只适用于空载起动或轻载起动。

3. 软起动

前面的Y-Δ起动和自耦减压起动，均属于传统的起动方法，在电动机起动瞬间和工作状态切换的瞬间，由于连接的电压是阶跃变化的，都会产生较大的冲击电流，对电网有一定的影响。

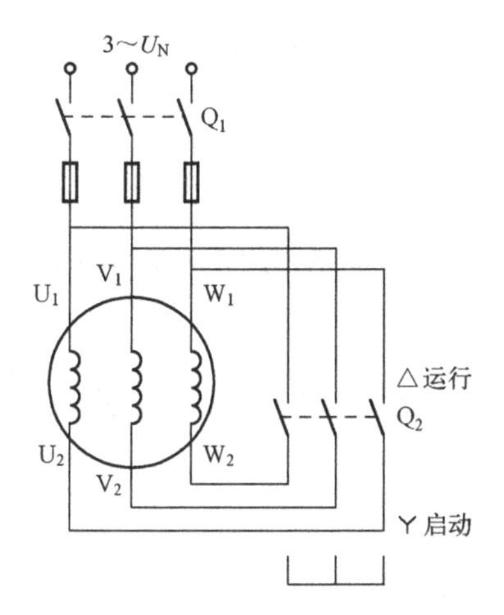

图 6.16　星形-三角形减压起动示意图

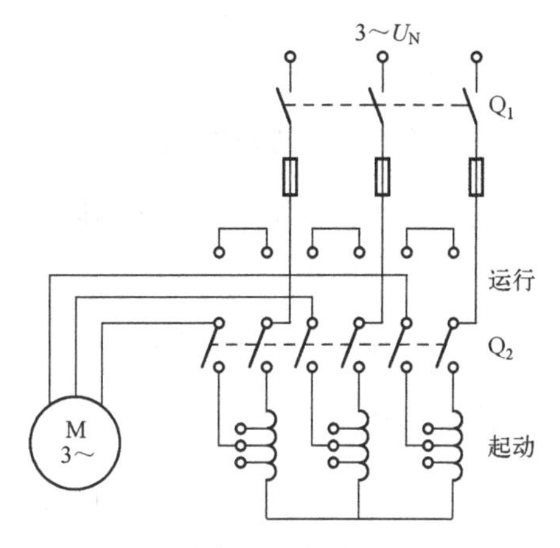

图 6.17　自耦减压起动原理示意图

随着电力电子技术和微机控制技术的发展，可以采用软起动器，为电动机提供连续变化的电源电压和电流，使电动机平稳起动或切换工作状态，实现电动机的软起动，如图 6.18 所示。软起动器只用于电动机的起动过程，电动机起动完成后，软起动器自动切除，使软起动器退出运行，电动机切换到电网直接供电模式。

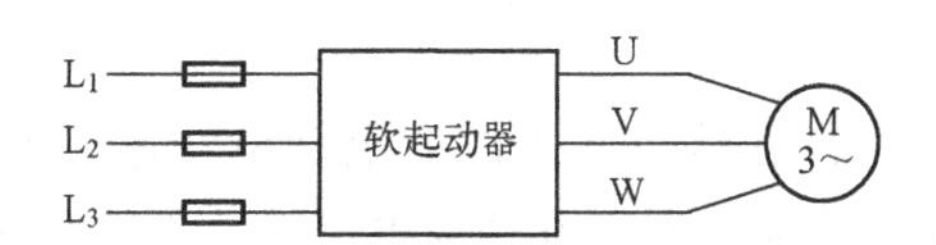

图 6.18　软起动器与电动机的软起动示意图

软起动器不仅能限制起动电流，还具有各种保护功能，如断相保护、过热保护及过载保护等。

软起动方法本质上也属于减压起动的范畴，所以对起动负载有要求，要求空载起动或轻载起动。

4. 转子回路串电阻起动

采用减压起动类的方法起动电动机，在降低起动电压和起动电流的同时，也降低了起动转矩，因此这种起动方法不能带较重的负载起动。如果既要起动电流不能太大，又要有较大的起动转矩（如起重机、锻压机等），则常采用绕线转子异步电动机，通过在转子电路串联电阻的起动方法，称为转子回路串电阻起动。

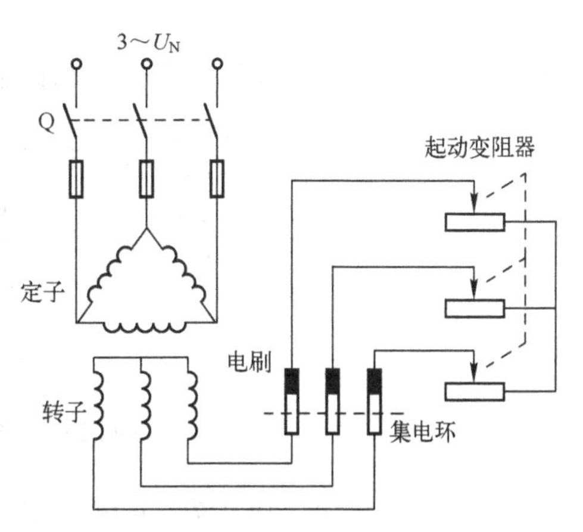

图 6.19　绕线转子异步电动机的转子回路串电阻起动示意图

转子回路串电阻起动电路如图 6.19 所示。电动机转子绕组通过集电环和电刷接起动变阻器。电动机起动前，先把起动变阻器的电阻调到最大值，然后合上电源开关 Q 起动电动机，随着转速的上升，逐渐减小起动变阻器的电阻值，直到全部切除，使转子绕组短接。这种起动方法的缺点是，电刷和集电环之间有运动摩擦，电刷有磨损，需要定期替换。

6.7.2 三相异步电动机的调速

在生产过程中，常常需要对三相异步电动机进行调速。如切削机床，对于不同材质的工件，应采用不同的切削速度。

对三相异步电动机，根据转差率的公式 $s=\frac{n_0-n}{n_0}$，以及同步转速的计算公式 $n_0=\frac{60f_1}{p}$，可得电动机的转速 n 为

$$n=(1-s)n_0=(1-s)\frac{60f_1}{p} \tag{6.49}$$

可见，电动机转速 n 与转差率 s、磁极对数 p 和交流电源频率 f_1 相关。要改变转速，只需要改变转差率或磁极对数或电源频率即可。

1. 变极调速

变极调速是通过改变电动机的磁极对数 p 来改变电动机转速 n 的调速方法。可以变极调速的电动机称为多速电动机。多速电动机的定子绕组由多个绕组组成，以不同方式连接外部的三相电源，就可改变旋转磁场的磁极对数 p，从而实现变极调速。常见的多速电动机有双速、三速、四速等。

多速电动机可以通过电源的接线方式来改变电动机转速，无需齿轮变速装置，结构简单，运行可靠。变极调速的缺点是，只有几档速度可选，不同转速相差较大，不能实现连续调速，而且定子绕组结构和接线比较复杂。

变极调速属于有级变速方法。

2. 变频调速

变频调速是通过改变电源频率 f_1 进行调速的方法。中国电网提供的是频率为 50 Hz 的三相正弦交流电。变频的过程是，先通过整流，将频率为 50 Hz 的三相交流电变换为直流电，再通过逆变器，将直流电变换为频率可调、电压可调的三相正弦交流电。将变频后的交流电供给电动机，实现电动机的调速。其过程如图 6.20 所示，变频调速装置包括整流电路（即整流器)、逆变电路（即逆变器）和控制电路三部分。

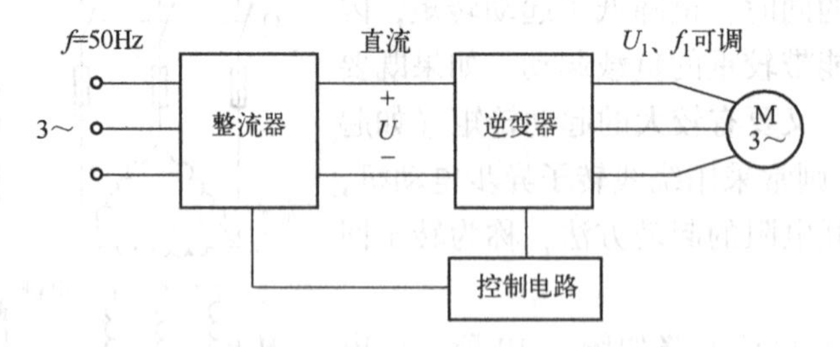

图 6.20 三相异步电动机变频调速过程

由公式 $U_1=4.44N_1f_1\Phi_m$ 可知，变频调速时若只降低电源频率 f_1，而保持电压 U_1 不变，则磁通 Φ_m 会增大，容易导致定子铁心和转子铁心中铜损和铁损增大，从而电动机温升过高，效率降低。为了避免这种情况，需要保持磁通 Φ_m 基本不变，那么在改变电源频率 f_1 的

同时，电源电压 U_1 也要相应变化，使$\frac{f_1}{U_1}$基本不变。

由于变频调速能够改变电压，所以变频装置也具有对电动机进行软起动的功能。变频调速是一种先进的调速方式，随着技术的发展，变频装置工作越来越可靠，成本也越来越低，应用也越来越广泛。

变频调速属于无级变速方法。

3. 变转差率调速

变转差率调速是指通过改变转差率 s 来改变电动机转速的调速方法。只有绕线转子异步电动机才能采用变转差率调速的方法。当绕线转子异步电动机在转子电路串联不同电阻后，电动机的机械特性曲线会发生改变，可使电动机额定转速降低，起动转矩提高，但最大电磁转矩不变。

在负载转矩一定时，转子电路串联的电阻不同，对应的转速不同。转子电路串联的电阻越大，电动机的转速越低。

变转差率调速的优点是设备简单，缺点是能量损耗大，调速范围有限。

6.7.3 三相异步电动机的制动

制动就是阻止电动机转动，使之迅速减速或停车的措施。

电动机被切断电源后，由于电动机和其拖动的机械设备的惯性作用，电动机还会继续转动，需要一段时间才能停下来。为了迅速减速，缩短停车时间，需要对电动机采取一定的制动措施。

除了采用机械制动的方法，三相异步电动机可以采用电气制动的方法：①能耗制动；②反接制动；③发电反馈制动。

1. 能耗制动

能耗制动电路如图 6.21 所示，过程是这样的：停车时，先断开电动机的交流电源开关 Q_1，然后合上直接电源开关 Q_2，在电动机定子两相绕组中通入直流电流。直流电流在定子绕组中会产生固定不变的磁场，而不是旋转磁场。当电动机转子由于惯性作用继续沿原方向转动时，根据电磁感应定律和洛伦兹定律可知，此时转子上的电磁转矩与转子转动方向相反，会促使转子快速减速和停车。

这种制动方法是利用转子的惯性转动，在转子上产生感应电流，转子电流的电能，一部分以铜损和铁损的形式消耗掉，大部分转换为使自身制动的电磁转矩机械能。因为这种制动方法需要接通直流电源，消耗电能，所以称为能耗制动。能耗制动的优点是制动平稳可靠，缺点是需要配置一套制动用的直流电源，且制动需要消耗电能。

2. 反接制动

反接制动就是通过改变电动机三相定子绕组连接外部三相电源相线的次序，在定子绕组内部产生一个与之前旋转方向相反的旋转磁场，在转子上产生反向的电磁转矩，促使电动机快速减速和停车的措施。

三相异步电动机反接制动原理如图 6.22 所示。根据本章旋转磁场的产生分析可知，三相定子绕组内部旋转磁场的旋转跟随三相交流电源相序的方向，也就是任意调换交流电源的两根相线，旋转磁场就会反向。基于这个原理，要制动时，先断开电源开关 Q_1，接着闭合开关 Q_2。Q_2闭合后，即接入电动机的两根相线：左边的相线和中间的相线，位置交换了一下，因此旋转磁场反向旋转。

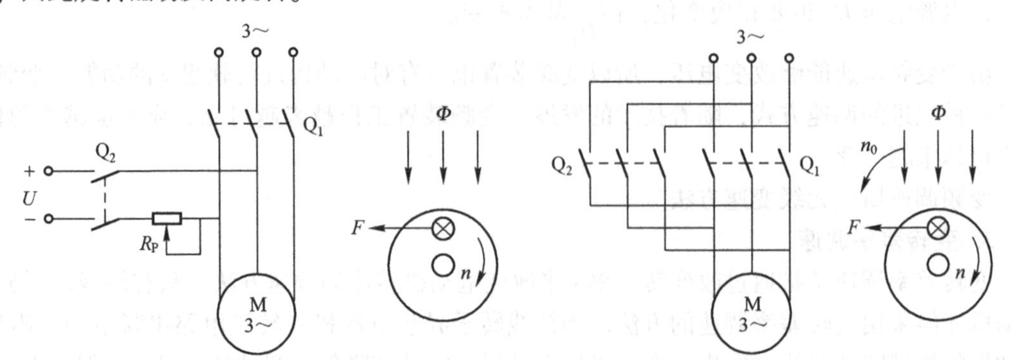

图 6.21　能耗制动示意图　　　　图 6.22　反接制动示意图

反接制动过程中，当电动机的转速接近零时，应及时将开关 Q_2断开，切断电动机电源，否则电动机将反向旋转。反接制动时，由于转子和旋转磁场转速差很大，会在转子上产生很大的感应电流和电磁转矩，使电动机快速制动。反接制动时，为了保护电动机，一般会在反接的定子电路上串联电阻限流，以减小制动对电动机的冲击。

3. 发电反馈制动

发电反馈制动指的是，当电动机的转速 n 超过同步转速 n_0 时，转子上产生的电磁力矩会反向，会阻碍转子的惯性转动，产生制动效果，此时，由于转子主动切割磁力线，会产生感应电流，实现了将机械能转化为电能，其实是起到了发电作用。

在下列情况下，电动机的转速 n 会超过同步转速 n_0：比如，起重机放下重物时，负载在重力的作用下会使得转子转速越来越快，以致超过同步转速；再比如，电动机高速运转时，通过调频或调整磁极对数使得定子绕组产生的同步转速 n_0 突然减小，由于惯性，转子转速不会突然减小，其值会超过同步转速。

习题 6

第 6 章习题

第 6 章习题参考答案

第7章　继电接触器控制系统

本章知识点

1. 常用控制电器的结构、功能和符号；
2. 三相异步电动机的基本控制电路；
3. 一般继电接触器控制电路的设计和保护；
4. 继电接触器控制电路中的常见符号。

学习经验

1. 要准确理解控制电器的工作原理和符号表达；
2. 要掌握继电器和接触器执行结构通断电与触点动作的关系；
3. 掌握利用继电接触器设计控制电路的一般方法。

第二次科技革命以来，电力得到了广泛使用，在现代化的工农业生产中，机械设备的运动大多由使用电能的电动机来带动或拖动。通过控制电动机的起动、停车、正反转、调速、顺序动作等行为，就能对生产过程进行自动控制，并设置各种保护，使生产过程正确而有效率，并更为安全。这种由电气元件组成，用于实现某个或某些对象的控制，保证被控对象安全可靠地自动运行的系统就叫电气系统，这个过程就称为电气控制。

在传统的电气控制中，主要使用开关、按钮、继电器及接触器等控制电器来实现电气系统的自动控制，这种控制系统称为继电接触器控制系统。继电接触器控制系统有物理触点，实现的是断续或开关控制。现代化的电气控制中，更多使用的是无触点的可编程序逻辑控制器，即 PLC（Programmable Logic Controller），用于在较复杂的控制系统中取代传统的继电接触器系统。

继电接触器控制系统由工作用的电气元件（如电灯、电阻、电动机等）和实现控制及保护的控制电器（如开关、按钮、熔断器、继电器和接触器等）两部分组成。

本章先介绍一些常见的控制电器，然后介绍如何使用这些控制电器，来实现特定的控制要求，并设置常见的电气保护。

7.1　常用控制电器

控制电器按其工作电压高低，可分为高压电器和低压电器两类。常用控制电器是低压电器，指的是工作电压一般在直流 1500 V 以下或交流 1200 V 以下的电气设备。在中国电气系统中，常用的三相交流电电压等级为 380 V，单相交流电电压等级为 220 V；常用的直流电电压等级为 110 V、220 V 和 440 V；在控制系统中，常用的电压等级为 6 V、12 V、24 V 和 36 V，在电子电路的控制中，还常用到5 V、9 V和15 V等电压等级。

控制电器按其动作方式，可分为手动控制电器和自动控制电器。手动控制电器是由人来直接操作其开合动作的，如刀开关、组合开关和按钮等。自动控制电器是根据物理信号（如电流、温度）或信号指令（如时间、位置）来自动动作，无需人工干预，如行程开关、继电器、接触器。还有一类用来做保护用的自动控制电器，如断路器、熔断器等。

控制电器按其功能分类，可分为主令电器、执行电器和保护电器三类。用于产生、发送指令或信号的控制电器称为主令电器，如开关、按钮等；用于执行动作或功能的电器称为执行电器，如电磁铁、接触器等；用于保护电气设备的电器称为保护电器，如熔断器、热继电器等。

7.1.1 开关

开关主要用于电路的开合、隔离和转换等作用。常用的开关有刀开关、组合开关和行程开关等。

1. 刀开关

刀开关外形如图7.1所示，其符号如图7.2所示，开关的文字符号为QS。

图7.1 刀开关的外形

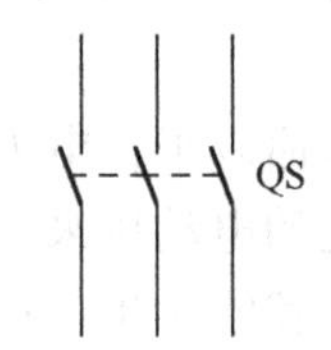

图7.2 刀开关的符号

刀开关按接触刀片的多少，可分为单极、双极、多极等，每种又有单投和双投之分。在安装刀开关时，应将电源线接在刀开关的静触点上，负荷线接刀开关下侧熔丝的出线端，确保刀开关断开电源后，刀片和熔丝不带电，以保证安全。在垂直安装刀开关时，应使刀片向上合为接通电源，向下拉为断开电源，避免刀开关刀片在重力作用下自然下落而误将电源接通。

用刀开关断开感性负载时，在接触刀片与静触点之间会产生电弧。较大的电弧会引起电源相间短路，所以在高电压、大电流电路中，刀开关只作隔离用，不允许带负荷操作。在低电压、小电流的电路中，刀开关可以带负荷操作，一般要加胶盖或铁壳的灭弧罩。

2. 组合开关

组合开关也称为转换开关，是一种转动式开关，由一对或多对静触点以及对应数量的固定在绝缘转轴上的动触片组成，其外形如图7.3所示，工作原理如图7.4所示。动触片的两个端点用来与静触点接触，称为动触点。动触片装在转轴上，转动手柄可以转动转轴，使动触点与静触点接通或断开。

组合开关内装有弹簧，动作时有助于使动、静触点迅速分开。组合开关的动触片通过电流的能力有限，因此常用于低电压、小电流的电路中，如用于小功率电动机的直接起停和正反转控制等。

图 7.3　组合开关的外形

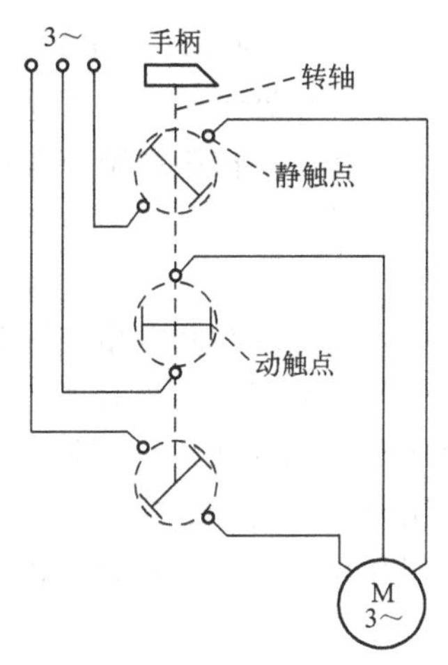

图 7.4　组合开关的工作原理图

3. 行程开关

行程开关也称为限位开关或位置开关，是通过运动物体撞击开关的触头，使开关的动触点和静触点接通或断开的一种开关。其外形如图 7.5 所示，工作原理如图 7.6 所示，符号如图 7.7 所示。行程开关用来控制机械运动的位置、行程或运动状态，实现自动停车、反向或变速等目的。行程开关用文字符号 ST 表示，有常开（动合）和常闭（动断）两类触点。

图 7.5　行程开关的外形

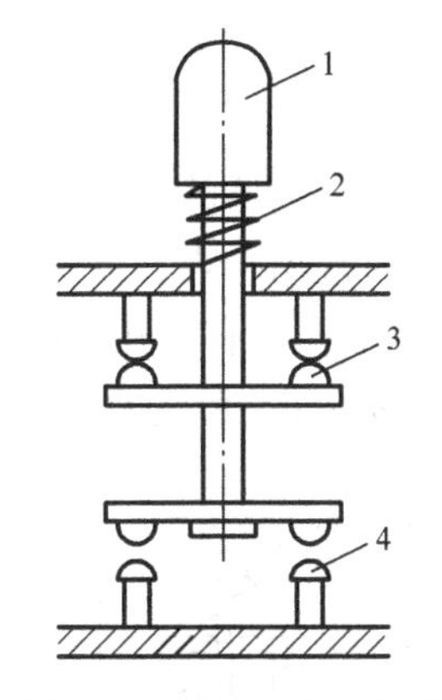

图 7.6　行程开关原理图

1—撞杆　2—弹簧　3—常闭触点　4—常开触点

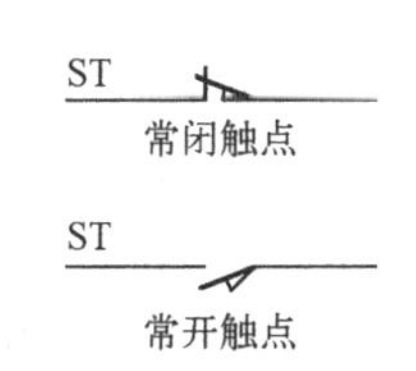

图 7.7　行程开关的符号

行程开关一般放置在预定的位置，当运动部件碰撞到行程开关的撞杆时，行程开关内部的触点动作，常闭触点断开，常开触点闭合，产生控制信号，实现电路的切换。当碰撞结束，在弹簧的复位作用下，行程开关内部的触点复位，常闭触点闭合，常开触点断开。行程开关在各类机床和起重机械中得到广泛应用，用来控制行程，进行终端限位保护。

为了适应生产机构对行程开关的碰撞，行程开关有多种构造形式，按结构可以分为直线式、滚轮式、微动式和组合式等。

随着电子技术的发展，出现了一种无触点的行程开关，也称为接近开关，用文字符号

SQ 表示。它是利用电磁感应原理工作的，当金属物体接近感应区域时，内部的触点就动作，产生相应的控制信号。接近开关工作可靠，使用寿命长，功耗低，复位和定位精度高，适应于恶劣的工作环境，在自动控制系统中得到了广泛应用。

7.1.2 按钮

按钮是一种可以接通或断开电路并且能自动复位的手动控制电器，一般由按钮帽、复位弹簧、常开触点、常闭触点、接线柱和外壳等组成。按钮种类很多，基本外形如图 7.8 所示。按钮内部有成对的动静触点，按钮不受外力作用时，动静触点以常闭或常开的方式存在，在受外力作用时，常闭触点断开，常开触点闭合。按钮按照内部触点的类型，可分为常闭按钮、常开按钮和复合按钮，其结构和符号如图 7.9 所示，按钮的文字符号为 SB。

图 7.8　按钮外形

当控制电器处于常态时，即动作之前的状态，控制电器的触点，如果是断开的，就称为常开触点，或称为动合触点；如果是闭合的，就称为常闭触点，或称为动断触点。那么，只有常闭触点的按钮，就称为常闭按钮，如图 7.9a 所示；只有常开触点的按钮，就称为常开按钮，如图 7.9b 所示；既有常开触点，又有常闭触点的按钮，称为复合按钮，如图 7.9c 所示。

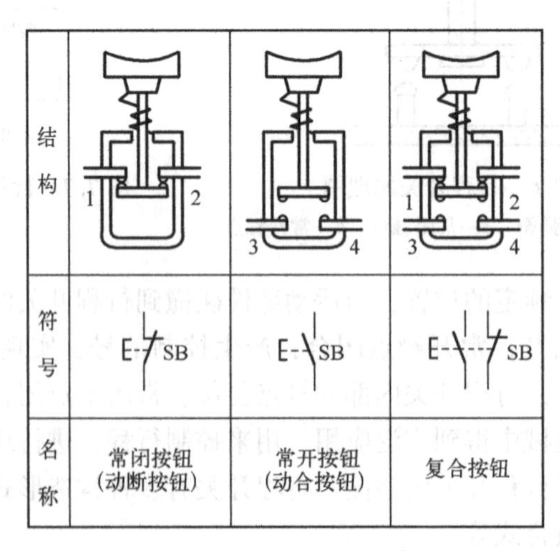

图 7.9　按钮结构与符号

按钮被按下时，常闭触点会断开（即动断），常开触点会闭合（即动合），相比常态，触点的通断状态刚好相反。按钮被释放时，在复位弹簧的作用下，所有触点又恢复常态。对于复合按钮，按下按钮和释放按钮时，由于常开触点和常闭触点之间有一定物理距离，可知它们的动作是有先后的，都遵循先断开后闭合的规则。如果不考虑复合按钮常开触点和常闭触点的动作顺序，控制电路就会出现错误或事故。

按钮的触点容许通过的电流一般不超过 5 A，所以不能用于控制工作电路的动断，只适用于控制电路。按钮与开关相比，最主要的特点是能自动复位。

7.1.3 熔断器

熔断器用于电路或电气设备的短路保护，是一种保护电器。一般将熔断器串联在电路中，熔断器的熔丝或熔片用熔点低、导电性能好、易熔断的合金制成，如铅锡合金，或用截面积很小的良导体制成，例如铜、银等。在额定电流下工作时，熔断器如同普通导线；当电路中电流很大，如发生短路故障或严重过载时，熔断器的熔丝或熔片因温度过高而自动熔断，从而切断电源，保护电路上其他电气设备不受损坏。普通熔断器起过保护作用后，熔丝或熔片已经熔断，要继续使用，则需要人工更换熔体。

各种类型的熔断器如图 7.10 所示。

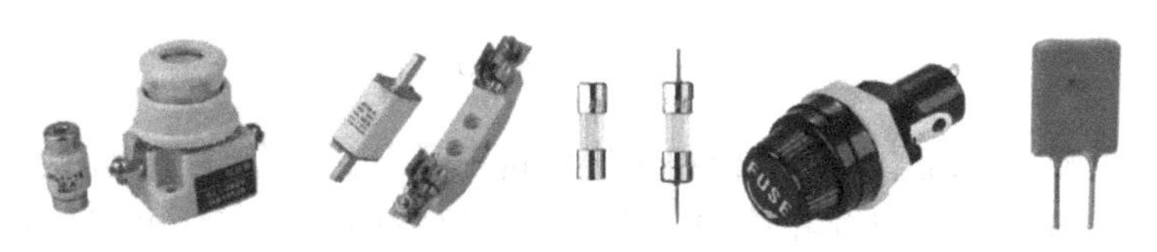

图 7.10　熔断器

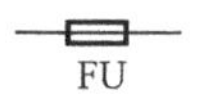

熔断器的符号如图 7.11 所示，熔断器的文字符号为 FU。如果有多个熔断器，则给 FU 加数字下标以示区别。

FU

图 7.11　熔断器的符号

选择熔断器时，除了考虑熔断器的种类、额定电压外，主要考虑熔断器的额定电流是否满足保护电路的需要。熔断器额定电流 I_N 的选择如下：

1）对电灯、电热器等电阻性负载，I_N 应等于或略大于线路的负载电流 I，即 $I_N \geqslant I$。

2）对不频繁起动的单台电动机，要求熔断器额定电流 $I_N \geqslant \frac{I_{st}}{2.5}$。其中，$I_{st}$ 为电动机的起动电流。

3）对频率起动的单台电动机，要求熔断器额定电流 $I_N \geqslant \frac{I_{st}}{1.6 \sim 2}$。其中，$I_{st}$ 为电动机的起动电流。

4）对几台电动机合用的熔断器，要求熔断器额定电流 $I_N \geqslant (1.5 \sim 2.5) \times$功率最大电动机额定电流+其余电动机额定电流之和。

一般熔断器发生短路保护后，熔体熔断，故障排除后，需更换新的熔丝或熔片。随着科技的发展，出现了可自恢复的熔断器，其熔体由聚合树脂及纳米导电晶粒经特殊工艺加工而成。正常情况下，导电晶粒被树脂粘合在一起，形成导电通路；当过载或短路时，很大的电流使熔体迅速升温，树脂材料迅速膨胀，使导电晶粒彼此隔断，此时熔断器呈高阻状态，电路电流被截断，从而实现对电路的保护。当断电或故障排除后，待温度降低，树脂材料收缩复原，导电晶粒间的导电通路恢复，自恢复熔断器恢复为正常状态，无需人工更换。

7.1.4 断路器

断路器是一种既有手动开关功能，又有短路保护、过载保护、欠电压保护、失电压保护和剩余电流保护等保护功能的控制电器。断路器常用于低压配电网络中接通或切断电源，也可用于不频繁地起动电动机。断路器有很多种，其一般结构原理如图 7.12 所示。

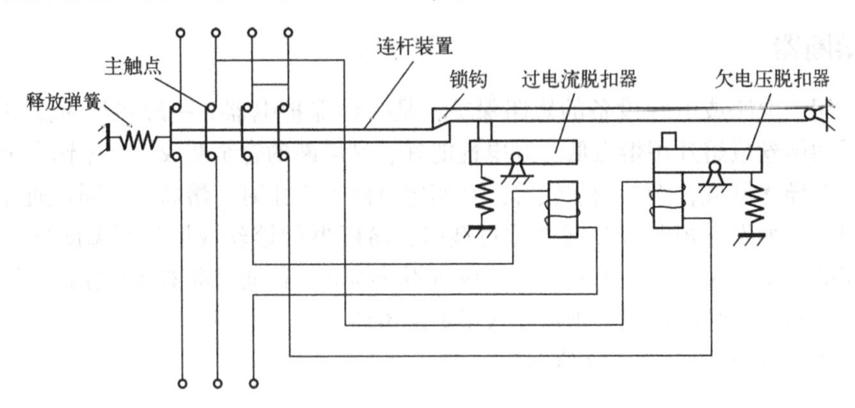

图 7.12 断路器原理图

断路器主要由触点系统、操作机构和保护机构三部分组成。主触点由手动操作来闭合。当主触点闭合后，通过连杆装置和锁钩，使主触点保持闭合状态。电路出现故障时，如短路、过载、欠电压和失电压等，锁钩在下面脱扣器杠杆的作用下上移，使锁钩释放，于是连杆装置在释放弹簧作用下，快速向左移动，使主触点断开。

对过电流脱扣器，正常状态下，左端弹簧向下的拉力与右端线圈向下的电磁吸力平衡，脱扣器不动作。出现过载或短路时，线圈中电流增大，电磁吸力也增大，过电流脱扣器左端上移，顶开锁钩，使主触点断开。

对欠电压脱扣器，正常状态下，右端弹簧向下的拉力与左端线圈向下的电磁吸力平衡，脱扣器不动作。出现欠电压或失电压时，线圈中电流减小，电磁吸力也减小，欠电压脱扣器左端上移，顶开锁钩，使主触点断开。

断路器的连杆装置与锁钩脱扣后，必须手动操作才能重新闭合。

断路器按其使用工作环境，可以分为低压断路器和高压断路器。低压断路器常用于低压工作环境下，是利用空气隔离断路器触点开关过程中产生的电弧，所以又称为空气断路器。

对于高压断路器，由于其工作电压较高，使用空气灭弧的效果不好，会采用其他灭弧介质，比如油、真空等，于是就有了油断路器、真空断路器等。

7.1.5 接触器

接触器是一种通过电磁系统动作来控制触点通断的自动控制电器。接触器的文字符号为 KM。

接触器用于频繁地接通或断开或切换有电动机或其他负载的主电路，并自带欠电压或零电压保护功能，是继电接触器控制系统中的主要控制器件。

按照工作电源的不同，可以将接触器分为交流接触器和直流接触器两类。直流接触器和交流接触器的工作原理基本相同，这里主要介绍交流接触器。

交流接触器主要由电磁系统、触点系统和灭弧系统三大部分组成，其外形如图 7.13 所示。

一般交流接触器的结构如图 7.14 所示。交流接触器的电磁系统由动铁心、静铁心、线圈和弹簧等组成，依靠动铁心的运动，带动触点闭合或断开。交流接触器的触点分为主触点和辅助触点。主触点是常开型触点，也称为动合主触点，用于接通和断开主回路，可控制较大电流的通断。辅助触点有常开型触点（又称为动合辅助触点），也有常闭型触点（又称为动断辅助触点），一般用于控制电路，容许通过较小的电流。当线圈通电时，静铁心产生电磁力，动铁心被向下吸合，带动触点动作，使常开主触点闭合，常闭辅助触点断开，常开辅助触点闭合；当线圈断电时，静铁心电磁吸力消失，在释放弹簧作用下，动铁心向上复位，使各触点复位。

图 7.13　交流接触器的外形

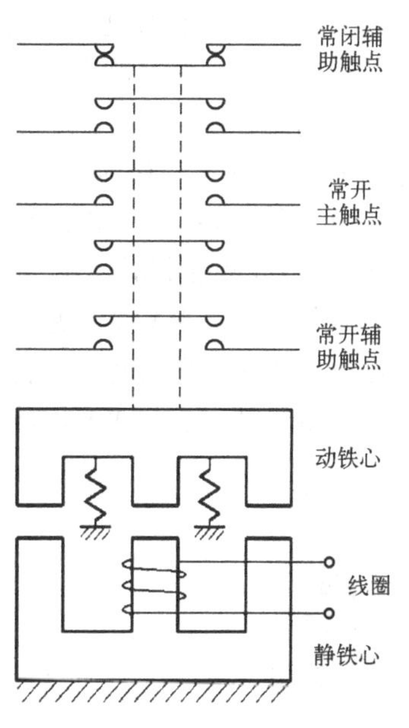

图 7.14　交流接触器的结构

交流接触器的符号由四个部分组成，即线圈、主触点、常开辅助触点和常闭辅助触点，如图 7.15 所示。同一个接触器的线圈、主触点、辅助触点都用 KM 表示，表明是同一个接触器的不同部分，不管它们分别处于电路中的什么位置，它们的状态或动作具有相关性，比如 KM 线圈通电，那么 KM 主触点闭合，KM 常开辅助触点闭合，KM 常闭辅助触点断开。如果有多个交流接触器，其名称就用 KM 加数字下标以示区别。

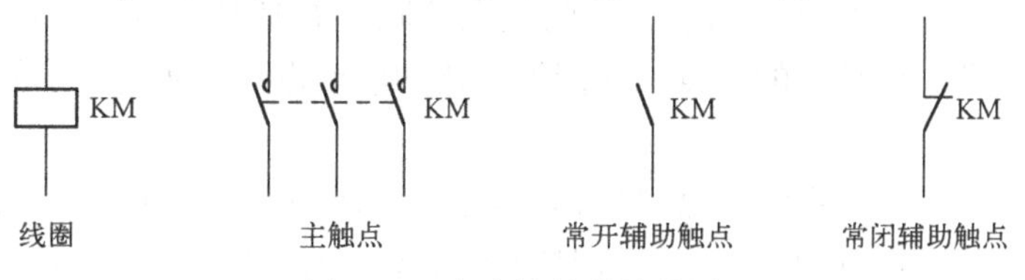

图 7.15　交流接触器的符号

选用接触器时，需要确定接触器线圈所用电源类型（交流还是直流）和额定电压、主触点额定电流值、辅助触点个数和类型（常开还是常闭）等。

7.1.6 继电器

继电器是一种根据特定信号（如电流、电压、时间、温度和速度等）而动作的自动控制电器，一般由触点和线圈或其他执行机构两部分组成。继电器的触点能通过的电流较小，一般不用于主电路的通断，多用于控制电路，通过在控制电路中控制接触器或其他电器的线圈通电或断电，间接地控制主电路的通断。常用的继电器有中间继电器、时间继电器和热继电器。

1. 中间继电器

中间继电器是一种控制电路通断的自动控制电器，与交流接触器的工作原理类似，由电磁系统和很多辅助触点构成，是为弥补交流接触器的辅助触点数目不足而设计的。中间继电器只有辅助触点，辅助触点能通过的电流较小，所以中间继电器只用于控制电路。中间继电器一般有很多的辅助触点，而且既有常闭触点，也有常开触点。中间继电器与交流接触器的主要区别是，只有辅助触点，没有主触点。

中间继电器的外形如图 7.16 所示，符号如图 7.17 所示，其文字符号为 KA，图形表示由三部分组成，分别是 KA 线圈、KA 常开触点和 KA 常闭触点。同样的符号表示这些线圈和触点是同一个继电器的线圈和触点，不管它们分别处于电路的什么地方，它们的状态和动作具有相关性，具体地，当 KA 线圈通电，KA 的触点都会产生相对的动作，如常开触点闭合，常闭触点断开。当 KA 线圈断电，它对应的触点都复原，即常开触点断开，常闭触点闭合。当有多个中间继电器时，用 KA 加数字下标来区分。

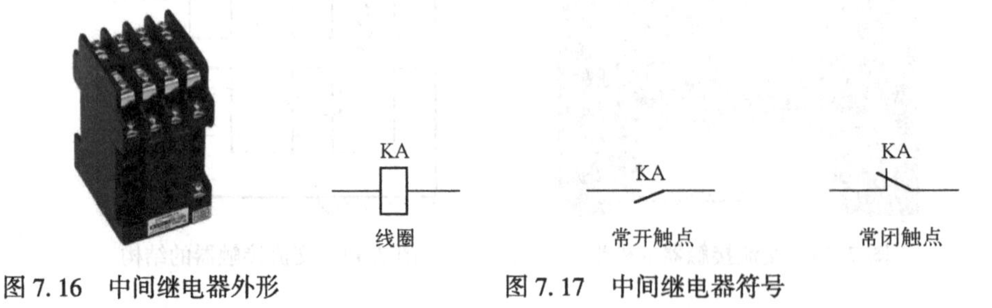

图 7.16 中间继电器外形　　图 7.17 中间继电器符号

在选用中间继电器时，主要考虑中间继电器线圈的额定电压和触点的数量。

2. 时间继电器

时间继电器是一种利用电磁原理或机械原理实现触点延时闭合或延时断开的自动控制电器。时间继电器与中间继电器结构很相似，不同之处在于，时间继电器接收到信号后，它的触点可以延时闭合或延时断开。当然，时间继电器除了有延时触点外，还有立即动作的触点，即跟中间继电器一样动作的触点。时间继电器的触点也只能通过较小的电流，所以也只能用于控制电路。

时间继电器一般由电磁系统、延时机构和触点三部分组成。按照延时结构实现延时的工作原理，可将时间继电器分为空气阻尼式时间继电器、电动式时间继电器、电磁式时间继电器和电子式时间继电器等。

根据延时方式的不同，时间继电器可分为通电延时型时间继电器和断电延时型时间继电器。通电延时型时间继电器在接收到输入信号后，开始延时，待延时结束，其触点立即动作，即常开触点延时闭合，常闭触点延时断开；当输入信号消失后，其触点立即恢复常态，即常开触点立即断开，常闭触点立即闭合。断电延时型时间继电器恰恰相反，当接收到输入信号后，它的触点立即动作，即常开触点立即闭合，常闭触点立即断开；而在输入信号消失后，其触点却要经过预设的延时，才能恢复到动作前的状态，即常闭触点延时闭合，常开触点延时断开。

这里不再介绍不同时间继电器的工作原理，只给出其一般符号和表示方式，以及工作方式。时间继电器的图形表示包括线圈和触点两部分，如图 7.18 所示，其文字符号为 KT。同样地，同一个时间继电器的不同部分，不管位于电路中的什么地方，其图形都用同样的符号 KT 来标记。如果有多个时间继电器，则用 KT 加数字下标来区分。

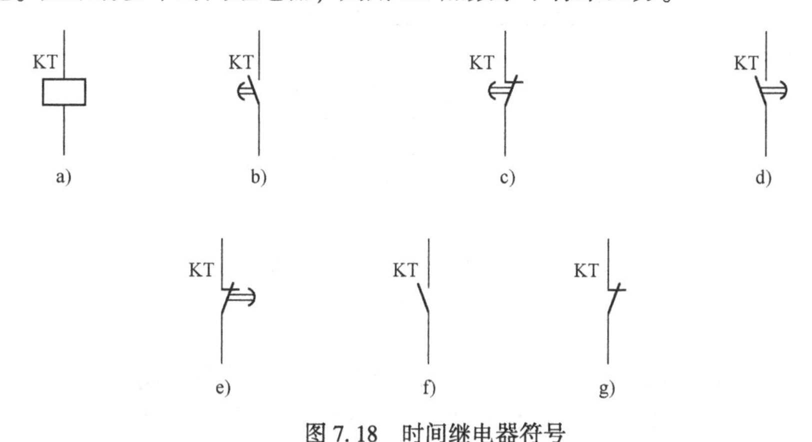

图 7.18 时间继电器符号

a）线圈 b）通电延时常开触点 c）通电延时常闭触点 d）断电延时常开触点 e）断电延时常闭触点 f）常开触点 g）常闭触点

在图 7.18 中，当时间继电器 KT 的线圈通电时，KT 对应的所有触点都会产生动作，通电延时触点延时动作，其他触点立即动作，具体地，通电延时常开触点 b 延时闭合，通电延时常闭触点 c 延时断开，断电延时常开触点 d 立即闭合，断电延时常闭触点 e 立即断开，常开触点 f 立即闭合，常闭触点 g 立即断开。当时间继电器 KT 的线圈由通电切换到断电时，KT 对应的所有触点都会产生动作，断电延时触点延时动作，其他触点立即动作，具体地，通电延时常开触点 b 立即断开，通电延时常闭触点 c 立即闭合，断电延时常开触点 d 延时断开，断电延时常闭触点 e 延时闭合，常开触点 f 立即断开，常闭触点 g 立即闭合。

时间继电器的选用需要考虑以下几点：

1）延时方式的选择。时间继电器有通电延时或断电延时两种，应根据控制电路的要求选用。

2）延时范围和精度的选择。对延时精度要求不高的场合，一般采用价格较低的电磁式或空气阻尼式时间继电器；对延时精度要求较高的场合，可采用电子式时间继电器。

3）线圈电压选择。根据控制电路电压选择合适的时间继电器，使时间继电器线圈在该控制电压下能正常工作。

4）根据电源参数选择合适的时间继电器。在电源电压波动大的场合，采用空气阻尼式或电动式时间继电器比采用电子式时间继电器好；在电源频率波动大的场合，不宜采用电动式时间继电器；在温度变化较大的场合，则不宜采用空气阻尼式时间继电器。

在安装时间继电器时，其电磁系统的动铁心的运动方向必须在重力垂线方向，倾斜度不能超过5°，而且在继电器断电时，释放动铁心的运动方向应该垂直向下。

3. 热继电器

热继电器是一种利用电流热效应使金属膨胀来控制触点通断的保护性自动控制电器。热继电器主要由发热元件、双金属片、触点、复位按钮和整定电流装置组成，其外形、工作原理和符号如图7.19所示。热继电器的文字符号为FR。

a)

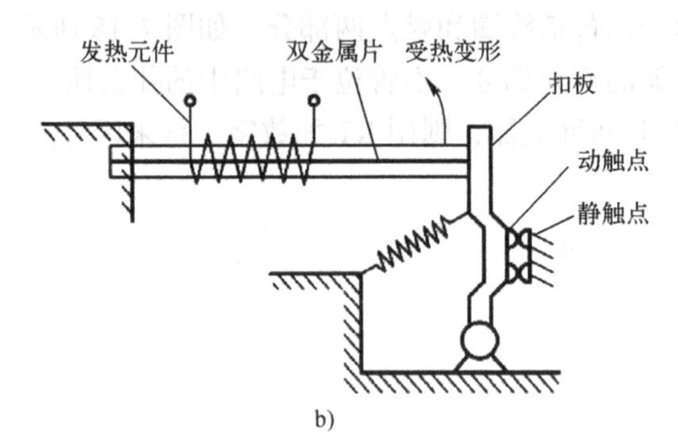

b)

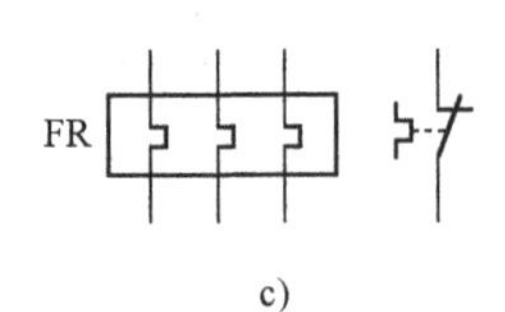

c)

图7.19　热继电器外形、工作原理和符号

a）外形　b）工作原理图　c）符号

热继电器主要用于电路的过载保护，以及电气设备发热状态的控制。

热继电器FR的发热元件是一段电阻不大的电阻丝，串联在主电路中，如果主电路有三相，则热继电器的发热元件和动静触点对也可能有三套，分别用来控制每条主电路。发热元件缠绕在双金属片上，两者之间是绝缘的。

热继电器的双金属片是由两种膨胀系数不同的金属上下贴合而成，上层金属热膨胀系数小，下层金属热膨胀系数大。双金属片一端固定，另一端顶在扣板上，可以自由移动。

热继电器的扣板上有一对动触点，正常状况下与固定的静触点是闭合的，使两个静触点之间导通，构成热继电器的常闭触点。热继电器的常闭触点一般是串联在控制电路中，起控制作用，通过接触器或其他控制电器对主电路起作用，与热继电器发热元件所处的电路不同。

当FR发热元件上的电流不超过额定值时，发热元件的发热不严重，温度不高，传导给双金属片的热量也不多，双金属片变形不大，热继电器的扣板不动作，常闭触点保持闭合状态。若电流超过额定值，发热元件产生大量的热量，将热量传导给双金属片，使双金属片受热膨胀。由于下面金属片的膨胀系数大于上面金属片的膨胀系数，双金属片向上弯曲，使得双金属片与扣板脱离。扣板在弹簧拉力作用下，使热继电器的常闭触点断开。

热继电器工作后，即其常闭触点断开后，必须等双金属片冷却恢复常态后，人工按一下复位按钮，使扣板和双金属片恢复初始状态，才能使热继电器复位，即热继电器的常闭触点闭合。

由于发热元件具有热惯性，即热量的累积和消散都需要时间，在发生短路故障时，热继电器不能立即动作，故热继电器不能用作短路保护，只能用于过载保护。热继电器的这种特性正好符合电动机过载保护的需要，可避免电动机起动时短时电流过载（电动机起动电流为电动机额定电流的4~7倍）而造成不必要的停车。

热继电器的主要参数是整定电流，指的是热继电器的热元件能够长期通过而又不引起常闭触点动作的最大电流。热继电器主要根据整定电流选用，使用时调节热继电器的整定电流调节旋钮，使整定电流略大于主电路的额定工作电流。当主电路工作电流超过热继电器整定电流的20%时，热继电器应当在20 min内动作，当超过整定电流的50%时，热继电器应当在2 min内动作。

7.2 三相异步电动机的继电接触器基本控制电路

三相异步电动机在日常生产生活中应用非常普遍，从三相异步电动机的控制入手，了解继电接触器控制电路的设计原理和一般设计方法，会比较直观，容易入手。

三相异步电动机的控制主要有起动控制、停车控制、正反转控制和多台电动机工作顺序控制等。控制电路可能很复杂，但都是由最基本最简单的环节组合而成，熟练掌握基本的控制电路，并进行组合，是继电接触器控制电路设计或分析的基本方法。

7.2.1 单台三相异步电动机的起停控制电路

三相异步电动机起停控制电路如图7.20所示，由刀开关Q、熔断器FU、交流接触器KM、起动按钮SB_2、停止按钮SB_1、热继电器FR等控制电器组成，能实现三相异步电动机的起动和停止，并带有保护功能。这个控制电路实现的是电动机的全压直接起动。

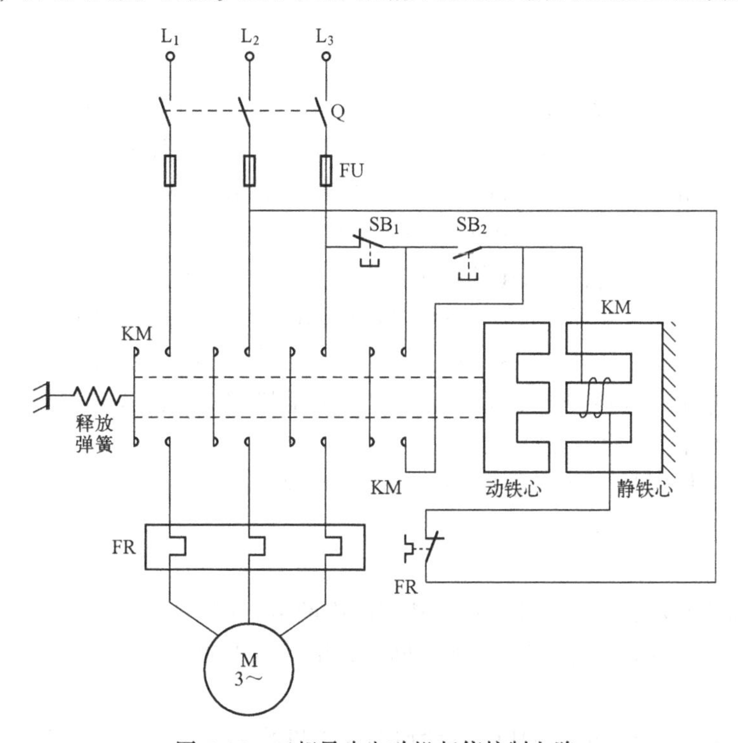

图7.20　三相异步电动机起停控制电路

继电接触器控制电路都是用符号表达的，在图 7.20 中，为了展示继电接触器控制电路的工作原理，特别将交流接触器的结构图画了出来，其他控制电器都用符号表达，其中热继电器的工作原理和交流接触器类似，因为可以类比，就没再画其结构图。下面分析该电路的工作原理。

（1）该电路可以分为主电路和控制电路两部分

从三相电源 L_1、L_2、L_3 经过刀开关 Q、熔断器 FU、交流接触器主触点 KM、热继电器发热元件 FR，到三相交流电动机 M 的电路，称为主电路，也称为一次电路。主电路指的是动力系统的电源电路，把电作为电能来使用，转化为其他类型能量，比如转化为电动机的机械能。

从相线 L_3 开始，经过常闭按钮 SB_1、常开按钮 SB_2、KM 线圈、KM 常开辅助触点、FR 常闭触点，回到相线 L_3 的这条电路，称为控制电路，也称为二次回电。控制电路指的是控制主电路闭合或断开，实现主电路一系列功能的电路，比如实现主电路电动机的起动、工作、停车及正反转等，主要把电作为信号来使用，而不是作为电能来使用，比如实现触点的闭合或断开。

（2）起动过程

先合上开关 Q，再按下常开按钮 SB_2，接触器 KM 的线圈通电，电磁吸力使动铁心吸合（向右移动），使 KM 的所有触点都产生动作（常闭触点断开，常开触点闭合），于是主电路中 KM 主触点闭合，电动机 M 通电运行。所以，也称常开按钮 SB_2 为起动按钮。

同时控制电路中 KM 常开辅助触点闭合，实现对按钮 SB_2 的短路。此时，因为常闭按钮 SB_1 和常闭触点 FR 没有动作，处于闭合状态，所以常闭按钮 SB_1 和常闭触点 FR 对控制电路是否导通没有影响。

（3）连续运行的实现

当松开按钮 SB_2 后，按钮会复位，常开按钮 SB_2 将断开，由于 KM 常开辅助触点闭合，对按钮 SB_2 形成了短路，所以 KM 线圈保持通电状态，KM 的各触点继续保持起动后的状态，电动机保持通电，实现连续运行。这里，常开按钮 SB_2 就只能实现电动机的起动功能，按下时起动电动机，松开时对电动机的运行没有影响。KM 辅助触点对与 KM 线圈串联的按钮的这种短路作用，称为自锁，KM 的这个辅助触点称为自锁触点。

这里，如果把 KM 常开辅助触点去掉，按下按钮 SB_2 时，KM 线圈通电，KM 主触点闭合，电动机运行；松开常开按钮 SB_2 时，按钮会复位断开，KM 线圈断电，KM 的主触点断开，电动机就会停车。这种控制电路就不能实现电动机起动后的连续运行，只有按着按钮 SB_2 电动机才能运行，故称为点动。

在分析按钮的作用时，由于按钮具有自动复位的特征，需要分析按钮按下和释放两个动作的影响，这才算一个完整的分析。

（4）停车

按下常闭按钮 SB_1 后，交流接触器 KM 的线圈断电，KM 的所有触点恢复常态（常开触点断开，常闭触点闭合），于是 KM 主触点断开，电动机 M 断电停车。所以，也称常闭按钮 SB_1 为停车按钮。

同时，由于 KM 线圈断电，KM 的常开辅助触点也断开。当松开常闭按钮 SB_1 时，KM 线圈的所有通路都已断开，KM 保持断电状态，所以松开按钮 SB_1 后，电动机 M 还是停车状态。

（5）保护功能

在三相电源的三根相线上，串联了一个三相熔断器 FU，用作短路保护。当电路中某部分短路时，相线上电流突然很大，熔断器 FU 自动熔断，使该路电源断电，实现短路保护。

在电动机 M 供电线的前端，串联了热继电器 FR 的发热元件，用作过载保护。当电动机过载工作时，相线中线电流超过额定值，使 FR 的发热元件发热，热量随着时间累积，到一定时候，FR 的发热元件就会动作，FR 的常闭触点就会断开，使控制电路中的交流接触器 KM 线圈断电，于是 KM 的主触点就会断开，使电动机断电，实现对电动机的过载保护。

这里还有一个保护，称为失电压或零电压保护，它是靠交流接触器 KM 实现的。KM 的线圈是靠电磁力工作的，当电压较低或电压为 0 时，KM 线圈的电磁吸合力不够，就相当于 KM 线圈断电，所有触点都会恢复常态，即主触点断开，常开辅助触点断开，所以电动机 M 会停车，实现了失电压或零电压保护。失电压或零电压保护后，由于常开辅助触点已断开，要使电动机 M 工作，需要按起动按钮 SB_2，重新起动电动机。

在图 7.20 所示电动机起停控制电路中，为了便于理解继电接触器控制电路的工作原理，画出了交流接触器的结构图。在一般的继电接触器控制电路中，都不画控制电器的结构图，只画用控制电器符号表示的电气控制原理图，使电路简洁易画，如图 7.21 所示。

由于主电路结构简单，甚至有时都不画主电路，只需文字说明一下：主电路由交流接触器 KM 的主触点控制，然后只画控制电路即可，如图 7.22 所示。

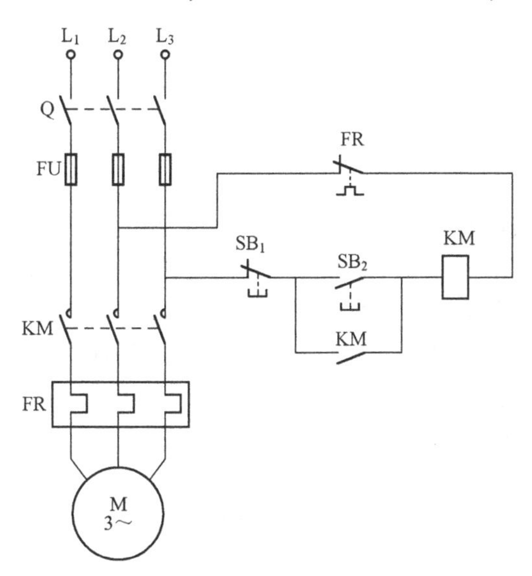

图 7.21　三相异步电动机起停控制电路图

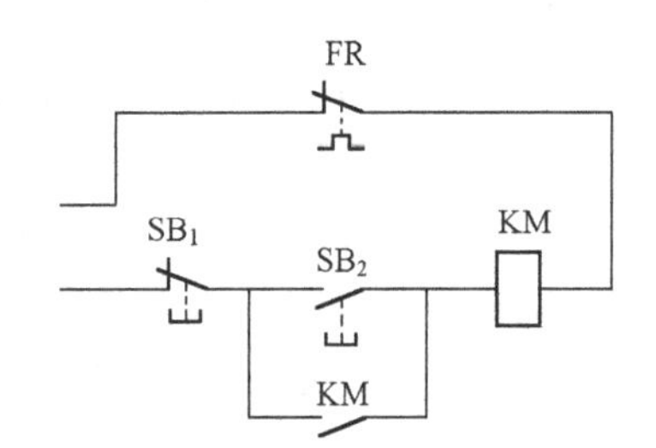

图 7.22　三相异步电动机起停继电接触器控制电路图

7.2.2　单台三相异步电动机的正反转控制电路

三相异步电动机正反转的主电路和控制电路如图 7.23 所示。根据电动机旋转原理的分析可知，三相异步电动机三相定子绕组接外部电源的三条相线，如果定义此时电动机的转动为正转，这时任意对调两条相线，三相定子绕组的位置不变，将它们连接起来，电动机的转动就变为反转。这里，KM_F 主触点闭合且 KM_R 主触点断开时，表示电动机正转；KM_R 主触

点闭合且 KM_F 主触点断开时，表示电动机反转。对比只有 KM_F 主触点闭合，和只有 KM_R 主触点闭合时，电动机的电源线位置可知，刚好是两根相线对调了一下位置，所以两者分别闭合时，电动机转动方向刚好是相反的。在控制电路中，分别用 KM_F 线圈和 KM_R 线圈来控制它们的主触点，就可以实现电动机的正反转。

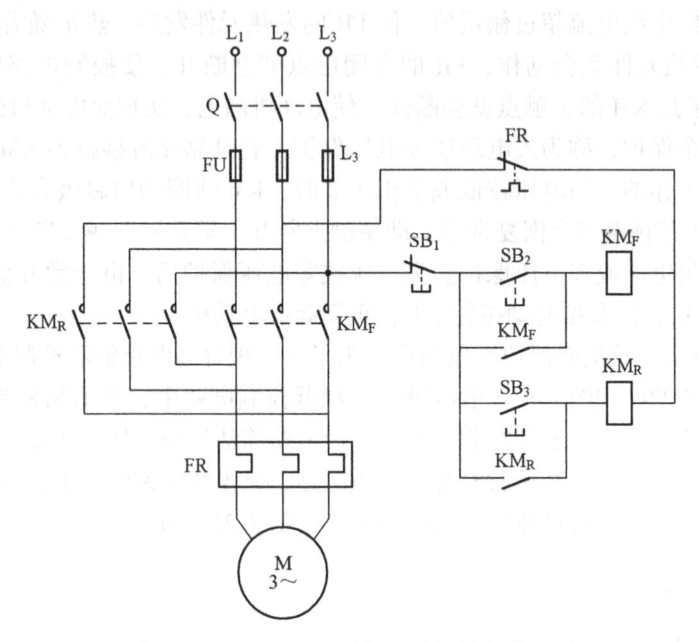

图 7.23　三相异步电动机正反转控制电路图

（1）正转起停控制

按下常开按钮 SB_2，交流接触器 KM_F 线圈通电，KM_F 主触点闭合，电动机通电，开始正转；同时，KM_F 的常开辅助触点闭合，按钮 SB_2 被自锁。当松开按钮 SB_2 时，KM_F 线圈保持通电状态，KM_F 主触点保持闭合，电动机保持正转。所以按钮 SB_2 被称为正转起动按钮。

按下常闭按钮 SB_1，KM_F 线圈断电，KM_F 主触点断开，电动机停车，同时 KM_F 的常开辅助触点断开。当松开常闭按钮 SB_1 时，KM_F 线圈保持断电状态，KM_F 主触点保持断开，电动机继续保持停车状态。所以称常闭按钮 SB_1 为正转停车按钮。

（2）反转起停控制

同样地，经分析可知，常开按钮 SB_3 为反转起动按钮，常闭按钮 SB_1 为反转停车按钮。

所以常闭按钮 SB_1 为总的停车按钮。

图 7.23 所示的正反转电路，正反转相互切换时，需要先停车，然后才能切换。如果在正转的时候，去按反转起动按钮 SB_2，或者在反转的时候，去按正转起动按钮 SB_3，将会使 KM_F 线圈和 KM_R 线圈都通电，则 KM_F 主触点和 KM_R 主触点都闭合，将会造成三相电源的相线 L_1 和相线 L_2 直接短路。若同时按下常开按钮 SB_2 和 SB_3，也会造成三相电源的相线 L_1 和相线 L_2 短路。所以这种设计存在安全隐患。

改进图 7.23 所示正反转电路的基本要求是，电动机 M 正转时，反转不能起动，反之亦然。为达到这个目的，在 KM_F 线圈和 KM_R 线圈所在支路，分别串联上 KM_R 常闭触点和 KM_F 常闭触点，如图 7.24 所示。当按下正转起动按钮 SB_2 时，KM_F 线圈通电，电动机 M 正转，同时 KM_F 常开辅助触点闭合自锁，KM_F 常闭触点断开，使得 KM_R 线圈所在支路断路，不能通电，保证电动机反转不能起动。当按下反转起动按钮 SB_3时，电动机 M 开始反转，且使得电动机正转不能起动。

这种通过接触器的常闭触点相互使对方的接触器线圈不能同时通电的控制方式，称为电气互锁。电气互锁是实现控制电器工作状态互斥的常见设计方案。

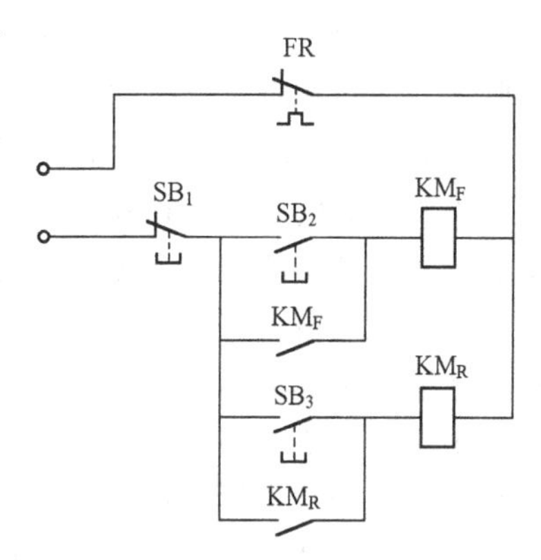

图 7.24 具有电气互锁的三相异步电动机正反转控制电路

图 7.24 所示带电气互锁功能的正反转控制电路，能有效避免三相电源线中两根相线之间的短路风险。但是实现正反转的操作有点麻烦，如果电动机已经起动为正转，要转变为反转，必须先按常闭按钮 SB_1停车，然后才能起动反转。对电动机正反转控制电路，比较理想的操作方式是，按正转起动按钮，电动机正转，按反转起动按钮，电动机反转。为此，设计了如图 7.25 所示控制电路，将常开按钮 SB_2和 SB_3更换为复合按钮，复合按钮的常开触点位置保持不变，常闭触点仿照电气互锁的方式，相互串联在对方所在支路，即将复合按钮 SB_2常闭触点串联在 KM_R 线圈所在支路，将复合按钮 SB_3常闭触点串联在 KM_F 线圈所在支路。这种通过复合按钮实现所在支路接触器线圈不能同时通电，实现互锁的控制方式，称为机械互锁。

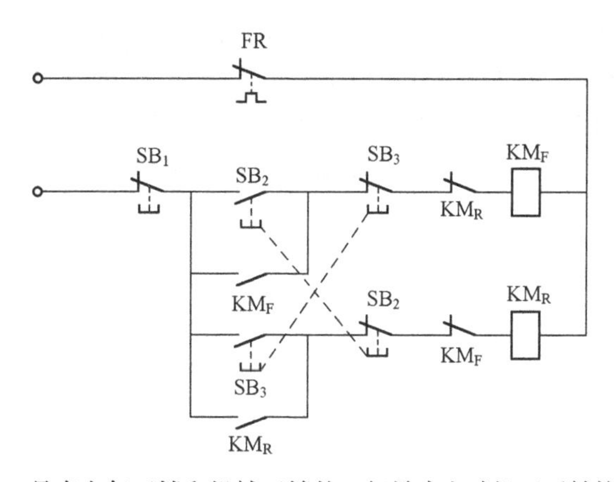

图 7.25 具有电气互锁和机械互锁的三相异步电动机正反转控制电路

图 7.25 所示控制电路的工作方式是这样的：按下复合按钮 SB_2，SB_2常闭触点先断开，使 KM_R 线圈断电，然后 SB_2常开触点闭合，使 KM_F 线圈通电，于是电动机开始正转，电气互锁设计确保 KM_R 线圈断电。当松开复合按钮 SB_2时，SB_2常开触点先断开，SB_2常闭触点后闭合，但 KM_F 常开触点的自锁设计使电动机继续保持正转。当需要电动机反转时，只需要按下复合按钮 SB_3，这时 SB_3常闭触点先断开，KM_F 线圈被断电，正转停车，然后 SB_3常开触点闭合，使 KM_R 线圈通电，起动电动机的反转。松开复合按钮 SB_3，KM_R 常开触点的自锁设计使电动机保持反转。

7.2.3 单台三相异步电动机的Y-△起动控制电路

三相异步电动机刚起动时，转子绕组电流最大，为了保护电动机，常采用减压起动的方法起动电动机。Y-△起动是一种常见的减压起动方法，即刚起动时，电动机定子绕组呈星形联结，使每相定子绕组的电压等于三相电源相电压，待电动机转速接近额定转速后，定子绕组改为三角形联结，使每相定子绕组的电压等于三相电源的线电压。

需要注意的是，三相异步电动机采用Y-△起动不是普遍适用的方法，采用Y-△减压起动法有两个特别的要求：①电动机三角形联结的额定工作电压为三相电源的线电压；②电动机必须是空载或者轻载起动，因为电动机是减压起动，起动电磁转矩较小，只有较小的负载转矩才能正常起动。

由于电动机以星形联结起动，到电动机转速接近额定值，然后电动机自动切换到三角形联结，这表明从星形连接到三角形联结，需要一定的时间延迟，而且，对一个具体的电动机和具体的工作环境，这个延迟时间大致是一个固定值。

在继电接触器控制电路的控制方式中，有一类典型的控制问题，就是时间控制。所谓时间控制是指，采用时间继电器，利用时间继电器的延迟触点（包括通电延时型触点和断电延时型触点），在不同的时刻切换控制电路的控制方法。因此，三相异步电动机Y-△起动就是一个典型的时间控制问题。

三相异步电动机Y-△起动控制电路如图 7.26 所示。在主电路中，有交流接触器 KM_1、KM_2、KM_3 的主触点，其中 KM_1 主触点是电动机 M 的电源开关；KM_2 主触点闭合则表示电动机 M 三相定子绕组呈星形联结，因为三相绕组的尾端接到了一起；KM_3 主触点闭合则表示电动机 M 三相定子绕组呈三角形联结，因为三相绕组首尾相连。KM_1 主触点和 KM_2 主触点都闭合，则表示电动机 M 以星形联结运行；KM_1 主触点和 KM_3 主触点都闭合，则表示电动机 M 以三角形联结运行。控制电路设计的基本思路是，先使 KM_1 线圈和 KM_2 线圈通电，经过一段时间延迟，再使 KM_1 线圈和 KM_3 线圈通电，同时保证在延迟前后，KM_2 线圈和 KM_3 线圈不能同时通电，否则会导致三相电源线之间的短路。

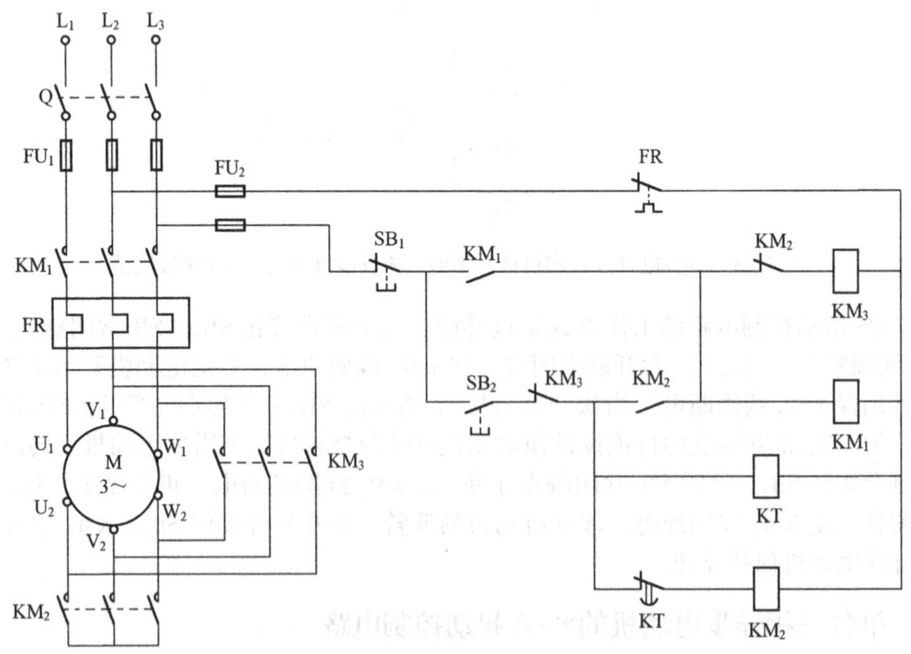

图 7.26　三相异步电动机Y-△起动控制电路

对图 7.26 所示控制电路，常开按钮 SB_2是起动按钮，按下按钮 SB_2，KM_2 线圈和 KT 线圈同时通电，则 KM_2 主触点闭合，电动机 M 星形联结，同时时间继电器 KT 开始计时；KM_2 各辅助触点动作，常开触点闭合，常闭触点断开，所以 KM_1 线圈通电，且 KM_3 线圈保持断电状态。KM_1 线圈通电，则 KM_1 主触点闭合，电动机 M 以星形联结起动运行，同时，控制电路中 KM_1 的常开触点闭合，形成自锁。释放起动按钮 SB_2后，不改变按下该按钮时的状态。

经过一段时间延迟后，KT 通电延时断开触点断开，则 KM_2 线圈断电，KM_3 的主触点和所有辅助触点都产生动作，于是电动机 M 星形联结断开，KM_3 线圈通电，电动机 M 起动三角形联结运行，KT 线圈断电，KT 通电延时断开触点立即闭合，但 KM_2 常开辅助触点已经断开，KM_2 线圈和 KT 线圈继续保持断电状态。按下常闭按钮 SB_1，实现停车功能。

这里，控制星形联结的 KM_2 和控制三角形联结的 KM_3，是采用电气互锁的方式实现了不能同时通电的要求。

图 7.26 所示控制电路还设计了保护功能，用熔断器 FU_2实现短路保护，用热继电器 FR 实现过载保护，同时，电路中的接触器线圈自带零电压或欠电压保护功能。

7.2.4 多台电动机的顺序控制电路

在现实生产生活中，经常需要用到多台电动机，而且对这些电动机的起动、停车有一定的顺序要求，需要这些电动机配合工作。比如，某台电动机必须先起动，之后，其他电动机才能手动起动或自动起动；某台电动机停车后，其他电动机才能停车。这种实现工作电器如电动机，按时间或事件先后顺序起动、工作或停车的控制电路，称为顺序控制电路。

某电动机带动的生产线示意图如图 7.27 所示，两台电动机 M_1和 M_2分别带动两条传送带。为了避免物料堆积，起动时，要求 M_1先起动，然后 M_2才能起动；停车时，要求 M_2先停车，然后 M_1才能停车。

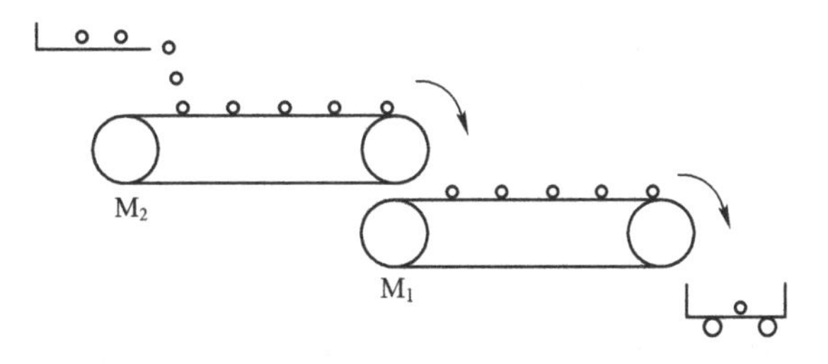

图 7.27　某生产线示意图

实现上述控制要求的继电接触器控制电路，就是一个典型的顺序控制电路，如图 7.28 所示。

1. 起动顺序控制

按钮 SB_2是电动机 M_1的起动按钮，按钮 SB_4是电动机 M_2的起动按钮。

先按下起动按钮 SB2，接触器 KM_1 线圈通电，KM_1 主触点闭合，电动机 M_1通电运行，KM_1 辅助触点闭合，实现自锁控制，KM_1 另一个辅助触点闭合，使接触器 KM_2 线圈的通电变得可能。这时，按下起动按钮 SB_4，接触器 KM_2 线圈才能通电，KM_2 主触点闭合，电动机 M_2通电运行。松开按钮 SB_2，由于 KM_1 辅助触点的自锁作用，KM_1 线圈继续保持通电状态，电路中所有触点的动作不受影响。

如果电动机 M_1不起动，即按钮 SB_2不按下，则 KM_1 线圈不能通电，KM_2 线圈所在支路的 KM_1 常开辅助触点不能闭合，从而 KM_2 线圈不可能被常闭按钮 SB_4起动。

这里，KM_1 常开辅助触点与 KM_2 线圈串联，是实现电动机 M_1和 M_2顺序起动的关键。

2. 停车顺序控制

按钮 SB_1是电动机 M_1的停车按钮，按钮 SB_3是电动机 M_2的停车按钮。

按下停车按钮 SB_3，KM_2 线圈断电，KM_2 主触点断开，电动机 M_2停车，与停车按钮 SB_1并联的 KM_2 常开辅助触点复位断开。这时，按下停车按钮 SB_1，KM_1 线圈才能断电，电动机 M_1才能停车。松开按钮 SB_3，由于自锁断开，KM_2 线圈保持断电状态，不改变各触点的状态。

如果电动机 M_2不停车，即 M_2的停车按钮 SB_3不按下，则 KM_2 线圈会保持通电状态，在 KM_1 线圈支路上的 KM_2 常开触点保持闭合状态，则电动机 M_1的停车按钮 SB_1被短路，按 M_1的停车按钮 SB_1不能使电动机 M_1停车。

这里，KM_2 常开辅助触点与停车按钮 SB_1并联，是实现电动机 M_2和 M_1顺序停车的关键。

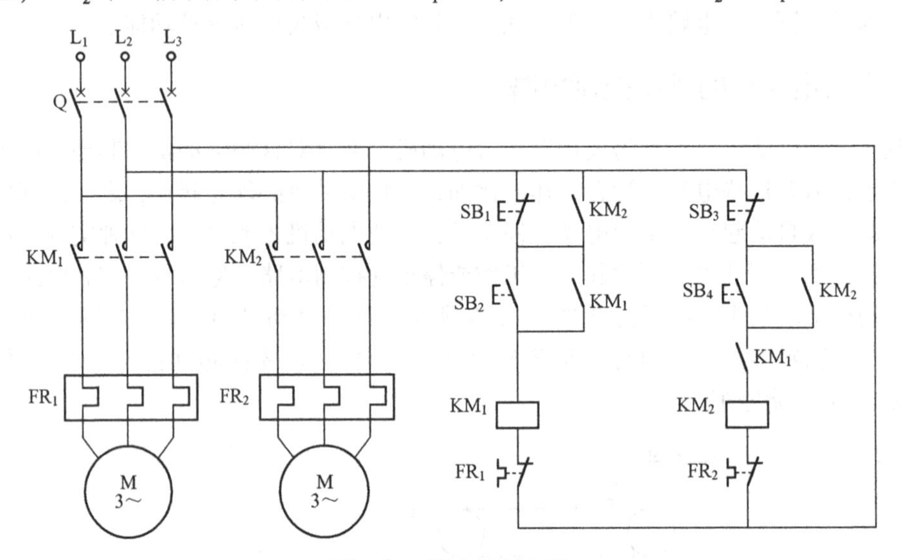

图 7.28 顺序控制电路

3. 电路保护

在图 7.28 所示顺序控制电路中，组合开关 Q 不仅具有开关电源的作用，还兼有短路保护的作用。热继电器 FR_1和 FR_2分别对电动机 M_1和 M_2进行过载保护。过载保护的原理是，将热继电器 FR_1和 FR_2热元件分别与电动机 M_1和 M_2串联，FR_1和 FR_2常闭触点分别串联到控制电路中的 KM_1 线圈支路和 KM_2 线圈支路，通过接触器线圈的通断来控制接触器主触点的闭合或断开，从而控制电动机的运行或停车。

7.3 一般继电接触器控制电路的设计和保护

继电接触器控制电路的设计和保护，需要先熟练掌握开关、按钮、继电器、接触器和保护类控制电器的符号和工作原理，如线圈状态（是否通电）与触点的动作关系、按钮的复位特性等。

对于继电接触器控制电路，为了便于分析和设计，对各类控制电器的符号有统一的规定，对电路画法设定了统一的标准。一般来说，控制原理图的绘制要遵循如下一些原则：

1）各种电气设备要采用规定的符号和文字来表示。

2）同一电气设备的各个部件（如交流接触器线圈与触点），是分散画在图中的，彼此并不连接，比如有的画在主电路中，有的画在控制电路中，但它们的状态和动作具有对应关系。为了便于识别，同一电气设备的各个部件都使用一个相同的符号，且命名要符合规则。比如电路中有多个交流接触器，要用文字符号 KM 加下标来命名交流接触器，并以示区别。

3）控制原理图中所有控制电气设备的触点或触头，均按该控制电器没有通电或没有外力作用时的自然状态绘制，比如按钮，画未按下时的状态，再比如接触器，画接触器线圈没有通电、所有触点未动作的状态。

4）将电源电路、主电路和控制电路分开绘制。电源电路水平绘制，如果是直流电，一般是正极在电气原理图的上方，负极在电气原理图的下方，如果是三相交流电，按相序三根相线 L_1、L_2、L_3由上而下排列，如果有中性线 N 和保护线 PE，则依次排列在相线下面；主电路垂直于电源线绘制，控制电路绘制在主电路的右侧或下面。

5）继电器、接触器等控制电器的线圈，只能并联，不能串联。因为在实际应用中，控制电器需要按照额定电压工作，串联一般不能满足电器的额定电压要求。

6）控制原理图按功能布置，即同一功能的控制电器集中在一起，尽可能按照动作顺序从上到下、从左到右的原则绘制。

7）控制原理图要尽量避免线条的交叉，如果有交叉，有通电关系的，在交叉点画黑圆点，如果没有通电关系，则不画黑圆点。

8）控制原理图的绘制要求层次分明，控制电器和触点的安排要合理，既要所用控制电器和触点最少，又要保证运行可靠，节省导线连接，方便安装和维护。

一般继电接触器控制电路的设计过程如下：

1）了解工艺过程及控制要求。

2）设计好主电路的主触点，并明确主电路工作电器工作的时间先后顺序或逻辑先后顺序或动作先后顺序等。

3）设计控制电路。通过控制电路控制主电路中设计好的主触点，实现需要的控制要求。常用的设计方法有自锁、互锁、串联触点或并联触点等方法。

4）人工检查控制电路的运行，或采用计算机对控制电路进行模拟仿真，确保无误后，再现场调试和试运行，确保控制电路运行正确和可靠。

7.3.1 行程控制

行程控制是指当运动物体到达一定位置时，碰撞行程开关，产生控制信号，根据这个控制信号，自动改变运动物体的运动方式，如停止或返回等。很多机床都需要自动往返运动，就需要用到行程开关，进行行程控制。

1. 限位控制

生产中，某工作台水平运动，前进或后退只能在限定的区间之内，当工作台前进到终点时，撞块 A 碰撞行程开关 ST_1，工作台停止前进；当工作台后退到起点时，撞块 B 碰撞行程

开关 ST_2，工作台停止后退，如图 7.29 所示。运动物体只能在两个固定的位置之间运动，这种行程控制称为限位控制。

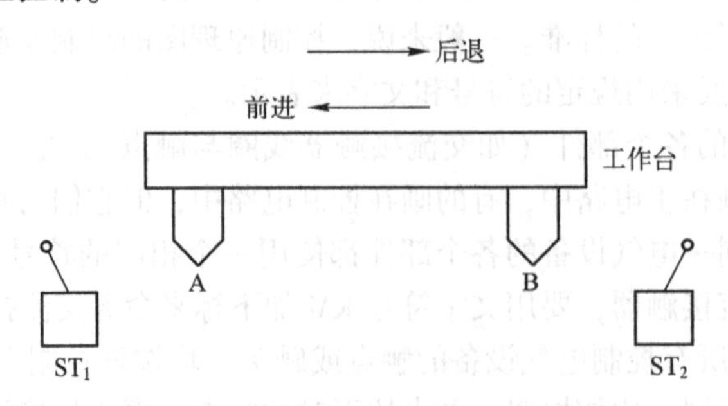

图 7.29　工作台前进后退工作示意图

工作台的前进和后退用一部电动机来实现。用电动机的正转实现工作台的前进，用电动机的反转实现工作台的后退。实现工作台前后限位控制的异步电动机正反转控制电路如图 7.30 所示，其主电路与图 7.23 相同。

图 7.30 所示工作台的限位控制电路，只需要在电动机正反转（带电气互锁和机械互锁）控制电路的基础上，加上限位控制的触点即可。按下前进按钮 SB_2，接触器 KM_F 线圈通电，工作台前进，松开按钮 SB_2后，在自锁的作用下，工作台继续前进，直到碰到前进方向的限位开关 ST_1。在撞击作用下，限位开关 ST_1 的常闭触点 ST_1 断开，接触器 KM_F 线圈断电，工作台停止前进。

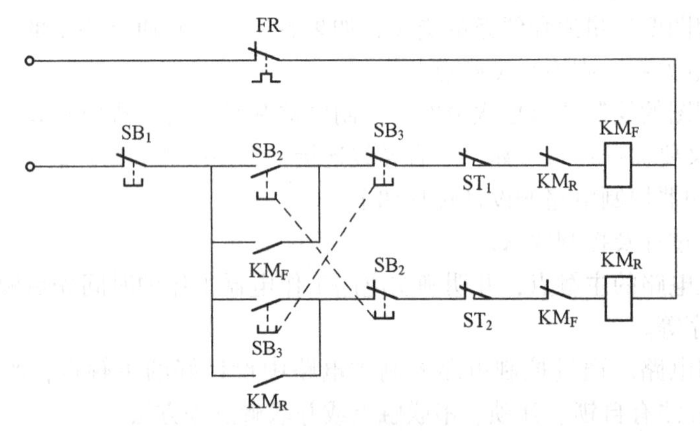

图 7.30　工作台前后限位的控制电路

反之同理，按下后退按钮 SB_3，工作台开始后退，直到碰到后退限位开关 ST_2，则停止后退。限位开关 ST_1 和 ST_2，将工作台的运动范围限制在了两个限位开关之间。

2. 自动往返控制

除了限制工作台的运动范围，即到位停止，利用限位开关还可以实现工作台在两个限位之间的自动往返。实现工作台自动往返的继电接触器控制电路如图 7.31 所示。

与工作台限位的控制电路相比，工作台往返的控制电路只需要在前者的基础上，加上到达限位后，起动相反运动方向的电动机，使工作台反向运动即可，如图 7.31 所示。以工作台前进为例，按一下前进按钮 SB_2，工作台一直前进，直到碰到限位开关 ST_1，于是限位开关 ST_1 常闭触点断开，接触器 KM_F 线圈断电，工作台停止前进，同时，限位开关 ST_1 常开触

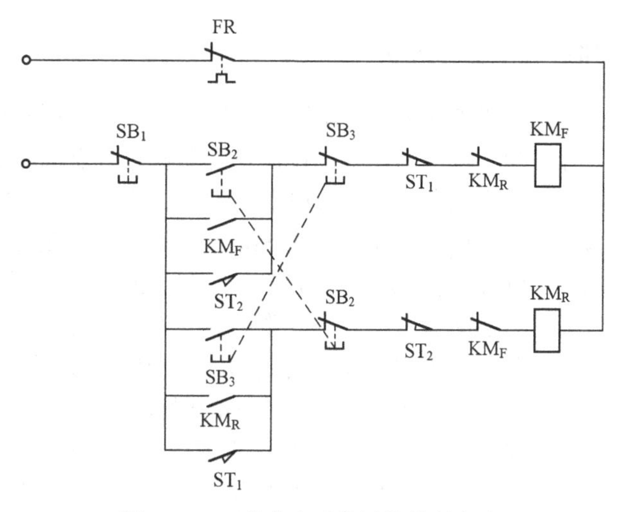

图 7.31　工作台自动往返的控制电路

点闭合，接触器 KM_R线圈通电，工作台开始后退，由于接触器 KM_R的自锁作用，工作台离开限位开关 ST_1的位置后，虽然限位开关 ST_1复位了，但工作台仍能够继续后退，直到到达后限位 ST_2处，然后重复前限位处的动作，工作台返回，实现工作台的往返运动。在控制前进和后退的接触器线圈 KM_F和 KM_R的起动按钮处，分别并联后限位开关 ST_2和前限位开关 ST_1，是实现工作台往返的关键。其控制原理是，在工作台到达限位后，停止原方向的运动，起动反方向的运动。

7.3.2　异地控制同一设备

在现实生活中，经常需要在不同地点控制同一台设备。比如，在地点 1 和地点 2，都能起停一台三相交流异步电动机 M。在工作电路中，电动机 M 用交流接触器 KM 的主触点来控制。在控制电路中，地点 1 对电动机的停止和起动分别用常闭按钮 SB_{11}和常开按钮 SB_{12}来控制，地点 2 对电动机的停止和起动分别用常闭按钮 SB_{21}和常开按钮 SB_{22}来控制。于是，其控制电路如图 7.32 所示。

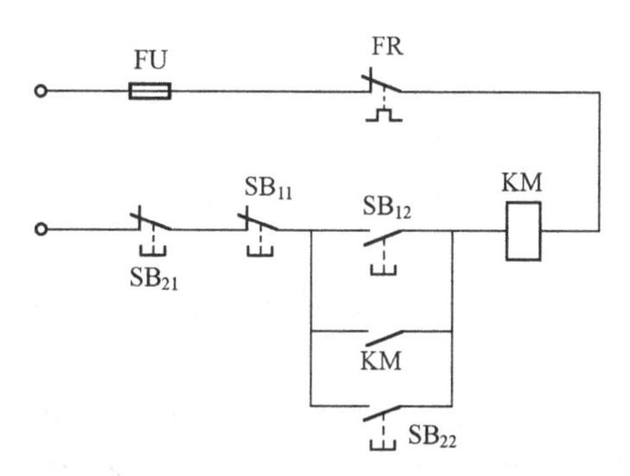

图 7.32　两地控制同一台电动机的继电接触器控制电路

在图 7.32 所示继电接触器控制电路中，实现异地控制的关键是，停止按钮 SB_{11}和 SB_{21}要串联，起动按钮 SB_{12}和 SB_{22}要并联。

7.3.3 一般点动控制电路及其改进

在工业现场，一般用按钮控制电动机的起动，起动后电动机保持连续工作状态，要停车，需要按停车按钮。有时为了调试的需要，还需要电动机具有点动功能，即按下按钮，电动机才运转，松开按钮，电动机立即停车。设电动机为 M，用接触器 KM 的主触点控制电动机 M 电路的通断，起动按钮为 SB_1，停车按钮为 SB_2，点动控制按钮为 SB_3。则一般的点动控制电路如图 7.33 所示，该控制电路除了具有起停功能，还具有点动功能。按钮 SB_3是复合按钮，其常闭触点与 KM 的辅助触点串联，其常开触点与起动按钮 SB_1并联。按钮 SB_3不动作时，控制电路能够正常起停。当按下复合按钮 SB_3时，因其机械结构的特性，其常闭触点先断开，然后常开触点再闭合，两者之间有一个小的时间差；则不论 KM 之前是否通电，此时 KM 线圈都会先断电，即电动机 M 停车，然后再通电，电动机 M 开始运转，一直按着复合按钮 SB_3，电动机 M 会一直运行；松开复合按钮 SB_3时，同样因为其机械结构的特性，常开触点先断开，然后常闭触点再闭合，两者的动作有一个时间上的先后顺序，于是 KM 线圈先断电，KM 常开辅助触点断开，然后 SB_3的常闭触点闭合，此时 KM 线圈依然保持断电状态，即电动机 M 停车。

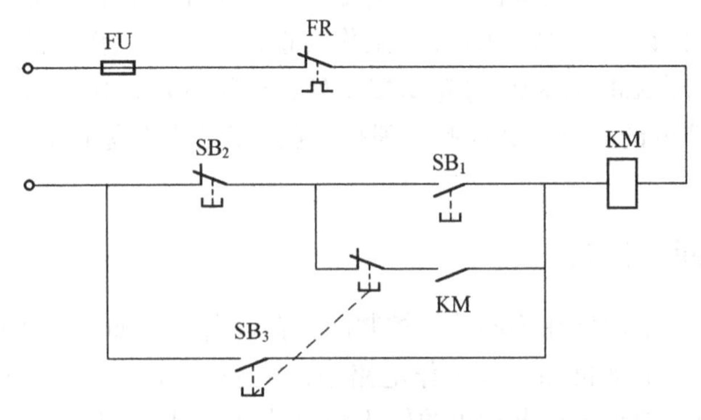

图 7.33 一般点动控制电路

图 7.33 所示的一般点动控制电路，具有动作不够可靠的缺点。如果复合按钮 SB_3常开触点和常闭触点动作先后次序的时间差很小，而接触器 KM 的动作较慢，可能出现 KM 的常开辅助触点还没有动作，而复合按钮 SB_3已经动作完毕，从而产生运行错误。比如，在按下 SB_3时，KM 线圈通电，电动机 M 运行，KM 常开辅助触点闭合，当松开 SB_3时，KM 线圈断电，其常开辅助触点还未来得及断开，SB_3的常闭触点已经闭合，KM 线圈重新通电，电动机 M 保持运行状态。复合按钮常开、常闭触点动作的这种时间差关系，不是逻辑关系，也不利于控制电路的分析，可以通过增加中间继电器的方法，对其进行改进，如图 7.34 所示。

图 7.34 所示改进的点动控制电路的特点是，需要电动机 M 处于停车状态，然后才能进行点动。该电路点的特点是，逻辑关系简单明了，不需要考虑复合按钮触点动作先后次序的问题，纯粹只有逻辑关系。

总之，对一般的继电接触器控制电路，在满足功能设计的前提下，还需要考虑控制电路运行可靠性的问题，需要根据实际情况设计和修改控制电路。

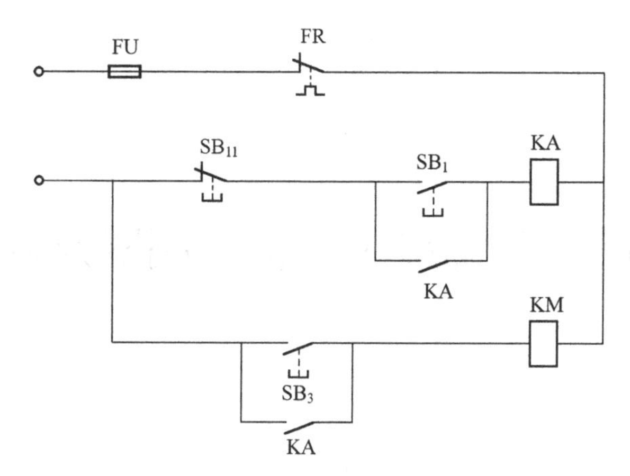

图 7.34　点动控制电路的改进

习题 7

第 7 章习题

第 7 章习题参考答案

第8章　可编程序逻辑控制器及其应用

本章知识点

1. 可编程序逻辑控制器（PLC）的发展；
2. PLC 的基本工作原理；
3. PLC 的一般组成；
4. PLC 的主要技术指标；
5. PLC 的编程语言和编程方法；
6. 三菱 FX 系列 PLC 的梯形图和指令系统及编程；
7. PLC 程序设计的一般方法；
8. PLC 应用举例。

学习经验

1. 了解 PLC 的发展历史，有利于理解 PLC 的工作原理；

2. 从 PLC 梯形图入手，进行 PLC 控制电路设计，是继电接触器控制电路设计的自然延伸，有利于学习者进行知识迁移；

3. 用 PLC 指令语句表描述 PLC 梯形图，有利于掌握 PLC 的指令语句表编程；

4. 掌握 PLC 程序设计的一般方法，有利于正确而快速地完成控制程序设计。

8.1　可编程序逻辑控制器的发展

继电接触器控制系统出现后，在工业自动化中获得了广泛的应用。在控制电路中，大量地用到了中间继电器、时间继电器及计数器等控制器件，极大地提高了自动化程度和安全性。大规模的工业自动化生产线，需要用到数量庞大的控制器件，这导致电气控制柜非常大，而且接线烦琐，耗电多，不便于维修和更改。

1968 年，使用自动化生产线的美国通用汽车公司，为了适应汽车型号不断丰富的要求，提出要研制一种新型工业控制装置，以取代继电接触器控制系统，并进行了公开招标。

1969 年，根据通用汽车公司的招标要求，美国数字设备公司（DEC）研制出了第一台可编程序逻辑控制器——PDP-14，并在通用汽车公司的自动装配线上试用成功。以此为起点，可编程序逻辑控制器这一新的控制技术迅速地发展起来。正是在改进继电接触器控制系统的基础上，在自动化生产的需求推动下，可编程序逻辑控制器（Programmable Logic Controller，PLC）得以诞生并发展起来。

PLC 主要工作原理是，以软件编程的方式代替了继电接触器控制系统中的中间继电器、时间继电器等大量控制器件，只保留了继电接触器控制系统中的输入和输出控制部分，输入和输出之间的逻辑运算由 PLC 通过软件来实现。PLC 的这种设计方法，使控制柜的设计、安装、接线简单了很多，极大地推动了工业自动化的进步。PLC 的核心部分是微处理器，由其实现信号的输入和输出，以及输入和输出之间的逻辑控制。随着计算机和数字通信技术的发展，PLC 的通信能力和控制功能也越来越强大，在工业领域，甚至民用领域，PLC 获得了广泛而迅速的应用。

PLC 的诸多优点，使其成为现代工业发展不可缺少的设备，世界各国纷纷推出了自己的 PLC 产品。20 世纪 70 年代初，日本、德国和中国陆续研制出 PLC 产品。20 世纪 70 年代后期，PLC 技术进入快速发展阶段，PLC 的运行速度、存储量和小型化都获得快速提升。20 世纪 80 年代初，PLC 在发达国家得到了广泛应用。

随着技术的发展，应用规模的不断扩大，PLC 的输入和输出点数不断增加，工作扫描速度不断提高，内部存储量越来越大，通信能力越来越强。由于不同品牌的 PLC 采用了不同的编程控制语言和方法，为了方便 PLC 控制程序在不同品牌 PLC 硬件上的运行，减少开发人员的开发工作，也为了加强不同品牌 PLC 的协同工作，PLC 控制方法的标准化成为现代 PLC 发展的趋势。

目前，世界上主要的 PLC 厂商有德国的西门子（Siemens）公司、美国的罗克韦尔（Rockwell）公司、法国的施耐德（Schneider）公司、日本的三菱（Mitsubishi）公司和欧姆龙（Omron）公司。

8.2 PLC 的基本结构

PLC 的种类很多，功能也各不相同，但结构基本相同，通常由主机、输入和输出接口、电源、编程器、扩展接口和其他设备接口等各部分组成，如图 8.1 所示。

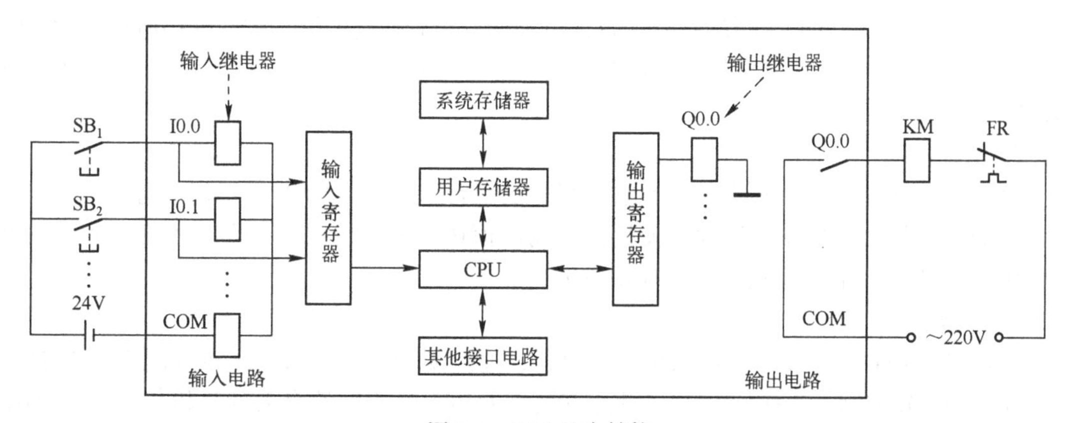

图 8.1　PLC 基本结构

输入接口和输出接口是实际的控制电路，将输入信号采集到主机系统，通过计算机程序来实现输入和输出之间的逻辑控制关系，然后输出到输出接口，通过输出接口来控制实际电路的开合或各种工作方式。

1. 主机

主机部分包括 CPU、系统存储器和用户存储器。

CPU 是 PLC 的核心，主要用来运行系统程序和用户程序，监控输入和输出状态，进行逻辑判断和数据处理，执行各种请求，以及进行内部的各种诊断。

系统存储器主要存放系统管理和系统监控程序，以及对用户程序进行编译处理的程序。用户不能更改系统存储器的内容。

用户存储器主要存放用户程序和用户数据，以及各种中间结果。用户可以自由更改和删除用户存储器的内容。

2. 输入接口和输出接口（I/O）

PLC 通过输入接口与外部控制电器相连，每个输入端的外部连接一个按钮或其他开关输入器件，内部对应一个输入继电器的线圈。输入继电器只有一个线圈，但有多个常闭和常开触点，用于产生输入控制信号。输入接口一般采用 24 V 直流电供电。

输入接口电路与 PLC 的主机是电气隔离的，这样既提高 PLC 抗电磁干扰的能力，也提高系统的安全性，继电器的输入信号一般采用光电耦合的方式传递给主机的输入寄存器。输入寄存器也称为输入映像寄存器，用于保存输入继电器的通电或断电状态。在 PLC 一个扫描周期的读输入期间，将输入继电器的状态读入输入寄存器，并保持输入寄存器的状态不变，直到下一个扫描周期的读输入时，再次读入输入继电器的状态，更新输入寄存器的值。在一个扫描周期内，在读输入的其他时间，即便输入继电器状态改变，输入寄存器的值也不改变，除非使用特殊的指令立即读取输入信号。PLC 的 CPU 可读取输入寄存器的数值，但不能随意改写。

PLC 通过输出接口与输出继电器线圈或其他输出器件相连，每个输出继电器线圈都控制多个常开和常闭触点，用于输出控制和编程。PLC 主机的输出结果不是直接输出到输出继电器，而是输出到输出寄存器（也称为输出映像寄存器），用于保存输出继电器的通断状态。同样地，PLC 的 CPU 可以随时改写输出寄存器的状态，但在 CPU 的一个扫描周期内，只有在写输出阶段，输出寄存器的当时状态才会写入输出继电器线圈。也即在 PLC 的一个扫描周期内，输出继电器线圈的状态一直保持不变，只有在扫描周期的写输出阶段才会由输出寄存器写入新的值。只有使用特殊的指令，才能不等到写输出阶段，而立即刷新输出继电器的状态。

3. 电源

PLC 的电源主要是将外部的交流电或直流电，转化为 24 V 或 5 V 等稳定的直流电压，供 CPU、存储器或输入/输出接口模块使用。在输出模块很多的情况下，有时还需要额外的电源模块，专门用来给输入/输出接口模块供电。

4. 编程器

编程器是 PLC 的一个重要的人机交互设备，通过编程器来写入 PLC 控制程序，实现输入和输出的逻辑控制。当前的 PLC 多使用安装了专用工具软件的个人计算机作为 PLC 的编程器，通过线缆将计算机与 PLC 主机连接起来，实现程序的编译和读写。

5. 扩展接口

输入接口和输出接口统称为信号接口。扩展接口一般指扩展的信号接口，比如增加信号接口的数量，或扩展信号接口的类型。扩展接口是为了拓宽 PLC 的使用范围，对规模在一定范围内变化的受控对象，都能适用。

6. 其他设备接口

其他设备接口用于将 PLC 的各部分，以及 PLC 与计算机或其他设备相互连接，实现各部分的通信和数据交换等操作。

8.3 PLC 的基本工作原理

PLC 工作的基本模式是顺序扫描，循环执行。启动 PLC 后，CPU 的操作系统先启动，刷新输入寄存器和输出寄存器，调用用户程序，处理中断和错误，管理存储区和通信等。用户程序由用户编制，用来实现用户所要求的自动化任务的程序，一般存储在用户存储器中。PLC 运行时，CPU 调用用户程序，从第一条指令开始顺序执行用户程序，此种执行方式称为扫描；程序结束后，CPU 并不停止工作，而是返回到用户程序的第一条指令，开始新一轮扫描，于是循环往复。在此过程中，部分操作系统也要执行循环扫描的操作，如刷新输入/输出寄存器，处理通信、中断等。PLC 循环扫描工作时，单次扫描所用的时间，称为 PLC 的扫描周期。PLC 的扫描周期长短，不仅受 CPU 处理速度的影响，还受指令数量和每条指令占用时间的影响。

PLC 上电后，CPU 先进行内部处理和通信服务，如果 PLC 处于 STOP 工作模式，则循环扫描这两个过程，如图 8.2a 所示；如果 PLC 处于 RUN 工作模式，则会接着进行输入处理、程序执行和输出处理，并进行循环扫描，如图 8.2b 所示。内部处理包括硬件初始化、输入/输出模块配置检查、异常诊断和处理等。如果诊断出错误，CPU 即便在 RUN 模式，也将被强制为 STOP 模式。通信服务阶段，CPU 会检查有无通信任务，如果有，则调用相应进程，完成与其他设备或 PLC 的通信处理，并对通信数据做相应的更新。内部处理和通信服务，都是由 PLC 操作系统完成的。

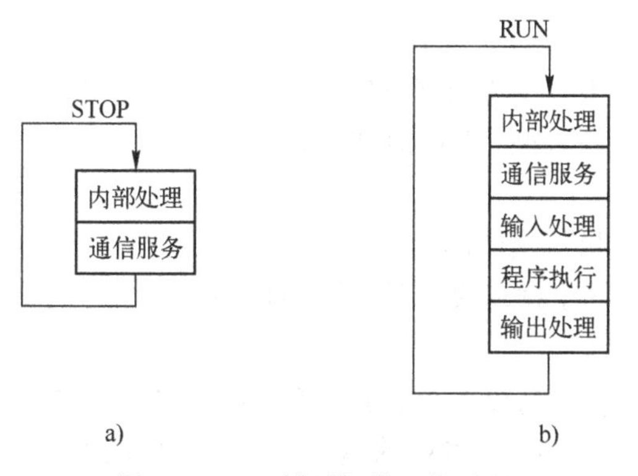

图 8.2　PLC 循环扫描工作过程

a）STOP 模式　b）RUN 模式

PLC 循环扫描的工作过程主要指用户程序的执行过程，大致可以分为输入处理、程序执行和输出处理三个阶段，即图 8.2b 所示的后三个工作阶段。PLC 对输入和输出，采用的是集中输入和集中输出的方式。

在输入处理阶段，PLC 将所有输入继电器的状态一次性全部读入输入寄存器，随即关闭输入接口，转入下一处理阶段。所以在其他处理阶段，即便输入继电器状态有变化，输入寄存器的状态也不再变化，而 CPU 执行程序所读取的是输入寄存器中的状态。变化的输入信号，只有在下一个扫描周期的输入处理阶段才能被读入。

在程序执行阶段，PLC 按用户程序指令的先后顺序，依次执行每条指令，所需的数据可以从输入寄存器和输出寄存器中读入，并将处理结果写入输出寄存器。输出寄存器中的内容，随着程序的执行而随时改变。

在输出处理阶段，PLC 将输出寄存器的状态一次性全部输出到输出继电器，同时关闭输出接口，并转入下一处理阶段。在其他处理阶段，输出继电器的状态不再改变，直到下一个扫描阶段的输出处理阶段到来，才再次更新。

由此可见，在 PLC 循环扫描的一个扫描周期中，对输入状态的采样只有一次，对输出状态的刷新也只有一次。PLC 的循环扫描工作方式，虽然降低了 PLC 对输入/输出的响应速度，但大大提高了自身的可靠性和抗外界干扰的能力。一般来说，PLC 的扫描周期在几毫秒到几十毫秒之间，对一般的工控系统，这种量级的时间延迟无关紧要。

8.4 PLC 的主要性能指标

PLC 的主要性能指标有存储容量、I/O 点数、扫描速度、指令条数、功能模块的种类和数量、扩展能力等。

1. 存储容量

PLC 的存储空间主要用来衡量 PLC 能够存储用户程序和用户数据多少的重要指标。PLC 的存储空间越大，越能够容纳更多的指令和数据，就能够实现更复杂、更庞大的控制功能。

2. I/O 点数

I/O 点数是指 PLC 输入/输出端子的数量，表示了 PLC 能够连接外部设备的数量。I/O 点数是选择 PLC 类型的重要指标，根据点数的多少，可将 PLC 分为如下几类：微型，I/O 点数不超过 32 点；小型，I/O 点数不超过 128 点；中型，I/O 点数不超过 1024 点；大型，I/O 点数不超过 2048 点；超大型，I/O 点数超过 2048 点。

3. 扫描速度

扫描速度指的是 PLC 执行指令的速度，一般用 PLC 扫描一步或 1000 步所用的时间来描述。扫描速度越快，执行程序就越快，对相同的程序，扫描周期就越短。

4. 指令条数

PLC 的指令有基本指令和高级指令，指令的种类和数量，决定了 PLC 功能的丰富程度和使用的方便程度，间接地决定了 PLC 的运算能力、处理能力和控制能力。

5. 功能模块的种类和数量

PLC 的主要特征是，采用软件模拟了输入与输出之间的控制电路和控制电器，比如中间继电器、时间继电器、计数器、存储器和寄存器等，PLC 内部的这些软继电器和软控制电器，与实际继电器和控制电器的组成和作用非常相似，也有线圈和触点，工作方式也相同，只不过全是以软件的形式来实现的。把 PLC 所提供的这些软继电器和软控制电器统称为 PLC 的功能模块。

PLC 功能模块的种类和数量，关系到开发控制程序时是否方便，所能实现功能的多少，是衡量 PLC 功能强弱的重要指标。

6. 扩展能力

PLC 的扩展能力包括两个方面的扩展：I/O 点数的扩展和功能的扩展。根据具体的应用场景，PLC 可以适配不同数量的 I/O 点数，或搭配不同的功能模块，将极大地提高 PLC 使用的经济性。

8.5 PLC 的编程语言

PLC 的程序分为系统程序和用户程序两类。系统程序包括编译程序、监控程序和诊断程序等，并且固化在 PLC 存储器中，用户不能更改。用户程序是指存储在可擦写存储器中的由用户根据具体控制要求编写的程序和数据。PLC 的编程是指编写用户程序。

一般来说，不同品牌的 PLC 需要采用不同的编程语言来编写用户程序。为了方便程序的移植，减轻开发的困难，加强不同 PLC 的协同工作能力，PLC 编程语言的标准化成为业界需要。为此，国际电工委员会（IEC）制定了 PLC 的国际标准 IEC 61131，其中的第 3 部分，即 IEC 61131-3 是关于 PLC 编程语言的标准。IEC 61131-3 详细地定义了如下 5 种编程语言，采用该标准的 PLC，将具有通用的移植能力。

1）梯形图（Ladder Diagram，LD）。

2）指令表（Instruction List，IL），也被称为语句表（STL）。

3）结构化文本（Structured Text，ST），也被称为结构化控制语言（SCL）。

4）功能块图（Function Block Diagram，FBD），也被称为功能方框图语言。

5）顺序功能图（Sequential Function Chart，SFC）。

其中，指令表和结构化文本属于文本化编程语言，梯形图、功能块图和顺序功能图是图形化编程语言。文本化编程语言比较抽象，可以直接采用文本的形式完成所有 PLC 的逻辑控制，更适合便携式的设备使用；图形化编程语言具有直观的特点，采用图形或图形和文本相结合的方式完成 PLC 的逻辑控制，更适合在高级上位机上使用，如在计算机使用，有效降低了 PLC 程序设计的门槛，有利于提高工作效率。

早期的 PLC 仅支持梯形图编程语言和指令表编程语言。目前的 PLC 基本上都支持这 5 种编程语言，或者至少包括顺序功能图编程语言。

1. 梯形图

梯形图是一种图形语言，沿用了传统继电接触器控制系统中继电器的线圈、常开触点、常闭触点以及串联和并联的符号和连接方式，根据控制要求，画出表示 PLC 输入和输出之间逻辑关系的图形。因为梯形图与继电接触器控制电路很相似，很容易被熟悉继电接触器控制系统的电气人员所掌握，所以具有直观易懂的优点。

一般的 PLC 都支持梯形图这种编程语言，它是一种常见的编程语言，比较适合简单的控制系统。梯形图的绘制要遵循的一般原则如下：

1）梯形图的最左边是左母线，每一个逻辑行必须从左母线开始画。

2）一个逻辑行可能有很多个常开触点或常闭触点，以串联或并联的方式连接，但只能有一个线圈，且最后终止于线圈。

3）梯形图的最右边是右母线，所有线圈都输出到右母线，有时右母线也可以省略不画。

4）梯形图中，常用符号“┤├”表示常开触点，用符号“┤/├”表示常闭触点，用“-( )-”或“-┤ ├-”或“-○-”表示线圈，并且不同的触点和线圈要按照规则加注字母或数字以表示不同的元件。

5）梯形图按照从上至下、从左往右的顺序执行。

6）以符号“-(END)-”表示梯形图的结束。

在继电接触器控制电路中，有一个经典的起动、保持和停止电路，俗称“起保停”控制电路，如图 8.3 所示，它能实现电动机的起动、保持工作和停车功能，这里，用接触器 KM 的主触点控制电动机的起停，KM 线圈在控制电路中，SB_0是起动按钮，SB_1是停车按钮。

采用梯形图，可以将起保停控制电路表示成图 8.4 所示形式。符号“┤├”表示常开触点，符号“┤/├”表示常闭触点，符号“-( )-”表示中间继电器或接触器的线圈，用相应的符号来标记不同的控制器件或关联不同的控制器件，其含义与继电接触器控制电路中的命名含义相同。可以说，有了继电接触器控制电路，很容易将其翻译为梯形图。正因为梯形图与继电接触器控制电路具有极强的对应关系，直观性很强，极易上手，所以在现实中获得了广泛的应用，尤其为初学者所喜欢。

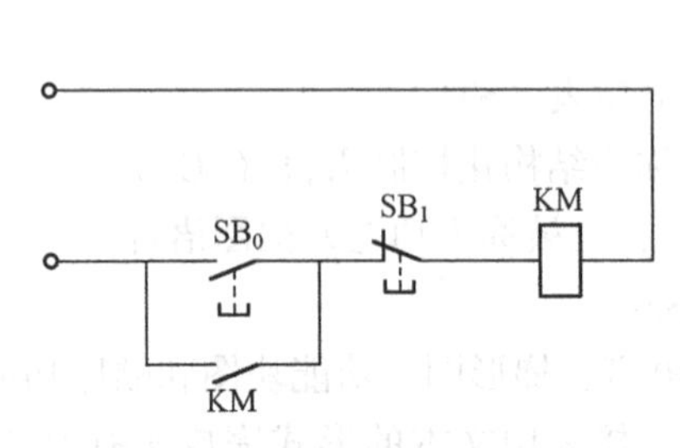

图 8.3 继电接触器控制电路中的起保停控制电路

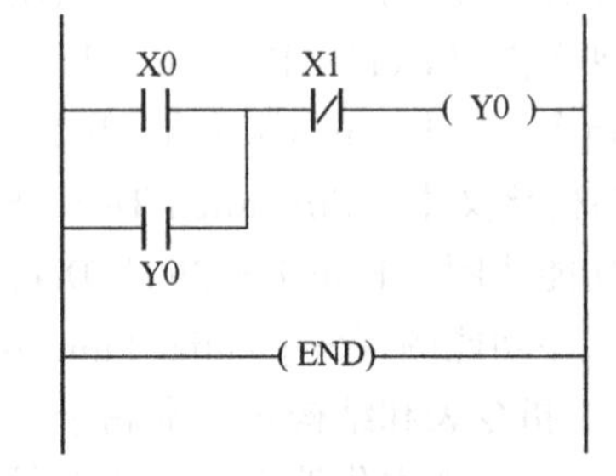

图 8.4 PLC 中起保停控制电路的梯形图

在梯形图中，常用符号“X”表示输入继电器，其状态为输入寄存器中对应输入继电器的状态；常用符号“Y”表示输出继电器，其状态为输出寄存器中对应输出继电器的状态；常用符号“M”表示中间继电器或辅助继电器；常用符号“T”表示计时器，相当于继电接触器控制系统中的时间继电器；常用符号“C”表示计数器，用来记录脉冲或开关的个数。定时器和计数器不能直接输出，可通过自身触点改变输出继电器状态来间接输出。

画梯形图时需要注意以下几个问题：

1）梯形图要按从上到下、从左到右的顺序绘制，PLC 将按此顺序执行梯形图程序。

2）梯形图最左边的竖线称为左母线，或称为起始母线。每个逻辑行都从左母线起始，从左到右的顺序依次为触点和线圈，终止于右母线。线圈只能画在最右边，一般不允许与左母线直接相连；每个逻辑行的右侧与右母线相连，不过，右母线常常可以省略不画。

3）输入继电器的线圈是由外部信号来驱动的，在梯形图中不会出现，只有触点会出现在梯形图中。输出继电器的线圈在梯形图中一般只能出现一次，出现两次或多次就会出现重复赋值的情况，会使线圈在一个扫描周期内出现多个状态。线圈的触点，不管是常开触点，还是常闭触点，则可以无限次使用。

4）梯形图中的继电器都是“软继电器”，每个继电器实际上是寄存器的一个位。如果位的值为“1”，则表示继电器线圈的状态为接通，线圈对应的触点都会动作；如果位的值为“0”，则表示继电器线圈的状态为断电，线圈对应的触点都会复位。

5）一个逻辑行内多个触点之间可以串联或并联连接，顺序上一般遵循“上重下轻，左重右轻”的原则，如图 8.5 所示，图 8.5a 的梯形图设计就不合理，调整成图 8.6b 就比较合理，优先将串联触点和线圈最多的逻辑行画在最上面，即“上重下轻”，然后优先将并联触点最多的逻辑行排在左边，即“左重右轻”。

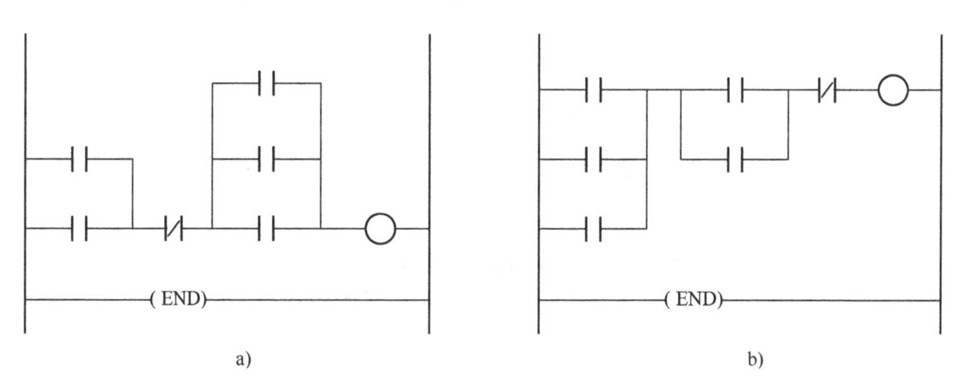

图 8.5　PLC 编程之合理和不合理的连接

a）不合理　b）合理

6）最后一行以“—(END)—”结束。

2. 指令表或语句表

PLC 的指令表或语句表是用指令来编制的程序，类似于计算机的汇编语言，是 PLC 的一种常用基础编程语言。

指令由操作码和操作数两部分组成。操作码表示操作功能，用特定字符表示，比如用“AND”表示“与”操作。操作数指的是操作码后面的数值或 PLC 地址，一般由标识符和参数两部分组成。标识符表明操作数的类别，如“I”表示输入继电器，“Q”表示输出继电器，“T”表示定时器，“M”表示中间继电器等。参数表明操作数的地址或设定值。如指令 MOV M0 M1，MOV 是操作码，表示要传送数据；M0 和 M1 是操作数，表示要把 M0 中的数字传到 M1 中；M 是标识符，表示中间继电器；0 或 1 是参数，表示地址。

操作码后面可以有一个或多个操作数，也可以没有操作数。没有操作数的指令称为无操作数指令。

指令表是纯文本编辑格式，适合在没有计算机的情况下，采用手持式编程器对 PLC 程序进行编程设计。

不同品牌 PLC 的指令不相同，但指令和梯形图都具有对应关系。在表 8.1 中，列出了西门子公司 PLC 和三菱公司 PLC 的一些基本指令，可见，在表示相同操作时，两者的指令有所不同。

表 8.1　PLC 的基本指令

指令类别	指　令		指令含义
	西门子	三菱	
触点指令	LD	LD	常开触点与左侧母线相连或处于支路的起始位置
	LDI	LDI	常闭触点与左侧母线相连或处于支路的起始位置
	A	AND	常开触点与前面指令串联
	AN	ANI	常闭触点与前面指令串联
	O	OR	常开触点与前面指令并联
	ON	ORI	常闭触点与前面指令并联
连接指令	ALD	ANB	指令块之间的串联
	OLD	ORB	指令块之间的并联
特殊指令	—	OUT	输出到线圈
	END	END	指令结束

对于图 8.4 的梯形图所示的起保停控制电路，采用指令表，以三菱 PLC 为例，其书写方式见表 8.2。

表 8.2　PLC 中起保停控制电路的指令表

编　号	指　令
0	LDX0
1	OR Y0
2	ANI X1
3	OUT Y0
4	END

基于指令表的书写原则，可以很方便地将梯形图转化为指令表的形式；也可以基于指令表，将其转化为梯形图，两者具有确定的对应关系。

例如，在三相异步电动机的正反转控制中，采用 PLC 来实现控制电路。首先需要设计好输入触点和输出触点，并连接好输入和输出电路，如图 8.6 所示。其中，SB_1是正转起动

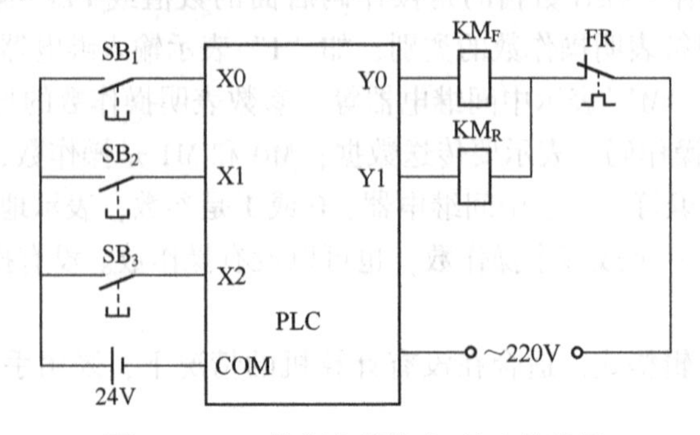

图 8.6　PLC 控制电路输入/输出接线图

按钮，SB_2是反转起动按钮，SB_3是停车按钮；Y0 是正转输出点，控制交流接触器的线圈 KM_F，使电动机正转；Y1 是反转输出点，控制交流接触器 KM_R，使电动机反转。PLC 则实现输入点 X0、X1、X2 与输出点 Y0、Y1 之间的逻辑控制关系。

电动机正反转在 PLC 内的逻辑控制关系，如果用梯形图实现，则如图 8.7 所示。从图 8.7 所示梯形图可见，按下按钮 SB_1，则 X0 常开触点闭合，使输出点 Y0 为 1，于是交流接触器 KM_F的线圈通电，实现电动机的正转，同时，X0 常闭触点断开，使输出点 Y1 为 0，即交流接触器 KM_R的线圈处于断电状态，使电动机不能反转；释放按钮 SB_1，Y0 常开触点的自锁作用，使得电动机保持正转运行状态。同样地，直接按下按钮 SB_2，能实现动机的反转运行。

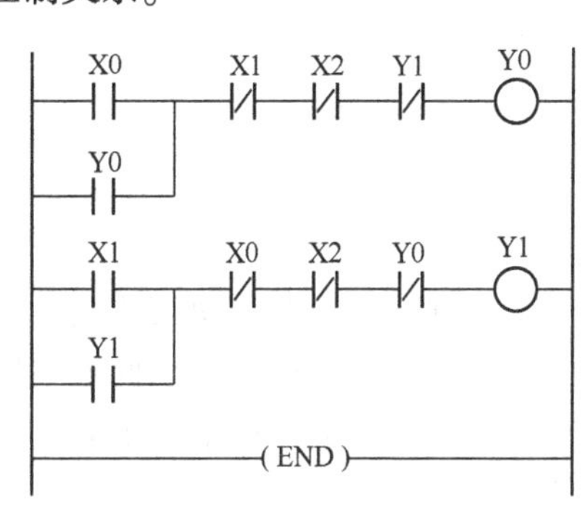

图 8.7　PLC 中电动机正反转控制电路的梯形图

按下按钮 SB_3，X2 常闭触点断开，使正转输出点 Y0 和反转输出点 Y1 均为 0，使对应的交流接触器线圈断电，实现电动机的停车。

以三菱 PLC 为例，图 8.7 所示梯形图对应的指令表见表 8.3。

表 8.3　PLC 中电动机正反转控制电路的指令表

编　号	指　令
0	LDX0
1	OR Y0
2	ANI X1
3	ANI X2
4	ANI Y1
5	OUT Y0
6	LD X1
7	OR Y1
8	ANI X0
9	ANI X2
10	ANI Y0
11	OUT Y1
12	END

3. 结构化文本

结构化文本是一种高级文本语言，与计算机高级语言 PASCAL 类似，可以用来描述功能、功能块，还可以与顺序功能图结合，用于描述其中步的动作或转换的条件。

结构化文本适合进行复杂控制行为的描述，并对控制行为进行模块化，便于开发和管理。结构化文本具有计算机高级语言的特点，支持条件执行、循环执行和函数调用功能。

如表 8.2 所示起保停控制电路，用结构化文本实现，可以写为

```
1.  IF X0 AND NOT X1 THEN
2.  Y0 := 1;
3.  ELSE
4.  Y0 := 0;
5.  END_IF;
```

这里，用了一个条件执行语句，用来给输出线圈 Y0 赋值，符号“:=”表示赋值。赋值具有置 1 或置 0 的功能，所以此处不用再加 Y0 的常开触点自锁。对输出变量进行置位（即置 1）操作后，一定要对输出变量进行相应的复位（即置 0）操作，否则设备将一直处于运行状态。

从以上例子可见，结构化文本与计算机高级编程语言很像。不同的地方在于，计算机高级编程语言是按照代码的先后顺序，从头到尾执行一次，而 PLC 结构化文本的代码，则是被 PLC 循环扫描、循环执行的，这个特点使得结构化文本的代码结构与计算机高级编程语言有所不同。

结构化文本比较抽象，但能实现复杂的计算和控制操作，具有模块化和可继承、可复用的特点，方便维护和修改，适合用于大型控制系统的设计。

4. 功能块图

功能块图适合有数字电路基础的人员使用，用类似与、或、非门的方框来表示逻辑关系或运算操作，方框左边是信号的输入，右边是信号的输出。

以表 8.2 所示的起保停控制电路为例，PLC 中功能块图的表达方式如图 8.8 所示。从左往右，第一个方框为“或”逻辑模块，第二个方框为“与”逻辑模块，输入或输出连接线端点的小圆圈符号“○”表示“非”逻辑操作，根据功能块图模块的含义，很容易得出符合起保停逻辑控制要求的输出 Y0 的逻辑表达式。

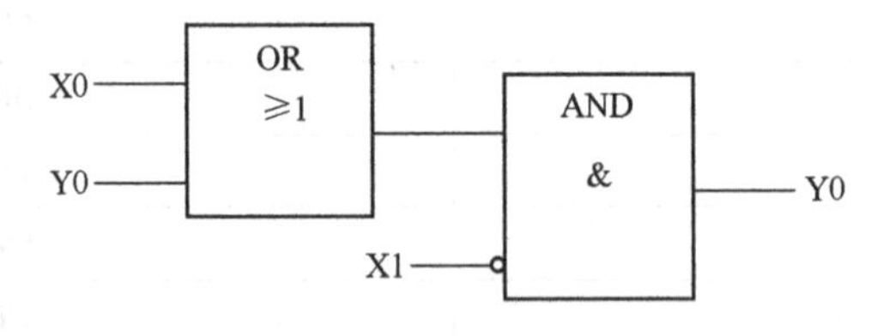

图 8.8　PLC 中起保停控制电路的功能块图

在功能块图中，除了有逻辑模块之外，还有各类运算操作模块、脉冲操作模块、计时器模块、计数器模块及通信模块等，可满足各种控制需要。

5. 顺序功能图

顺序功能图也被称为流程图，或状态转移图，是一种图形化的功能说明性语言，是对受控对象状态随时间发生变化的一个抽象描述，是采用顺序控制设计法设计控制过程或控制系统最直接的实现工具。

顺序功能图主要由步、动作、转换条件和有向连线四个元素构成。步是顺序功能图中的核心概念。在 PLC 的一个扫描周期内，根据控制系统输出量的变化，将系统的一个工作循环过程分解为若干个顺序相连的阶段，每一个阶段就称为一步，用方框来表示。特别地，对初始步，用双线方框来表示。一个控制系统步的划分，取决于设计人员对控制系统的理解，具有不确定性。

步和步之间用有向线段连接，用箭头表示步的转换方向。默认步是从上向下、从左往右转换的，这时，有向线段可以不用标箭头，用线段连接即可，否则，需要用箭头标明转换方向。

步和步之间转换，有转换条件时，用垂直于有向连线的短画线来表示转换，可以将转换条件填在此处。

每一步都可以执行一个或多个操作，或者发出一个或多个命令，将其统称为动作。动作也用矩形框表示，并用水平线段连接到相应的步上。如果一步有多个动作，则可以彼此相邻排成一行或一列，然后用一条水平线段连接到相应的步。同一步的不同动作的排列顺序，不表示动作的执行先后，它们是同时执行的。

当某一步正在执行时，称其为活动步，其他步则被称为非活动步。活动步对应的动作才会执行，非活动步对应的动作不执行。当活动步后面的转换条件满足时，将会激活下一步，使下一步变为活动步，同时当前步变为非活动步，当前步对应的动作也将自动停止。这就是顺序功能图基本的工作方式。

以表 8.2 所示的起保停控制电路为例，在 PLC 中，其顺序功能图如图 8.9 所示。在图 8.9 中，S2 表示初始步，当初始步被激活后，PLC 程序进入该顺序功能图中；当步 S2 后的转换条件成立时，即起动按钮按下，而停车按钮没有按下时，激活步 S20，该步对应的动作 Y0 开始执行，即起动电动机，同时步 S2 变为非活动步；当步 S20 后的转换条件满足时，即按下停车按钮时，步 S21 被激活，同时步 S20 变为非活动步，步 S20 对应的动作 Y0 也停止执行，即电动机停车。

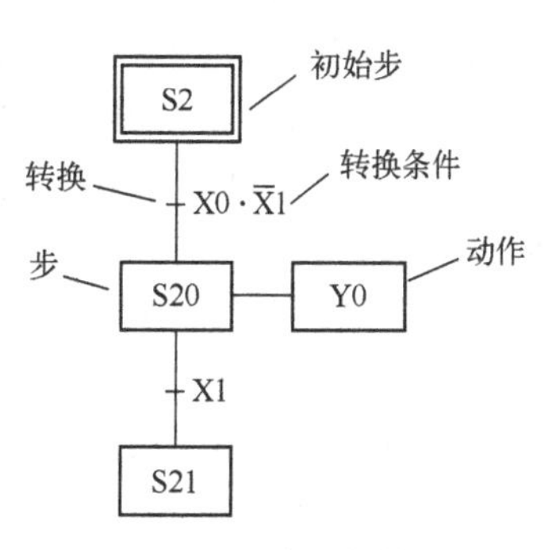

图 8.9　PLC 中起保停控制电路的顺序功能图

顺序功能图有顺序执行、选择执行、同步执行和循环执行等多种结构，配合丰富的动作模式和转换模式，能实现非常复杂的控制功能，而且具有直观的特点，便于设计和修改。

基于一定的方法，还可以很方便地将顺序功能图转换为梯形图。

8.6　三菱 FX 系列 PLC 基本的编程单元和指令系统

三菱 FX 系列 PLC 是日本三菱公司推出的高性能小型 PLC，具有较高的性价比，在小型化系统控制中应用广泛。FX 系列 PLC 的硬件包括基本单元、扩展单元、扩展模块、模拟量输入/输出模块、特殊功能模块和外部设备。基本单元是 PLC 的核心部件，主要由 CPU、存储器、I/O 模块、通信接口或扩展接口等几个部分组成。FX 系列中不同的子系列，CPU 的运算能力、I/O 点数、输入/输出方式、存储器的大小、支持的指令数、支持的扩展模块个数及支持的通信方式等都有所不同，可以根据具体的需要来选择具体的 PLC 型号。

8.6.1 基本的编程单元

三菱 FX 系列 PLC 的编程单元由字母和数字组成。其中，字母是一些特定的字符，表示特定的含义，如 X 表示输入继电器，Y 表示输出继电器，M 表示辅助继电器；数字也有特定的编号方式，如输入继电器和输出继电器采用八进制数字编号，其他器件，如辅助继电器，均采用十进制数字编号。FX 系列 PLC 内部基本的编程单元有输入继电器（X）、输出继电器（Y）、辅助继电器（M）、状态寄存器（S）、定时器（T）、计数器（C）、数据寄存器（D）、指针（P、I）和常数（K、H）等。

1. 输入继电器（X）

输入继电器用字母“X”表示，与外部输入端相连，是用来接收外部信号的元件，同时将外部信号的通断状态（接通时为“1”，断开时为“0”）存储到 CPU 的输入映像存储区。

对具体的 PLC，输入继电器的个数是有限的，一般采用固定的编号来表示不同的输入继电器，如 FX2N 输入继电器的编号范围为 X000～X267，因为采用的是八进制编号方式，可知其总的输入点数为 184 点（$0\sim2\times8^2+6\times8^1+7\times8^0$，即 0～183），这表明，改型 PLC 最多只能输入 184 个信号。

2. 输出继电器（Y）

输出继电器用字母“Y”表示，负责将 PLC 内部信号传送给外部负载。

对具体的 PLC，输出继电器的个数也是有限的，其编号也是固定的。如 FX2N，输出继电器的编号为 Y000～Y267，考虑到输出继电器也是八进制编号方式，可知其输出点数为 184 点。

在实际使用过程中，PLC 输入和输出继电器的数量，需要看具体 PLC 的配置情况，根据需要选择 PLC 或扩展模块。

3. 辅助继电器（M）

辅助继电器用字母“M”表示。在 PLC 中，辅助继电器的数量很多，其功能与继电接触器控制系统中的中间继电器的功能相似。辅助继电器不能直接由外部信号驱动，也不能直接驱动外部负载，是在 PLC 内部使用的一种继电器，其常开触点和常闭触点在 PLC 内部可以无限次使用。

辅助继电器的个数与 PLC 的存储空间相关，不同型号的 PLC，其个数不同，采用十进制编号来表示不同的辅助继电器，而且辅助继电器从功能上，还可以分为通用型辅助继电器、断电保持型辅助继电器和特殊辅助继电器。通用型辅助继电器不具有断电保持功能，或称不具有记忆功能，当 PLC 断电时，所有通用型辅助继电器的线圈全部断电，当 PLC 再次接通电源时，通用型辅助继电器的线圈状态由当前的输入逻辑决定，而不是恢复到断电前瞬间的状态。断电保持型辅助继电器则具有断电保持功能，在 PLC 断电时，能将断电瞬间的状态记忆下来，并保持不变，当 PLC 再次通电时，其状态为断电前的状态。特殊辅助继电器是 PLC 内部具有特殊功能的辅助继电器，分为触点型和线圈型两大类。

以 FX2N 为例，不同编号范围内的辅助继电器表示不同类型的辅助继电器。FX2N 共有 500 个通用型辅助继电器，用 M0～M499 表示，共有 2572 个断电保持型辅助继电器，用 M500～M3071 表示。通用型辅助继电器可以通过程序设定，变为断电保持型辅助继电器，部分断电保持型辅助继电器也可以通过程序设定转变为通用型辅助继电器。

FX2N 有 256 个特殊辅助继电器，用 M8000～M8255 表示。如触点型特殊辅助继电器 M8000，表示的是 PLC 的运行状态，当 PLC 运行时接通，其状态为 1，当 PLC 不运行时断开，其状态为 0；如线圈型特殊辅助继电器 M8034，如果其线圈状态为 1，则 PLC 的输出全部禁止，即 PLC 继续保持当前状态运行，只是输出继电器全部断电。

4. 状态寄存器（S）

状态寄存器也被称为状态器，用字母“S”表示。状态器用来记录 PLC 运行中的状态，是采用顺序功能图设计控制程序的重要编程元件，与后面将提到的步进顺控指令 STL 配合使用。

在图 8.9 所示的顺序功能图中，就用到了状态器 S，整个过程有三步，分别用状态器 S2、S20 和 S21 来记录当前步的状态。每一个状态器都有各自的置位和复位信号，如状态器 S20 由转换条件 $X0 \cdot \overline{X1}$ 置位，由转换条件 X1 复位，有各自要执行的动作，如状态器 S20 这一步激活时，要执行对应的动作 Y0。从初始步开始，随着状态的转移，动作也会转移，而且随着当前状态以及对应动作的置位，前一状态自动复位，前一状态对应的动作也自动复位，这样就使得每一步的工作互不干扰，不必考虑不同步之间各电气元件的互锁，使电气系统的控制设计变得条理清晰而简洁。

状态器有 5 种类型，分别为：初始状态器，S0～S9，共 10 点；回零状态器，S10～S19，共 10 点；通用状态器，S20～S499，共 480 点；断电保持型状态器，S500～S899，共 400 点；报警型状态器，S900～S999，共 100 点。

在使用状态器时，需要知道，状态器与辅助继电器类似，具有常开触点和常闭触点，可以无限次引用。而且，在不与步进顺控指令 STL 配合使用时，状态器可当作辅助继电器 M 来使用。同样地，通过程序的设定，可以将部分非断电保持型状态器设置为断电保持型状态器，以满足程序设计的需要。

5. 定时器（T）

定时器用字母“T”来表示。定时器用于定时操作，起延时接通或断开电路的作用，与继电接触器控制系统中的时间继电器功能类似，但功能更丰富。定时器是根据时钟脉冲计数来计时的，时钟脉冲的类型有 1 ms、10 ms 和 100 ms 三种。定时器有一个设定值寄存器和一个当前值寄存器，这两个寄存器都是 16 位的长度，即数值范围为 1～32767。计时时间为设定值乘以定时器的计时单位（时钟脉冲周期）。设定值可以用常数（K）或数据寄存器（D）的内容来设置。每个定时器都有一个常开触点和一个常闭触点，同样地，这些触点也可以无限次引用。

FX2N 系列的定时器可分为普通定时器和累计定时器两类。

普通定时器编号为 T0～T245，其中 T0～T199 时钟脉冲周期为 100 ms，T200～T245 计时单位为 10 ms。对于普通定时器，当其线圈通电时，定时器开始计时，此时定时器的常开触点保持常开状态，常闭触点保持常闭状态，只有当计时时间到达设定值时，定时器的触点才开始动作，即常开触点闭合，常闭触点断开。当普通定时器线圈断电时，其触点立即复位。

累计定时器编号为 T246～T255，其中 T246～T249 为 1 ms 时钟脉冲周期定时器，T250～T255 为 100 ms 时钟脉冲周期定时器。当累计定时器的线圈通电时，定时器开始计时，在计时过程中即便线圈断电，定时器也将保持或记忆当前的计时值，当线圈再次通电时，计时值将继续累加，即当前计时值具有断电保持特性，在计时值没有达到设定值时，定时器的触点不会动作，只有到达计时值后，其触点才会动作。将累计定时器的线圈断电，不能复位其触点，只有使用复位指令将累计定时器复位时，其触点才能复位。

6. 计数器（C）

计数器用字母“C”表示。计数器对输入计数器的信号进行计数，具体地，对输入信号的每个上升沿计一次数。

FX2N 系列计数器主要分为内部计数器和高速计数器两大类。

内部计数器又分为 16 位增计数器和 32 位双向（增减）计数器。

16 位增计数器共 200 点，编号为 C0~C199，其中 C0~C99 为通用型增计数器，C100~C199 为断电保持型增计数器（即断电后能保持当前计数值，通电后继续计数的计数器）。计数器的设定值，表示计数的个数，16 位的计数器是用 16 位二进制数来表示的，所以设定值的范围为 1~32767。设定值一般用常数（K）来设定，也可以通过指定数据寄存器（D）来设定。计数开始后，输入信号每来一个上升沿，16 位增计数器的当前计数值就加 1，直到到达设定值，计数器对应的触点才开始动作，常开触点闭合，常闭触点断开，此后，当输入信号的下一个上升沿出现时，计数器的当前值保持设定值不变，其触点也保持动作后的状态，只有用复位指令 RST 复位计数器，计数器当前计数值才能复位，其触点才能复位。

32 位双向计数器共有 35 点，编号为 C200~C234，其中 C200~C219 为通用型双向计数器，C220~C234 为断电保持型双向计数器。双向计数器的特点是，计数值既能增计数，也能减计数，通过控制对应的特殊辅助继电器 M8200~M8234 来实现增计数或减计数。对应的特殊辅助继电器处于复位状态时，双向计数器工作在增计数模式，处于置位状态时，双向计数器工作于减计数模式。32 位双向计数器用 32 位二进制数来表示计数的设定值，而且计数值可以增，也可以减，所以设定值的数值范围为-2147483648 ~ 2147483647。32 位双向计数器的工作模式与 16 位增计数器的工作模式相同。

高速计数器共有 21 点，编号为 C235~C255，均属于 32 位断电保持型双向计数器类型。高速计数器能够对频率高的信号进行计数，21 个高速计数器共用 PLC 的 8 个高速信号输入端口 X0~X7，某一端口同时只能供一个高速计数器使用。高速计数器还可分为单向单计数输入高速计数器、单向双计数输入高速计数器和双向双计数高速计数器三类。具体使用方法，可查看相关 PLC 手册。

7. 数据寄存器（D）

数据寄存器用字母“D”表示。数据寄存器是 PLC 用来存储数据或参数的元件。数据寄存器为 16 位，最高位为符号位。可以用两个数据寄存器来存储 32 位数据，最高位仍为符号位。数据寄存器可以分为通用数据寄存器、断电保持数据寄存器、特殊数据寄存器和变址寄存器四种。

通用数据寄存器共 200 点，编号为 D0~D199。默认情况下，通用数据寄存器无断电保持功能，当 PLC 停止运行或断电时，数据全部清零。通过设置特殊辅助继电器 M8033 为 ON，可以将通用数据寄存器设置为断电保持数据寄存器。

断电保持数据寄存器共 7800 点，编号为 D200~D7999。其中，D490~D509 供通信使用。

特殊数据寄存器共 256 点，编号为 D8000~D8255。特殊数据寄存器用来监控 PLC 的运行状态，具体含义可查看 PLC 用户手册。未经定义的特殊数据寄存器，用户不能使用。

变址寄存器共 16 点，编号为 V0～V7 和 Z0～Z7，是一种特殊用途的数据寄存器，用于改变元件的编号。例如，执行 D20V0 时，如果令 V0=5，则被执行的实际编号为 D25，即 D20+V0=D25。由于变址寄存器是 16 位的，需要进行 32 位的数据操作时，可将 V、Z 串联使用，其中，V 为高位，Z 为低位。

8. 指针（P、I）

在三菱 FX 系列的 PLC 中，指针用来表示分支指令的跳转目标或中断程序的入口标识，可以分为分支用指针（P）和中断用指针（I）。

对 FX2N 系列 PLC，分支用指针共 128 点，编号为 P0～P127。分支用指针用来表示条件跳转指令（CJ）的跳转目标，或子程序调用指令（CALL）调用子程序的入口地址。其中，指针 P0～P62、P64～P127 为标号，用来指定跳转的目标或子程序的入口地址，P63 用来表示结束跳转。

如图 8.10 所示，当常开触点 X1 接通时，执行跳转指令 CJ P0，程序直接跳到标号 P0 处，不执行中间的代码，如常开触点 X2 所在的行就不会被执行。

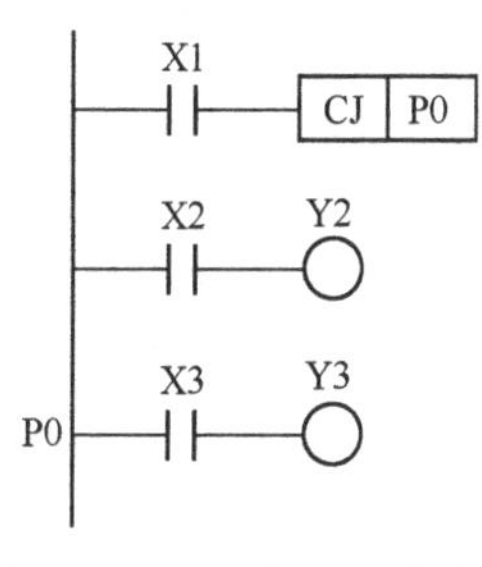

图 8.10　三菱 PLC 分支用指针示例

中断用指针是用来指示某一中断程序的入口位置。执行中断后遇到 IRET（中断返回）指令，则返回主程序。中断用指针的编号为 I0□□～I8□□，有以下三种类型：输入中断指针，编号为 I00□～I50□，共 6 点；定时中断指针，编号为 I60□～I80□，共 3 点；计数中断指针，编号为 I01□～I06□，共 6 点。

9. 常数（K、H）

在三菱 PLC 中，常数用字母“K”或“H”来表示。符号 K 表示十进制数，主要用来设定定时器或计数器的设定值，以及功能指令中操作数的数值。符号 H 表示十六进制数，主要用来表示功能指令中操作数的数值。例如，自然数 18，用十进制表示为 K18，用十六进制表示则为 H12（$1\times16^1+2\times16^0=18$）。

8.6.2　基本的指令系统

FX 系列 PLC 基本的指令系统大致可分为三类：基本逻辑指令、步进指令和功能指令。基本逻辑指令大致有 27 条，步进指令有 2 条，功能指令一般是 100 多条（随 PLC 系列的不同而有所差异）。

1. 基本逻辑指令

（1）取指令（LD、LDI、LDP、LDF）

取指令 LD，表示一个常开触点与左母线连接，每一个以常开触点开始的逻辑行都用 LD 指令。

取反指令 LDI，表示一个常闭触点与左母线连接，每一个以常闭触点开始的逻辑行都用 LDI 指令。

取上升沿指令 LDP，表示一个与左母线连接的触点的上升沿检测，仅在触点出现上升沿时接通一个扫描周期。

取下降沿指令 LDF，表示一个与左母线连接的触点的下降沿检测，仅在触点出现下降沿时接通一个扫描周期。

(2) 输出指令（OUT）

输出指令 OUT，表示对线圈进行驱动的指令。

(3) 触点串联指令（AND、ANI、ANDP、ANDF）

与指令 AND，表示串联一个常开触点，实现逻辑与的运算。

与非指令 ANI，表示串联一个常闭触点，实现逻辑与非的运算。

ANDP 表示串联一个上升沿检测触点。

ANDF 表示串联一个下降沿检测触点。

(4) 触点并联指令（OR、ORI、ORP、ORF）

或指令 OR，表示并联一个常开触点，实现逻辑或的运算。

或非指令 ORI，表示并联一个常闭触点，实现逻辑或非的运算。

ORP 表示并联一个上升沿检测触点。

ORF 表示并联一个下降沿检测触点。

对图 8.11 所示梯形图，如果采用指令系统，其指令表如下。

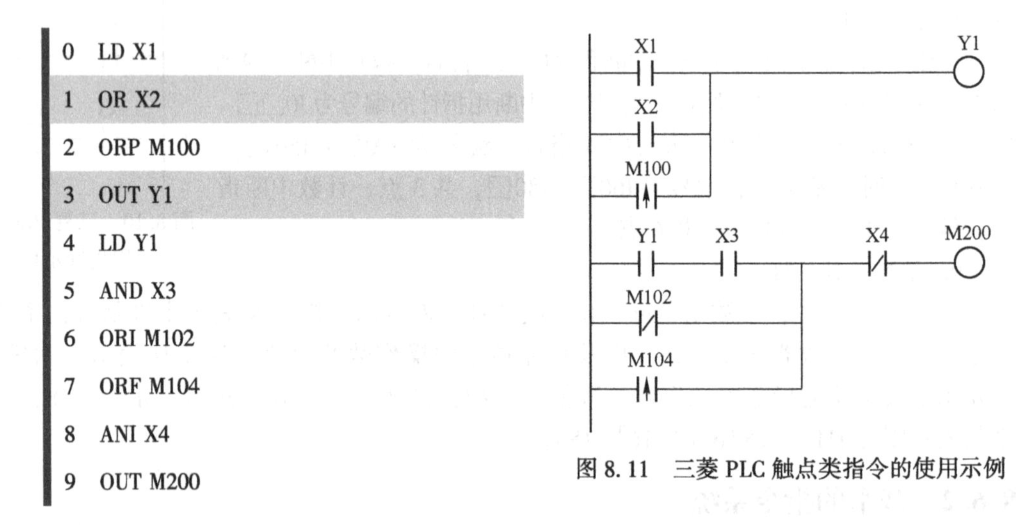

图 8.11 三菱 PLC 触点类指令的使用示例

对于更复杂的梯形图，则需要使用到块操作指令。

(5) 块操作指令（ANB、ORB）

块与指令 ANB，表示两个逻辑块的串联，或两个逻辑块的与运算。

块或指令 ORB，表示两个逻辑块的并联，或两个逻辑块的或运算。

逻辑块指的是两个或两个以上触点的串联或并联或其他方式连接的逻辑电路。如果逻辑块中的各触点是串联连接，则称该逻辑块为串联逻辑块；如果逻辑块中各触点是并联连接，则称该逻辑块为并联逻辑块。

并联逻辑块可以串联，使用块与指令 ANB；串联逻辑块可以并联，使用块或指令 ORB。块与或块或时，每个逻辑块用 LD 或 LDI 指令开始，如果依次对逻辑块进行块与或块或操作，则对块操作指令 ANB 或 ORB 的数量没有限制，如果是将逻辑块全部写在一起，在逻辑块后面集中使用块操作指令 ANB 或 ORB，则最多可以使用 7 次，也即最多只能嵌套 7 层，而且块操作指令是直接对其上方的两个逻辑块进行块与或块或的操作，但这种集中使用块操作指令的方式不被推荐。

假设有如图 8.12 所示梯形图，采用触点的操作指令，将难以完成指令表的编写，这里需要用到逻辑块操作指令。

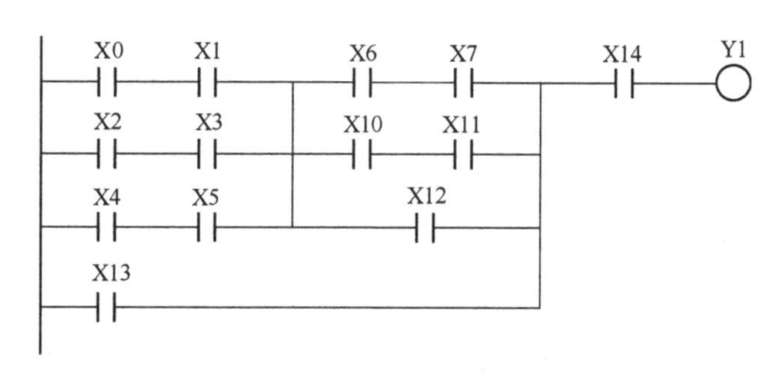

图 8.12　三菱 PLC 块操作指令 ANB 和 ORB 使用示例

图 8.12 所示梯形图，上面三个逻辑行，实际上是两个并联逻辑块的串联，如图 8.13 所示。

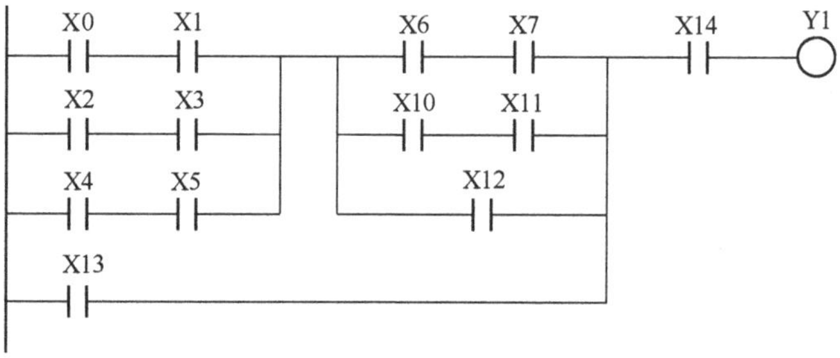

图 8.13　块操作指令示例的逻辑块关系

于是，对图 8.12 所示梯形图，其指令表如下。这里采用的是按次序每两个逻辑块使用逻辑块操作指令的方式，而不是集中使用块操作指令。需要注意的是，X10、X11 和 X12 三个触点为一个逻辑块，因为可以直接采用触点操作指令表达，这个逻辑块则既不是并联逻辑块，也不是串联逻辑块，而是两者的一个组合。

```
0  LD X0
1  AND X1
2  LD X2
3  AND X3
4  ORB
5  LD X4
6  AND X5
7  ORB
8  LD X6
9  AND X7
```

```
10  LD X10
11  AND X11
12  ORX12
13  ORB
14  ANB
15  OR X13
16  AND X14
17  OUT Y1
```

这里，也可以采用集中使用逻辑块操作指令的方式，但是不推荐这种程序编写方式。其指令表如下。

```
0  LD X0
1  AND X1
2  LD X2
3  AND X3
4  LD X4
5  AND X5
6  ORB
7  ORB
8  LD X6
9  AND X7
10  LD X10
11  AND X11
12  ORX12
13  ORB
14  ANB
15  OR X13
16  AND X14
17  OUT Y1
```

（6）复位与置位指令（RST、SET）

复位就是使被操作元件置0，并且保持0的状态，用RST表示复位指令。

置位就是使被操作元件置1，并且保持1的状态，用SET表示置位指令。

SET指令的被操作元件，或称目标元件，为Y、M、S；而RST的目标元件为Y、M、S、T、C、V、Z。对于同一目标元件，可以用RST、SET指令多次操作，但是，按照PLC的执行原理，只有最后一个执行指令起作用。

（7）微分指令（PLS、PLF）

微分指令分为上升沿微分指令和下降沿微分指令两类。上升沿微分指令用PLS表示，下降沿微分指令用 PLF 表示。

指令 PLS 在输入信号的上升沿产生一个扫描周期的脉冲输出，而指令 PLF 则在输入信号的下降沿产生一个扫描周期的脉冲输出。

微分指令的目标元件为 Y 和 M。

（8）主控指令（MC、MCR）

MC 为主控指令，用于公共触点的连接，执行 MC 后，左母线移动到 MC 触点的后面。MC 指令作用的目标元件为 Y 和 M，但不包括特殊辅助继电器。

MCR 为主控复位指令，用来将 MC 指令移动的左母线恢复到原来的位置。

在编程时，经常会出现这样的情况，同一个或同一组触点控制很多个线圈，或多个逻辑行的情况。将相同的触点多次使用，必然会占用很多存储单元，此时，适合使用主控指令，使后面的逻辑行都受 MC 主控触点的控制。所谓主控触点，指的是使用主控指令 MC 作用的元件 Y 或 M 线圈对应的触点，是一组电路的总开关。在梯形图中，主控触点一般连接在垂直线上，而不是水平的逻辑行上，以示区别。

一对 MC 和 MCR 指令构成一个 MC 指令区。在一个 MC 指令区内继续使用 MC 和 MCR 指令对，就形成了 MC 指令的嵌套。使用 MC 指令时，需要用 N0 来标记 MC 指令区的开始和结束位置，如果是嵌套使用，由外而内，依次用 N0、N1、…、N7 来表示，也即主控指令最多只能嵌套 8 层。需要注意的是，主控指令 MC 和 MCR 必须成对使用，对应的嵌套标识必须一致。如果没有嵌套，主控指令作用区间用 N0 标记，且对 N0 的使用次数没有限制。如果主控指令 MC 前的逻辑没有接通，则整个主控指令区都不被执行，PLC 会直接跳过，执行后面的程序。

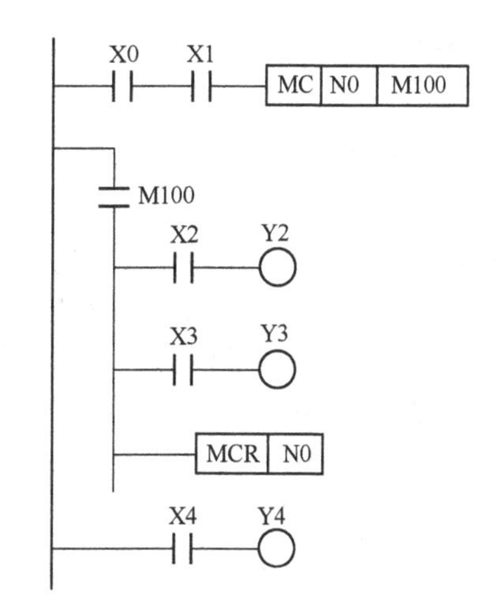

图 8.14　三菱 PLC 主控指令使用示例

在图 8.14 所示梯形图中，就使用了主控指令。主控指令区的开始是 MC N0 M100，N0 是嵌套的标识，这里只有一层，M100 是辅助继电器线圈。主控触点是 M100，受触点 X0 和 X1 的控制，显然，常开触点 M100 是线圈 Y2 和 Y3 的总开关。使用 MCR N0，则结束主控操作，使左母线复位。线圈 Y4 就不受主控触点 M100 的控制，也即不受触点 X0 和 X1 的控制。

图 8.14 所示梯形图对应的指令表如下。

```
0  LD X0
1  AND X1
2  MC N0
3  M100
4  LD X2
5  OUT Y2
6  LD X3
```

```
7  OUT Y3
8  MCR N0
9  LD X4
10 OUT Y4
```

(9) 堆栈指令(MPS、MRD、MPP)

堆栈指令主要用于 PLC 的多重输出。三菱 FX 系列 PLC 采用堆栈存储器来保存程序运行的中间结果,与此相关的指令称为堆栈指令。堆栈存储器的基本工作原理与计算机中栈的工作原理相同,特点是先进后出、后进先出,即先存储的内容在最下面,弹出时,最后被弹出;最后存入的内容,弹出时,最先被弹出。

MPS 为进栈指令,表示将结果送入堆栈存储器。

MRD 为读栈指令,表示读取堆栈存储器最后存入的一个数据(最外层数据),堆栈存储器自身的数据没有任何变化。

MPP 为出栈指令,表示弹出堆栈存储器的最外层数据,同时,栈内剩下的数据都依次上移一层。

堆栈指令没有操作对象,只是将 MPS 标记处的逻辑结果存入堆栈,或者读栈,或者出站。需要注意堆栈数据存入和弹出的特点,避免引用了错误的数据,而且 MPS 和 MPP 要成对使用,即要将存入的数据释放,以释放 PLC 的存储空间。堆栈指令嵌套的层数,由 PLC 堆栈存储单元的个数决定,由具体的 PLC 决定。

图 8.15 是单层堆栈指令,即没有嵌套的堆栈指令的使用示例,对左边的梯形图,其对应的指令表见图的右侧。指令表中,对梯形图的多重输出,就用到了堆栈指令 MPS、MRD 和 MPP,而且 MPS 和 MPP 指令是成对出现的,并且在一对 MPS 和 MPP 指令内,没有嵌套另一对 MPS 和 MPP 指令,是一个典型的单层堆栈指令使用示例。在图 8.15 中,MPS 指令将常开触点 X0 右边的逻辑结果存入 PLC 的堆栈存储器,然后按正常的逻辑连接,输出 Y1;输出 Y2、Y3、Y4 与 Y1 类似,是一种多重输出问题,对于 Y2 和 Y3,可以采用 MRD 指令读出 MPS 存入的数据(逻辑结果),然后按正常的逻辑连接,依次写出输出 Y2 和 Y3;对最后一个输出 Y4,则采用 MPP 指令读取 MPS 存入的数据,将栈的数据弹出,以释放栈的存储空间。

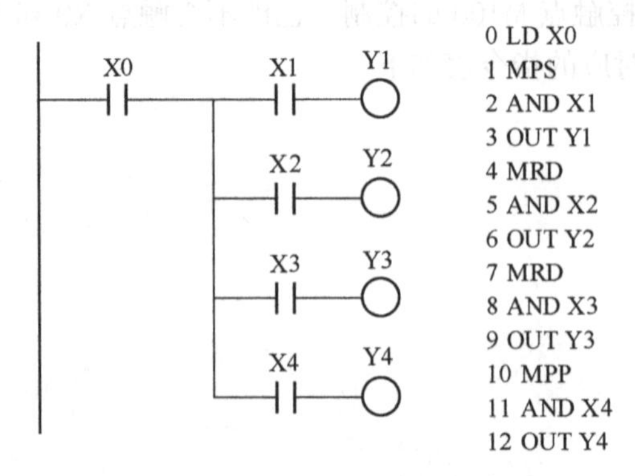


```
0 LD X0
1 MPS
2 AND X1
3 OUT Y1
4 MRD
5 AND X2
6 OUT Y2
7 MRD
8 AND X3
9 OUT Y3
10 MPP
11 AND X4
12 OUT Y4
```

图 8.15　三菱 PLC 单层堆栈指令示例

图 8.16 是一个两层堆栈指令使用示例，图的左侧是梯形图，图的右侧是对应的指令表。在图 8.16 中，第一个 MPS 指令将常开触点 X0 右边的逻辑结果存入堆栈，第二个 MPS 指令将常开触点 X1 右边的逻辑结果存入堆栈；然后，第一个 MPP 指令将后存入的数据弹出，即将常开触点 X1 右边的逻辑结果弹出，第二个 MPP 指令将先存入的数据弹出，即将常开触点 X0 右边的逻辑结果弹出；接着，第三个 MPS 指令将常开触点 X2 右边的逻辑结果存入堆栈，第三个 MPP 将存入的数据弹出。这里，用到了两层堆栈，即在一对堆栈指令（一个 MPS 指令和一个 MPP 指令）内，又用到了一对堆栈指令。更多层堆栈指令的嵌套与此类似。

需要注意的是，PLC 堆栈指令的嵌套层数是有限制的，对三菱 FX 系列 PLC，最多只能嵌套 11 层。

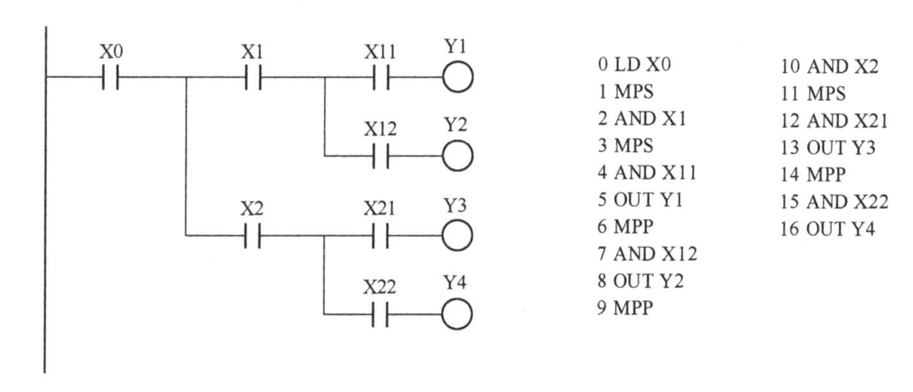

图 8.16　三菱 PLC 两层堆栈指令示例

（10）逻辑反指令（INV）、空操作指令（NOP）、结束指令（END）

逻辑反指令 INV 是将输入的逻辑结果取逻辑非后输出。需要注意的是，INV 指令不能与左母线或右母线直接连接。

空操作指令 NOP 是一个不执行任何操作的指令，但占用一个程序步，只有在指令表编程时才会出现这个指令，没有对应的梯形图符号。在指令表编程时，使用 NOP 指令，可以在修改指令表程序时，不改变程序行的序号，方便修改和比较指令表程序。

结束指令 END 表示程序结束，即 PLC 扫描到 END 后立刻停止向下扫描，END 后面的指令不会被扫描，接下来 PLC 会回到第一行指令，开始下一个周期的扫描。如果程序中没有 END 指令，则 PLC 会扫描所有的指令，直到程序结束。END 指令在程序调试时非常好用，可以一段一段地调试程序，便于发现和修正问题。

2. 步进指令（STL、RET）

PLC 控制程序可以基于顺序控制的方法进行设计。步进指令就是用于顺序控制设计中的指令。在三菱 FX2N 系列 PLC 中，步进执行有两条，即 STL 和 RET。其中，STL 表示步进触点指令，RET 表示步进返回指令。步进指令需要和状态器 S 一起配合使用。使用 STL 指令的状态继电器的触点，就是步进触点，是常开触点，没有常闭的 STL 触点。

利用这两条步进指令，可以方便地将顺序功能图转换为梯形图。STL 触点与左母线连接，与 STL 触点相连的触点要使用 LD 或 LDI 指令。对应状态被置位后，对应的 STL 触点接通，与该 STL 触点相连的逻辑电路被执行，即激活当前状态，并且前一状态自动复位。当前步的状态被复位后，对应的 STL 触点断开，与其相连的逻辑电路停止执行。步进顺控程序一定要用 RET 指令来表示结束，使 LD 或 LDI 返回左母线，否则会出现逻辑错误。需要注意的是，用梯形图表示顺序功能图的最后一步时，需要使用 OUT 来输出最后一步的状态，而不能用 SET，因为最后一步没有状态转移，使用 SET 将会使得最后一步一直处于激活状态，而使用 OUT 则没有这个问题，因为 OUT 输出的状态由当前步决定。

图 8.17 是步进指令的使用示例，其中左边的图是顺序功能图，右边是对应的梯形图，其对应的指令表如下。

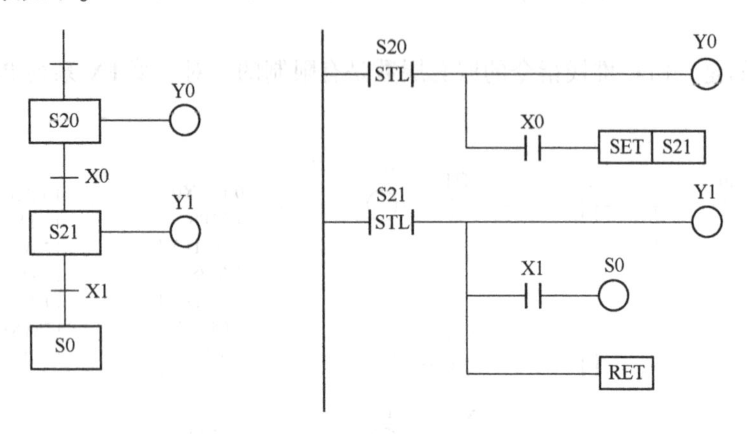

图 8.17　三菱 PLC 步进指令使用示例

0	STL S20
1	OUT Y0
2	LD X0
3	SET S21
4	STL S21
5	OUT Y1
6	LD X1
7	OUTS0
8	RET

3. 功能指令

早期的 PLC 主要用于取代继电接触器控制，大多用于开关量或逻辑量的控制，其基本逻辑指令和步进指令就已经能够满足控制的需要。随着应用的广泛和复杂化，控制系统需要完成除了开关量控制的其他任务，如 PID 控制、文件读取及数值计算等。为了顺应需求的发展，便于开发 PLC 程序控制，PLC 厂家在前述指令的基础上，增设了很多具体的应用指令，这些统称为功能指令。功能指令既拓宽了 PLC 的应用范围，也给 PLC 程序的设计开发带来了便利。功能指令的数量和应用方法，随不同的 PLC 厂商而不同，同一家厂商的 PLC，随 PLC 硬件系列的不同，所能支持的 PLC 也会有差异。对三菱 FX 系列 PLC，其所支持的功能指令就有 100 多条。本节仅对三菱 FX 系列 PLC 的功能指令做简要概述，并介绍几个常用的功能指令。

（1）功能指令概述

功能指令用编号 FNC00～FNC294 表示，并有对应的助记符（即操作码）。比如功能指令 FNC12，其操作码为 MOV。操作码一般是功能指令功能的英文缩写，这样有助于功能指令的记忆和使用，因为一般的 PLC 编程器既支持功能指令的编号形式输入，也支持操作码形式的输入。不过，在指令表中，功能指令的使用只能通过功能指令的编号形式。

功能指令有的带操作数（功能指令的操作对象），有的不带操作数。一般地，大多数功能指令都有操作数。

在图 8.18 中，显示了带操作数功能指令 MOV 的用法。当常开触点 X0 闭合时，执行功能指令 MOV，将十进制常数 5 传给变址寄存器 V0；当常开触点 X1 闭合时，执行功能指令 MOV，将十进制常数 4 传给变址寄存器 Z0；当常开触点 X2 闭合时，执行功能指令 MOV，将 D5 的值传给 D14。这里，涉及变址寄存器的作用，用来改变操作数的地址，操作数的实际地址=操作数的当前地址+变址寄存器数据，图 8.18 中 D0V0 的实际地址为 0+V0=5，所以对应的数据为 D5，D10Z0 的实际地址为 10+Z0=14，所以对应的数据为 D14。

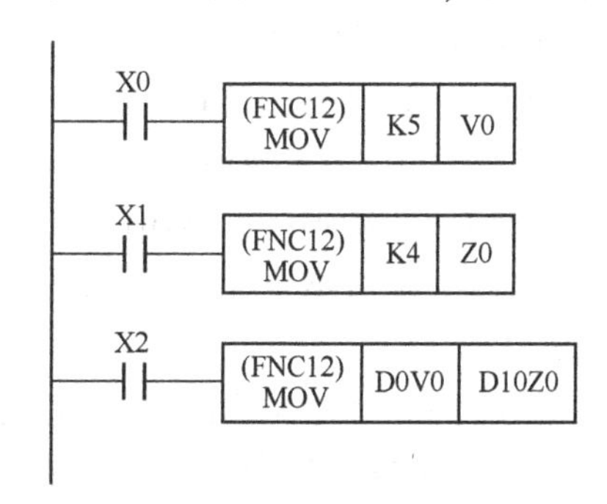

图 8.18　三菱 PLC 功能指令 MOV 使用示例

功能指令处理的数据，默认为 16 位二进制数据，不过也可以处理 32 位数据，只需要在相应功能指令的前面加上字母“D”即可。如 DMOV D10 D12，表示将 D11D10 传递给 D13D12。

功能指令有连续执行和脉冲执行两种类型，默认为连续执行类型。连续执行指的是每一个扫描周期都执行。如果需要脉冲执行，需要在功能指令后加上字母“P”，指的是功能指令仅在信号的上升沿执行一次。如图 8.18 所示，如果将第一行的功能指令更改为 MOVP K5 V0，则只有当 X0 由 0 变为 1 时，才将常数 5 传给变量 V0，其他情况下，并不执行 MOV 指令。

三菱 FX 系列 PLC 的功能指令大致可以分为如下几类：程序流程类、传送与比较类、算术与逻辑运算类、循环移位类、数据处理类、高速处理类、方便指令类、部 I/O 设备类、外围设备类、浮点数运算类、定位类、时钟运算类、外围设备类及触点比较类。

（2）常用功能指令

1）条件跳转指令 CJ(P)，其编号为 FNC00，程序中用来跳转到指定的标号处，标号即为功能指令 CJ 的操作数，CJ 操作数为指针，编号为 P0～P127。其中，P63 为 END 所在步的步序，不需要标号。指针标号可以使用变址寄存器来修改其标号值。

如图 8.19 所示梯形图，使用了功能指令 CJ，当常开触点 X10 闭合时，程序直接跳转到标号为 P10 处，即常开触点 X21 所在的逻辑行，继续执行，被跳过的程序不被扫描，也不被执行。需要注意的是，左母线前的跳转标号不能够重复，否则跳转会出现逻辑错误。

2）子程序调用指令（CALL）与子程序返回指令（SRET）。子程序调用指令 CALL 的编号为 FNC01，其操作数为指针（编号为 P0~P127），操作数用来指明调用子程序的起始位置。子程序返回指令 SRET 的编号为 FNC02，没有操作数，用来表明子程序的结束位置。CALL 指令与 SRET 指令配合使用，当执行到 SRET 指令时，PLC 返回到 CALL 指令的下一步继续执行。CALL 指令与 SRET 指令对内再使用一对这样的指令，就称为嵌套，且最多只可以嵌套 5 层。

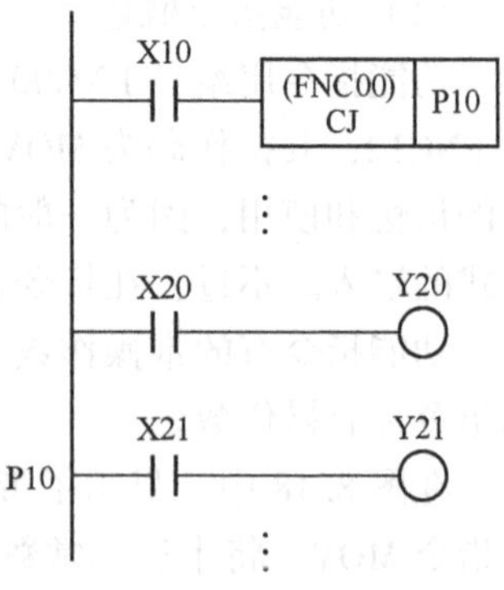

图 8.19　三菱 PLC 功能指令 CJ 使用示例

3）循环开始指令（FOR）和循环结束指令（NEXT）。功能指令 FOR 用来表明循环点的开始，其编号为 FNC08，有操作数，用来指明循环的次数；功能指令 NEXT 用来表明循环的结束，其编号为 FNC09，无操作数。同样地，循环指令 FOR 和 NEXT 必须成对使用，也可以嵌套，且嵌套层数最多为 5 层。循环指令对内可以使用条件跳转指令 CJ 跳出循环。

4）加法指令 ADD，其编号为 FNC20，用来做加法运算，有三个操作数，前面两个操作数为相加的数，第三个操作数存储相加的结果。如 ADD D2 D4 D6，表示执行(D2+D4)→D6。相应地，减法指令 SUB(FNC21)、乘法指令 MUL(FNC22)、除法指令 DIV(FNC23)都是二元操作符，都是类似的用法。

5）平均值指令 MEAN，其编号为 FNC45，作用是求 n 个数据的平均值，n 的取值范围是 1~64。功能指令 MEAN 带三个操作数，分别是源操作数、目标操作数和个数 n。如图 8.20 所示，当常开触点 X0 闭合时，执行功能指令 MEAN，将 D10、D11、D12、D13 共 4 个数求平均值，然后传给 D20。

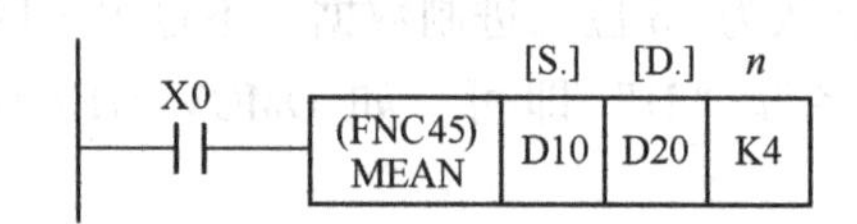

图 8.20　三菱 PLC 功能指令 MEAN 使用示例

其他的功能指令将不再赘述，请查看相关资料和手册。

8.7　PLC 程序的基本设计方法

工业系统中的各种控制需要一般采用 PLC 来实现，因为 PLC 具有故障率低、抗干扰能力强和便于维护的特点。对于大型的工业系统，其 PLC 控制程序也非常复杂，为了快速地开发出 PLC 程序，又能保证其逻辑正确、功能完整，需要遵循一定的方法。

PLC 程序有多种实现方式，比如梯形图、指令表、结构化文本、功能块图和顺序功能图等，其表现形式虽然不同，但内在的逻辑是一样的，本质上都是一种逻辑实现方式，与计算机的高级编程语言类似。类比计算机高级语言的程序设计方法，可以将 PLC 程序的设计方法大致分为三类：模块化设计方法、面向对象的设计方法和模块化与面向对象相结合的设计方法。实际上，当前 PLC 硬件和软件的发展，从系统设计层面，已经有将模块化与面向对象方法相结合的趋势。对大型复杂控制系统的开发，如果采用结构化文本形式开发，将会明显地感受到这种特点，而且开发方式与计算机高级语言的程序开发模式越来越接近。实际上，对 PLC 程序，工业界主流的开发方式，也是采用结构化文本来开发，并进行模块化设计和封装，以便于合作开发和后期维护。

传统上，针对一般的开关量控制系统，常采用基于梯形图或其他图形化编程语言来设计 PLC 控制程序，充分利用了图形化编程语言直观的特点。一般的设计方法有基于梯形图的经验设计法、基于继电接触器控制电路的转换设计法、基于功能块图或梯形图的逻辑设计法以及基于顺序功能图的顺序控制设计法。

8.7.1 基于梯形图的经验设计法

沿用继电接触器控制电路的设计思路，基于能流的概念，采用梯形图模拟控制电路中各触点的串并联连接和各种输出。对控制电器比较熟悉，有过继电接触器控制电路设计经验的工程师，很容易掌握梯形图的使用，并快速地使用经验设计法进行控制程序的开发。

经验设计法需要反复地调试和修改梯形图，以保证控制逻辑的正确，没有一个可以普遍遵循的规律。采用经验设计法开发控制程序，程序的开发时间和开发质量严重依赖于开发者的开发经验，一般来说，仅适用于规模比较小、逻辑关系比较简单的控制系统。

采用经验设计法，需要掌握一些经典的控制电路设计方案，在程序中直接使用或组合使用这些经典的成熟方案，以提高开发速度和开发质量。经典的 PLC 控制电路方案有串联电路、并联电路、起保停电路、自锁电路、互锁电路、定时器电路、计数器电路及保护电路等。可以说，掌握典型控制电路设计方案，是经验设计法的关键所在。

基于梯形图的经验设计法，局部的逻辑非常直观清晰，容易表达，但在全局上，很容易产生逻辑错误，程序的可读性也比较差，后期的维护和修改比较困难。一般来说，除非是特别简单的控制需要，否则不要采用经验设计法。基于梯形图的经验设计法，本书不做展开。

8.7.2 基于继电接触器控制电路的转换设计法

如果一个控制系统已经有了稳定可靠的继电接触器控制电路，将其更新为 PLC 控制系统时，可以采用基于继电接触器控制电路的转换设计法，即将继电接触器控制电路转换为 PLC 控制电路。

转换设计法一般采用梯形图来“翻译”继电接触器控制电路，因为两者非常相似。本书对转换设计法也不做展开，仅强调一下梯形图与继电接触器控制电路的本质不同，以及进行取代时，需要注意的问题。

继电接触器控制电路可以同时通电执行。而梯形图是按照从上往下、从左往右依次执行的，每个时刻只能执行一条指令，虽然 CPU 处理速度很快，但还是不能做到同时执行。在用梯形图取代继电接触器控制电路时，需要考虑到这个本质区别，对梯形图做必要的修改。

在转换为梯形图时，需要注意梯形图的可读性，可以根据需要增加一些中间触点或中间继电器，使各控制电路线路清晰，逻辑清楚，因为这样的增加并不会使用 PLC 的成本，不像继电接触器控制电路，需要尽量减少触点和线圈，减少硬件设备以节约成本。PLC 的外部输入电路尽量使用常开触点，如果是常闭触点，只需要将 PLC 中对应的触点类型改为逻辑相反的触点即可，如常开触点改为常闭触点，而不是将外部常开触点改为常闭触点。

8.7.3 基于功能块图或梯形图的逻辑设计法

逻辑设计法仅适用于输出与输入只存在组合逻辑关系，不存在时序逻辑关系的控制电路设计。逻辑设计法的基本思路是，建立输出与输入之间的逻辑关系，比如通过逻辑代数的方法建立逻辑关系，或基于功能分析通过真值表建立逻辑关系，然后对逻辑关系进行化简，比如通过逻辑运算化简或通过卡诺图化简，最后用 PLC 的功能块图或梯形图来表达出输出与输入的逻辑关系。

8.7.4 基于顺序功能图或梯形图的顺序控制设计法

顺序控制设计法是一种先进的设计方法，遵循这种方法有助于提高开发速度和保证控制逻辑的正确。顺序控制设计法的基本思想是，将控制系统的一个工作周期按照时间先后顺序，划分为若干个阶段，每一个这样的阶段被称为步（也被称为状态）；在每一个步内都有特定的操作或功能；当步被激活时，该步内的操作就开始执行；步与步之间有转换条件，一旦转换条件满足，活动步就会发生迁移，即下一步变为活动步，而当前步变为非活动步；非活动步的操作自动停止。依据顺序控制设计法的思想，可以保证不同步之间的动作相互不干扰，避免了逻辑错误的产生。考虑到实际的生产过程都是基于时间先后顺序的一系列操作的组合，顺序控制设计法几乎都适用，因此这也是一种比较符合自然逻辑的开发方法。

顺序控制设计法的关键是合理地划分好步，设计好每一步的动作，并画出控制系统的功能流程图。功能流程图也称为状态流程图，是一种通用的技术语言，可以被多种 PLC 语言实现。

如果 PLC 支持顺序功能图语言，采用顺序功能图实现功能流程图将非常方便。

如果 PLC 编译系统不支持顺序功能图语言，则可以采用成熟的方法，将功能流程图用梯形图表达出来，具体地，有基于起保停电路的梯形图编程方式、基于置位/复位指令的梯形图编程方式和基于步进顺控指令的梯形图编程方式。

（1）基于起保停电路的梯形图编程方式

以图 8.21a 中的步 M_i为例，其对应的梯形图表达如图 8.22 所示。这里，中间继电器 M_i 即表示第 i 步。

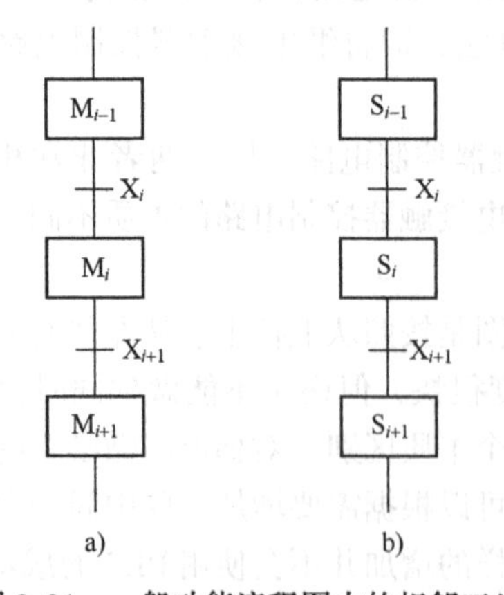

图 8.21 一般功能流程图中的相邻三步

a）中间继电器表达方式 b）状态器表达方式

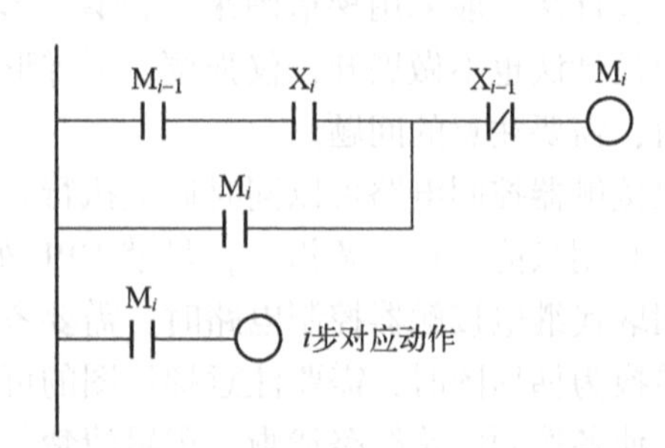

图 8.22 基于起保停电路对功能流程图的梯形图表达

当前一步 M_{i-1}为活动步，且转换条件 X_i满足时，第 i 步 M_i被激活，且自锁设计使其能保持活动状态，当转移条件 X_{i+1}满足时，M_i变为非活动步，这就是一个典型的起保停设计。M_i步对应的动作或操作可以放在起保停电路的下面，由 M_i的常开触点控制。

其他步的表达与此类似。

（2）基于置位/复位指令的梯形图编程方式

以图 8.21a 中的步 M_i为例，基于置位/复位指令写出其对应的梯形图，如图 8.23 所示。这实际上是起保停电路的另一种表达方式。当前一步 M_{i-1}为活动步，且转移条件 X_i满足时，置位当前步 M_i，并复位上一步 M_{i-1}。其他各步都可以如此表达。

从表达形式来看，此种表达方式比基于起保停电路的编程方式更简洁。

（3）基于步进顺控指令的梯形图编程方式

对于支持步进顺控指令的 PLC，可以直接在梯形图中采用步进顺控指令来表达功能流程图。顺控指令是用于顺序功能图的指令，在顺序功能图中，每一步用状态来描述，如图 8.21 所示，其梯形图表达形式如图 8.24 所示。步 S_i激活时，该步内的动作开始执行，当转换条件 X_{i+1}满足时，下一步 S_{i+1}变为活动步，同时当前步 S_i自动变为非活动步。可见，通过顺控指令表达，对应的梯形图形式更为简洁。

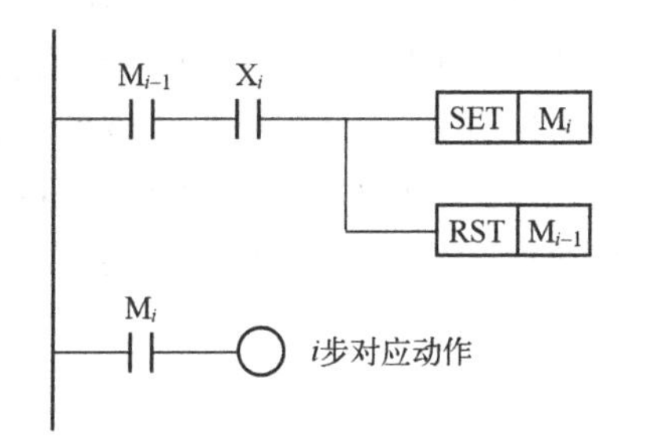

图 8.23　基于置位/复位指令对功能流程图的梯形图表达

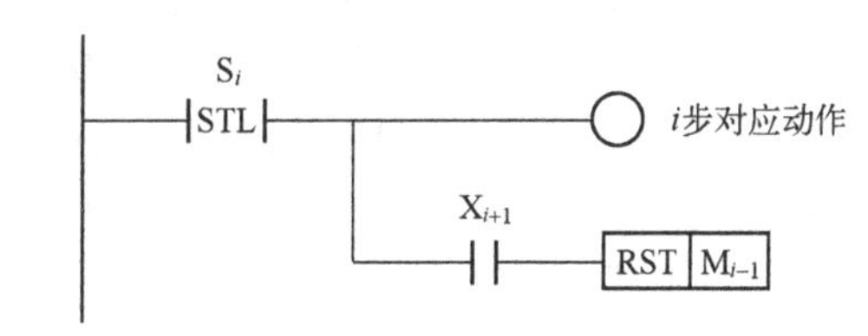

图 8.24　基于步进顺控指令对功能流程图的梯形图表达

可见，将功能流程图表达为 PLC 中的顺序功能图或者梯形图，都不是一件困难的事情，关键是要正确地设计出功能流程图，或者顺序功能图。

本节以两个例子来展示顺序控制设计法的具体过程，并给出其顺序功能图。

（1）第一个例子：三相异步电动机星三角起动

在三菱 PLC 中，设定三相异步电动机 M 的起动触点为 X0，停车触点为 X1，电动机运行输出为 Y0，电动机星形联结输出为 Y1，电动机三角形联结输出为 Y2，用时间继电器 T0 表示电动机星形起动后，延时若干秒，电动机三角形起动。其顺序功能图如图 8.25 所示。

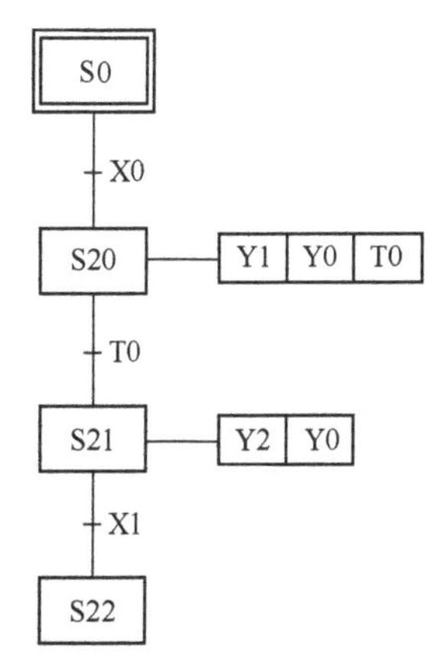

图 8.25　三相异步电动机星三角起动顺序功能图

（2）第二个例子：一处装料、两处卸料小车自动控制

如图 8.26 所示，有一辆小车，需要完成一处装料、两处轮流卸料的自控操作。小车一个工作周期的具体情况如下：小车初始位置是左限位，即 X11 处，按下起动按钮，常开触点 X0 闭合，

小车开始装料，同时计时器 T0 开始计时；1 min 后，小车开始右行；小车行至中间位置 X12 处，停下，开始卸货，同时计时器 T1 开始计时；1 min 后，小车开始左行；小车左行到 X11 处，停下，同时计时器 T0 开始计时；1 min 后，小车开始右行；小车行至右限位 X12 处，停下，开始卸货，同时计时器 T2 开始计时；1 min 后，小车左行；小车左行到 X11 处，停下，等待装料，重复下一个周期的工作。这即小车在左限位处装料，第一次卸料在 X12 处，返回装料，第二次卸料在 X13 处，轮流在这两个地方卸料。

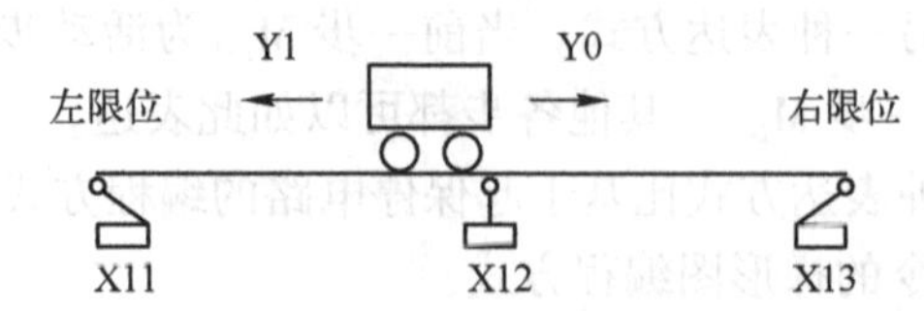

图 8.26　一处装料、两处卸料小车控制系统示意图

根据小车的运行位置，可以将其控制系统的顺控大致分为三步，即停在三个位置；每个位置有两个动作，装料或者卸料，然后小车运动；所以一共就有 6 步；加上初始步，就是 7 步；如果还有结束步，那就是 8 步。

小车从 X11 处出发，是停在 X12 处，还是停在 X13 处，其实是一个选择，在一个完整的工作周期内，如果小车是第一次右行，则小车停在 X12 处卸料，如果是第二次右行，则小车停在 X13 处卸料，在状态转移图中，需要加一个选择分支，判断小车应该停在何处，可以在此处加一个小车右行的断电保持型计数器 C100。由于小车左行返回左限位处时，不管是从 X12 处返回，还是从 X13 处返回，它们返回的动作和返回到位的判断都是一样的，所以可以将这两个步合为一步，状态转移图就少了一步，变为 6 步或 7 步。

根据小车工作要求，设计了如图 8.27 所示的顺序功能图。

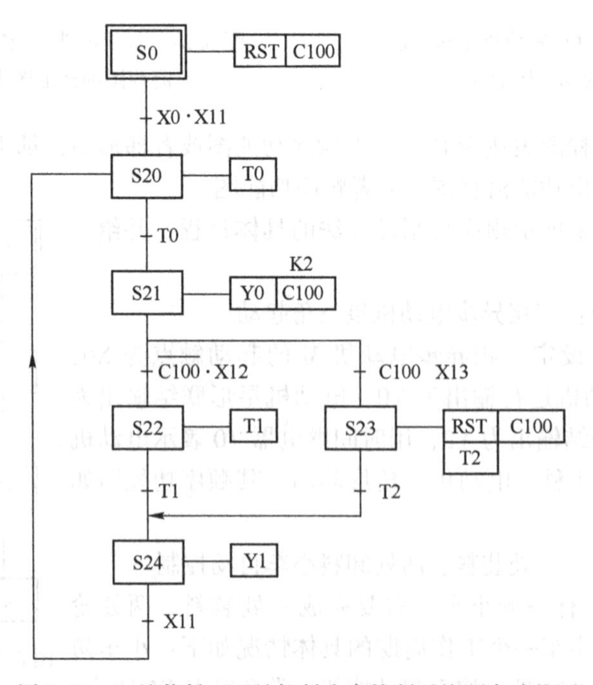

图 8.27　一处装料、两处卸料小车控制系统顺序功能图

在图 8.27 中，初始步 S0 对断电保持型计数器 C100 进行复位，根据实际情况，还可以加上小车动作的复位、计时器的复位等；在小车处于原点位置，即左限位 X11 处，按下开始工作按钮，常开触点 X0 闭合，活动步转移到 S20，计时器 T0 开始计时，即小车开始装料等待；待 T0 计时到达，活动步转移到 S21，小车开始右行（Y0），同时计数器 C100 开始右行计数；如果计数器 C100 的计数值为 1，且小车右行到 X12 处时，小车停下，计数器 T1 开始计时，即小车在中间位置开始卸料等待；如果计数器 C100 的计数值为 2，且小车右行到 X13 处时，小车停下，计数器 T2 开始计时，即小车在右限位处开始卸料等待，同时对计数器 C100 进行复位，表示计数器在一个工作周期内右行计数结束；待 T1 或 T2 计时到达，活动步转移到 S24，小车开始左行（Y1）；当小车到达左限位，常开触点 X11 闭合，活动步转移到 S20，即小车回到原点位，准备开始下一个工作周期的动作。由此循环往复。

需要说明的是，步 S21 后选择分支的转移条件，也可以选用计数器 C100 的当前值等于 1 或者等于 2 的逻辑判断形式，来判断小车是该停在 X12 处，还是该停在 X13 处。如果采用这种方式判断，则可以方便地写出小车 $n(n>2)$ 处卸料的顺序功能图。

图 8.27 所示小车的顺序功能图只是表示了小车的自动工作状态，小车停止工作的控制在此图没有显示。对于 PLC 的顺序功能图，停止自动工作模式的控制可以放在顺序功能图的外围逻辑中，而且开始自动工作的信号 X0，也可以放在顺序功能图的外围逻辑中，而不是如本图所示出现在顺序功能图中。当然，结束顺控的控制信号 X1 也可以添加到图 8.27 中，比如在初始步 S0 后添加一路选择分支，如果按下停止工作按钮 X1，则自动工作模式结束，小车回到原点位，即回到左限位处后停下。

停止工作的信号如果是按钮产生的，考虑到按钮的自复位，以及自动工作模式中小车回到原点位需要时间，直接用按钮来作为停止工作信号，可能不能使小车停下来。解决的办法可以是，采用停止按钮来置位一个中间继电器，用中间继电器的常开触点作为顺序功能图中转移到结束步的转移条件，然后在结束步中复位这个中间继电器。顺序功能图中，通常需要不能自复位的开关信号，在只能由按钮控制的触点来取得这些开关信号时，都可以采用这样方法进行转化，需要注意的是，置位的信号一定要复位。

习题 8

第 8 章习题

第 8 章习题参考答案

参考文献

[1] 秦曾煌．电工学：上册［M］.7版．北京：高等教育出版社，2009.
[2] 范小兰．电工技术［M］. 北京：清华大学出版社，2013.
[3] 苗松池．电工技术（电工学1）［M］. 北京：电子工业出版社，2018.
[4] 吴雪琴．电工技术［M］. 3版．北京：北京理工大学出版社，2013.
[5] 孔庆鹏．电工学：上册　电工技术基础［M］. 北京：电子工业出版社，2015.
[6] 王维荣．电工电子技术——电工技术与计算机仿真［M］. 2版．上海：上海交通大学出版社，2010.
[7] 刘晔．电工技术［M］. 北京：电子工业出版社，2010.
[8] 史仪凯．电工电子技术［M］. 北京：科学出版社，2008.
[9] 高福华．电工技术［M］. 北京：机械工业出版社，2009.
[10] 向士忠，周艳丽．电工技术［M］. 北京：电子工业出版社，2010.
[11] 管旗．电工学：上册　电工技术［M］. 北京：科学出版社，2010.
[12] 杨振坤．电工技术与电子技术［M］. 西安：西安交通大学出版社，2010.
[13] 唐介．电工学（少学时）［M］. 北京：高等教育出版社，2009.
[14] 林红．电工技术［M］. 北京：清华大学出版社，2003.
[15] 廖常初．可编程序控制器的编程方法与工程应用［M］. 重庆：重庆大学出版社，2001.
[16] 廖常初．S7-300/400 PLC应用教程［M］. 2版．北京：机械工业出版社，2011.
[17] 秦长海，董昭．可编程控制器原理与应用技术［M］. 北京：北京邮电大学出版社，2009.
[18] 张静之，刘建华．PLC编程技术与应用［M］. 北京：电子工业出版社，2015.